U0607147

江苏省高等学校重点教材

编号：2021-1-064

表面活性剂、胶体与界面化学实验

Experiments in Surfactants, Colloid and Interface Chemistry

刘雪锋 主编

第2版

化学工业出版社
·北京·

内容简介

本书系统阐述了表面活性剂、胶体与界面化学的基本概念和理论要点；突出显示以表面活性剂为纽带的胶体与界面化学的实验技能训练和研究方法学习。按照纯液体表面张力及其温度影响规律，液-液界面、液-固界面和铺展单分子膜，表面活性剂在水溶液的表面吸附和体相自组装，表面活性剂在液-液界面和液-固界面的吸附，胶体分散体系，具有刺激响应的新型表面活性剂（或颗粒），洗涤剂综合实验共七个主题，设计了六十个实验来介绍有关表面活性剂相关的实验操作与基本原理。

本书可作为高等学校化学专业高年级本科生和研究生的实验教材，也可作为国内表面活性剂、洗涤剂、化妆品等行业技术人员相关实验技能培训的教材和参考书。

图书在版编目（CIP）数据

表面活性剂、胶体与界面化学实验 / 刘雪锋主编.
—2 版. —北京：化学工业出版社，2023.9（2025.10 重印）
ISBN 978-7-122-43781-5

Ⅰ.①表… Ⅱ.①刘… Ⅲ.①表面活性剂-高等学校-教材 Ⅳ.①TQ423

中国国家版本馆 CIP 数据核字（2023）第 125064 号

责任编辑：李晓红　　文字编辑：范伟鑫　王云霞
责任校对：宋　玮　　装帧设计：刘丽华

出版发行：化学工业出版社（北京市东城区青年湖南街 13 号　邮政编码 100011）
印　　装：北京科印技术咨询服务有限公司数码印刷分部
710mm×1000mm　1/16　印张 15¾　字数 296 千字　2025 年 10 月北京第 2 版第 2 次印刷

购书咨询：010-64518888　　售后服务：010-64518899
网　　址：http://www.cip.com.cn
凡购买本书，如有缺损质量问题，本社销售中心负责调换。

定　　价：49.00 元

版权所有　违者必究

前言

表面活性剂，是连接胶体化学与界面化学协同交叉发展的核心纽带，在国民经济众多生产领域和家居日用生活中均有不可或缺的用途，素有“工业味精”之美誉。

我国表面活性剂、胶体与界面化学的高等教育，起于中华人民共和国成立后的北京大学和南京大学。而江南大学（其前身之一为无锡轻工大学）自无锡轻工业学院（无锡轻工大学之前身）起，一直是从事表面活性剂科学与技术研究和培养本科（1958 年起）—硕士（1983 年起）—博士（2005 年起）人才的单位之一。

早在 1980 年前后，夏纪鼎教授在无锡轻工业学院首开以表面活性剂为特色的“表面化学”理论课程，长期以“表面化学实验讲义”（无锡轻工大学）为实验教学用书；直至 2017 年，由刘雪锋等扩编为《表面活性剂、胶体与界面化学实验》，入选中国轻工业“十三五”规划教材（中轻联教培〔2017〕314 号），由化学工业出版社出版，并荣获第三届中国轻工业优秀教材二等奖（中轻联教育〔2019〕377 号）。

本教材是在第一版基础上进行的修订，主要涉及以下几方面：

一、从科学精神、辩证思维、家国情怀、民族文化和工匠精神等角度充实素材，努力实现立德树人；

二、纠正第一版在使用过程中发现的错误，对于部分“实验方法陈旧、实验现象或结果重现性较差”的项目予以更替或删除；

三、科研反哺教学，增添了部分表面活性剂领域的新成果；

四、理论联系实际，彰显“高阶性、创新性和挑战度”，增添了以洗涤剂为载体的综合实验项目。

在修订过程中，广泛参考并汇聚了国内外相关实验教材和期刊论文的诸多优秀案例和理论成果，在此向所有被引文献的作者一并表示诚挚的感谢和崇高的敬意！

本教材修订获得江苏省高等学校重点教材（苏高教会〔2021〕39 号）立项！感谢江南大学、江南大学化学与材料工程学院同仁以及化学工业出版社的大力支持！感谢参编本教材第一版的各位同仁！

本次修订由刘雪锋、陈晖和樊晔联合进行，最后由刘雪锋统稿。限于编者的学识和水平，所选编的实验项目和专业素材未必能够完全满足读者的需求。此外，书中难免存在一定的疏漏，敬请读者不吝指正，我们将万分感激！

刘雪锋

2023 年 6 月 20 日

第一版前言

胶体与界面化学是化学科学与物理、材料、生命医药、农业、建筑、能源和工程等广泛交叉发展的学科，涉及国民经济生产和个人生活的众多领域和层面；而表面活性剂素有“工业味精”之美誉。我国高等学校关于表面活性剂、胶体与界面化学的学科发展，起于中华人民共和国成立后的北京大学和南京大学。江南大学（其前身之一为无锡轻工大学）自无锡轻工业学院（无锡轻工大学之前身）起至今，一直是国内从事表面活性剂、胶体与界面化学科学与技术研究和本科（1958 年起）、硕士（1983 年起）、博士（2005 年起）人才培养的单位之一。历经近 60 年的积淀，为我国培养和输送了一大批以表面活性剂为特长的胶体与界面化学高级专门人才。

1980 年前后，夏纪鼎教授在无锡轻工业学院开设以表面活性剂为特色的“表面化学”理论和实验课程，但一直没有出版过实验教材；自先后学习并毕业于无锡轻工大学和江南大学后，本人一直从事表面活性剂、胶体与界面化学的科研和教学。随着教学改革和课程建设的深入推进，编写并出版一本表面活性剂、胶体与界面化学实验教材的时机已经成熟，以铭记和追寻先辈师长的足迹。于是，在江南大学化学与材料工程学院和化学工业出版社的支持下，承恩师方云教授之鼓励，以原无锡轻工大学“表面化学实验讲义”为基础编写本实验教材。

本教材共分“纯液体表面张力以及温度的影响规律”“液-液界面、液-固界面和铺展单分子膜”“表面活性剂的溶液表面吸附和体相自组装”“表面活性剂在液-液界面和液-固界面的吸附”“胶体分散体系”和“具有刺激响应的新型表面活性剂（或颗粒）”六部分，前五部分继承了表面活性剂、胶体与界面化学的部分经典内容，所选实验项目已经有长期的教学和教改实践，均取得良好的教学效果；第六部分则试图反映国内外关于“表面活性剂表界面自组装和刚性颗粒界面自组装体系对环境刺激因素具有智能响应”研究的动态和进展，改编自国内外学者的科研论文，对基础知识和实验技能的要求相对较高。

本实验教材力争满足：（1）国内高校相关化学化工专业高年级本科生选修有关表面活性剂、胶体与界面化学的实验教学需求；（2）国内以表面活性剂为特色的胶体与界面化学本科专门人才培养的实验教学需求；（3）国内以表面活性剂、胶体与界面化学为研究方向的硕士、博士人才培养的实验教学和学习需求；（4）国内表面活性剂、洗涤剂、化妆品等行业从业技术人员的相关实验技能学习和参考。

考虑到国内高校、科研院所和企业单位的软、硬件设备今非昔比，同时也考虑到版面的精简，本书没有就仪器设备、工具性数据和公式推衍进行长篇累牍地细述，若有不当，敬请读者见谅。本教材的编写过程中，广泛参考了国内先期出版的相关实验教材和国内外期刊论文，在此向所有被引文献的作者一并表示诚挚的感谢和敬意。

本教材由江南大学刘雪锋、樊晔、张永民、刘学民、宋冰蕾和陈晖联合编写，最后由刘雪锋统稿。限于编者的学识和水平，所选编的实验项目未必完全满足读者的需求；此外，书中疏漏在所难免，如蒙读者不吝指正，编者将不胜感激。

刘雪锋

目录

I

纯液体表面张力及其温度影响规律

物质分子间存在多种类型的相互作用，永久偶极子之间的相互作用力——静电力（Keesom 力），永久偶极子与诱导偶极子之间的相互作用力——诱导力（Debye 力），以及诱导偶极子之间的相互作用力——色散力（London 力）构成了人们通常所称的范德瓦耳斯（van der Waals）力，又称范德华力。范德瓦耳斯力正是产生各种界面现象的根源，具有加和性，其合力足以穿越相界面而起作用。

正因如此，自然界的任何相界面在热力学上都倾向于收缩。最简单的相界面是纯液体与共存气相之间的相界面（习惯称作表面）。促使表面收缩的驱动因素是表面张力（γ），可以理解为作用在表面单位长度上的力；或者是表面自由能，即等温等压条件下，封闭体系增加单位表面积时体系吉布斯（Gibbs）自由能的增加，其本质为单位面积表面吉布斯自由能的过剩量。

据称，表面张力最早由达・芬奇（Leonardo da Vinci）在介绍毛细现象时提到[1]；1751 年，谢格奈（Segner）确立表面张力是液体的内在性质体现[2]，但是，一直未能从分子水平合理地解释“表面张力”[3-5]；直至 20 世纪初，基于吉布斯热力学理论，人们从热力学角度建立表面自由能的概念并普遍认可该概念。也正是表面自由能概念的成功，使得众多学者一度怀疑表面张力的真实性[3]。现在，尽管还是不能从微观上合理地解释表面张力[5]，但是普遍认为表面张力和表面自由能在本质上是相通的。

液体表面张力属于强度性质，多种因素将影响到液体的表面张力。就纯液体而言，液体物质的种类（即液体物质本身的性质）是影响液体表面张力的内在因素；温度和压强属于外在因素，其中，温度对表面张力影响的研究比较深入。

本章总共筛选了 6 个实验项目，以纯水为研究对象，分别从表面张力测定（5 种方法，实验一～实验五）、温度对表面张力影响（实验六）等角度，围绕纯液体表面张力及其温度的影响规律展开实验探究。

[1] Birdi K S. Handbook of Surface and Colloid Chemistry. 2nd ed. Boca Raton: CRC press, 2003.
[2] Extrand C W. Origins of wetting. Langmuir, 2016, 32: 7697-7706.
[3] 顾惕人, 朱玚瑶, 李外郎, 马季铭, 戴乐蓉, 程虎民. 表面化学. 北京: 科学出版社, 2001.
[4] Gurney C. Surface tension in liquids. Nature, 1947, 160: 166-167.
[5] Luck W A P. Understanding of surface tension? Colloid Polym Sci, 2001, 279: 554-561.

实验一　滴体积法测定纯水的表面张力

一、实验目的

1．学习并掌握用滴体积法测定纯液体表面张力的原理和方法。

2．学习并掌握用滴体积法测定纯液体表面张力实验装置的搭置。

3．学习并掌握用滴体积法测定纯液体表面张力的实验数据处理方法。

二、实验原理

液体体相中各分子间相互吸引，每个分子均处于均匀立场，即受力平衡；而处于液体表面的分子则不同，液体内部侧对它的吸引力大于外部侧（通常指空气）对它的引力，故处于非均匀立场，所受作用的综合结果是表面分子受到向液体体相内部的吸引作用，使液体表面产生自动收缩的趋势。要扩大液体表面，即把一部分分子从体相内部移到表面上就必须对抗吸引作用而做功。在等温等压条件下，增加单位表面积所需的功称为比表面过剩表面自由能，单位通常用 $mN \cdot m^{-1}$；该物理量也可以理解为沿着液体表面，垂直作用于单位长度上，使液体表面收缩的力，故称之为表面张力，用符号 γ 表示。

滴体积法是测定液体表面张力的一种既方便又比较准确的方法。此法的基本依据是：当液体在毛细管端头缓慢形成的液滴达到最大并滴落时，液滴的大小（体积 V 或质量 m）与毛细管管口半径（R）及液体表面张力（γ）有关；若液滴自管端完全脱落，则滴落液滴的质量（m）与表面张力（γ）有如下关系：

$$mg = 2\pi R\gamma \tag{1}$$

式中，m 为液滴质量，g；g 为重力加速度，$980cm \cdot s^{-2}$；R 为毛细管口半径，cm（当液体能润湿管口时用外径，反之用内径）；π 为圆周率；γ 为表面张力，$mN \cdot m^{-1}$。

但是，液滴自毛细管管端滴落时总是有一些液体残留于管口。图 1 是液滴形成并滴落过程的高速摄影示意图，由于液滴掉落时，液滴与毛细管口连接的细颈部位是不稳定的，故总是从此处断开，只有一部分液体落下，残留液体有时可多达整体液滴的 40%。此外，由于形成细颈，表面张力作用的方向与重力作用方向不一致而成一定角度，这也使表面张力所能支持的液滴质量变小。因此，对式（1）必须进行修正，引入校正项 k，则式（1）变为：

$$mg = 2\pi kR\gamma \tag{2}$$

$$\gamma = \frac{mg}{2\pi kR} = F\frac{mg}{R} \tag{3}$$

通常，将式（3）中 $F=\dfrac{1}{2\pi k}$ 称为校正因子。研究表明，F 是 $\dfrac{V}{R^3}$ 的函数（V 为滴落液体的体积），而与滴管材料、液体密度、液体黏度等因素无关。根据测得的滴落液滴的体积和管口半径，查 F-$\dfrac{V}{R^3}$ 表（见 005 页附表）即可获得 F 值，再查出或测得液体的密度 ρ，于是可代入式（4）计算表面张力：

$$\gamma = F\frac{\rho V g}{R} \tag{4}$$

滴体积（滴重）法对于一般液体或溶液的表（界）面张力测定都很适用，但此法非完全平衡方法，故对表面张力有明显时间效应的体系，需要提前测定表面张力的老化曲线。

三、实验仪器和试剂

滴体积法测表面张力需要的实验仪器最为简单。图 2 所示装置包括一支由量程为 0.2mL 玻璃刻度移液管加工得到的毛细管[1]，一个恒温水浴缸，一支 100mL 玻璃量筒和一套液滴挤落控制装置（可用针筒）。实验试剂为纯水。

图 1　液滴自毛细管管端形成并滴落过程的高速摄影示意

图 2　滴体积法测定表面张力装置示意图

四、实验步骤

1．洗净特制的玻璃滴管，用读数显微镜测出滴头端面半径 R 值（精确到 0.001cm）。

2．按图 2 装好仪器，在 100mL 量筒中放入约 20mL 纯水，在（25±0.1）℃下恒温半小时。

3．将毛细管头部伸入水中，用注射器抽取液体至毛细管的最高刻度以上（注意防止产生气泡），提起毛细管，使其端面在液面以上 1～2cm，慢慢推动针筒，挤出一滴液体，再微微抽动针筒使残留的液体缩回毛细管内，读出毛细管内液面所对应的刻度 V_0。

4．慢慢推动针筒，挤出液体，使成液滴落下；挤出数滴，至毛细管中的液面接近最低刻度时，微微抽动针筒使残留的液体缩回毛细管内，读出毛细管内液面所对应的刻度 V_n，记下滴数 n。

5．计算液滴体积 $V=(V_0-V_n)/n$，求出 V/R^3 值，从 F-V/R^3 表中查出校正因子 F，代入式（4）求出表面张力。

6．重复测定 5 次以上，计算所得表面张力测量值的相对标准偏差（RSD）。

五、数据记录与处理

按照哈金斯（Harkins）公式 $\gamma = 75.796 - 0.145t - 0.00024t^2$，式中 t 为温度（单位为℃），计算水在 25℃时的表面张力；将计算值和实验测量值进行对比，计算相对标准偏差。

六、思考题

1．本实验的主要误差及其来源有哪些？

2．式（4）中液体密度若是采用相同温度下纯水的密度代替将有怎样的影响？

3．如何有效避免毛细管内的气泡？

4．为使滴出液体的体积数据有较高的准确性，可以采取的措施有哪些？

七、参考文献

[1] 肖进新, 罗妙宜. 滴体积法测量表面张力装置的改进. 实验室研究与探索, 2000, 19(2): 48-49.

附表　滴体积法测定表面张力校正因子 F 数值表

V/R^3	F	V/R^3	F	V/R^3	F	V/R^3	F	V/R^3	F
37.04	0.2198	27.83	0.2236	21.43	0.2274	16.86	0.2313	13.50	0.2352
36.32	1.2200	27.33	0.2238	21.08	0.2276	16.60	0.2316	13.31	0.2354
35.25	0.2203	26.60	0.2242	20.56	0.2280	16.23	0.2320	13.03	0.2358
34.56	0.2206	26.13	0.2244	20.23	0.2283	15.98	0.2323	12.84	0.2361
33.57	0.2210	25.44	0.2248	19.74	0.2287	15.63	0.2326	12.58	0.2364
32.93	0.2212	25.00	0.2250	19.43	0.2290	15.39	0.2329	12.40	0.2367
31.99	0.2216	24.35	0.2254	18.96	0.2294	15.05	0.2333	12.15	0.2371
31.39	0.2218	23.93	0.2257	18.66	0.2296	14.83	0.2336	11.98	0.2373
30.53	0.2222	23.32	0.2261	18.22	0.2300	14.51	0.2339	11.74	0.2377
29.95	0.2225	22.93	0.2263	17.94	0.2303	14.30	0.2342	11.58	0.2379
29.13	0.2229	22.35	0.2267	17.52	0.2307	13.99	0.2346	11.35	0.2383
28.60	0.2231	21.98	0.2270	17.25	0.2309	13.79	0.2348	11.20	0.2385

续表

V/R^3	F	V/R^3	F	V/R^3	F	V/R^3	F	V/R^3	F
10.97	0.2389	5.945	0.2502	3.559	0.2585	2.305	0.2640	1.418	0.2655
10.83	0.2391	5.850	0.2505	3.526	0.2586	2.278	0.2641	1.395	0.2654
10.62	0.2395	5.787	0.2507	3.478	0.2588	2.260	0.2642	1.380	0.2652
10.48	0.2398	5.694	0.2510	3.447	0.2589	2.234	0.2643	1.372	0.2649
10.27	0.2401	5.634	0.2512	3.400	0.2591	2.216	0.2644	1.349	0.2648
10.14	0.2403	5.544	0.2515	3.370	0.2592	2.190	0.2645	1.327	0.2647
9.95	0.2407	5.486	0.2517	3.325	0.2594	2.173	0.2645	1.305	0.2646
9.82	0.2410	5.400	0.2519	3.295	0.2595	2.148	0.2646	1.284	0.2645
9.63	0.2413	5.343	0.2521	3.252	0.2597	2.132	0.2647	1.255	0.2644
9.51	0.2415	5.260	0.2524	3.223	0.2598	2.107	0.2648	1.243	0.2643
9.33	0.2419	5.206	0.2526	3.180	0.2600	2.091	0.2648	1.223	0.2642
9.21	0.2422	5.125	0.2529	3.152	0.2601	2.067	0.2649	1.216	0.2641
9.04	0.2425	5.073	0.2530	3.111	0.2603	2.052	0.2649	1.204	0.2640
8.93	0.2427	4.995	0.2533	3.084	0.2604	2.028	0.2650	1.180	0.2639
8.77	0.2431	4.944	0.2535	3.044	0.2606	2.013	0.2651	1.177	0.2638
8.66	0.2433	4.869	0.2538	3.018	0.2607	1.990	0.2652	1.167	0.2637
8.50	0.2436	4.820	0.2539	2.979	0.2609	1.975	0.2652	1.148	0.2635
8.40	0.2439	4.747	0.2541	2.953	0.2611	1.953	0.2652	1.130	0.2632
8.25	0.2442	4.700	0.2542	2.915	0.2612	1.939	0.2652	1.113	0.2629
8.15	0.2444	4.630	0.2545	2.891	0.2613	1.917	0.2654	1.096	0.2625
8.00	0.2447	4.584	0.2546	2.854	0.2615	1.903	0.2654	1.079	0.2622
7.905	0.2449	4.516	0.2549	2.830	0.2616	1.882	0.2655	1.072	0.2621
7.765	0.2453	4.471	0.2550	2.794	0.2618	1.868	0.2655	1.062	0.2619
7.673	0.2455	4.406	0.2553	2.771	0.2619	1.847	0.2655	1.056	0.2618
7.539	0.2458	4.363	0.2554	2.736	0.2621	1.834	0.2656	1.046	0.2616
7.451	0.2460	4.299	0.2556	2.713	0.2622	1.813	0.2656	1.040	0.2614
7.330	0.2464	4.257	0.5557	2.680	0.2623	1.800	0.2656	1.006	0.2613
7.236	0.2466	4.196	0.2560	2.657	0.2624	1.781	0.2657	1.024	0.2611
7.112	0.2469	4.156	0.2561	2.624	0.2626	1.768	0.2657	1.015	0.2609
7.031	0.2471	4.096	0.2564	2.603	0.2627	1.758	0.2657	1.009	0.2619
6.911	0.2474	4.057	0.2566	2.571	0.2628	1.749	0.2657	1.000	0.2606
6.832	0.2476	4.000	0.2568	2.550	0.2629	…	…	0.994	0.2604
6.717	0.2480	3.961	0.2569	2.518	0.2631	1.705	0.2657	0.992	0.2602
6.641	0.2482	3.906	0.2571	2.498	0.2632	1.687	0.2658	0.993	0.2601
6.530	0.2485	3.869	0.2573	2.468	0.2633	…	…	0.9706	0.2599
6.458	0.2487	3.805	0.2575	2.448	0.2634	1.534	0.2658	0.9648	0.2597
6.351	0.2490	3.779	0.2576	2.418	0.2635	1.519	0.2657	0.9564	0.2595
6.281	0.2492	3.727	0.2578	2.399	0.2636	…	…	0.9507	0.2594
6.177	0.2495	3.692	0.2579	2.370	0.2637	1.457	0.2657	0.9423	0.2592
6.110	0.2497	3.641	0.2581	2.352	0.2638	1.443	0.2656	0.9368	0.2591
6.010	0.2500	3.608	0.2583	2.324	0.2639	1.433	0.2656	0.9286	0.2589

续表

V/R^3	F	V/R^3	F	V/R^3	F	V/R^3	F	V/R^3	F
0.9232	0.2587	0.8232	0.2557	0.7372	0.2523	0.6627	0.2484	0.5979	0.2440
0.9151	0.2585	0.8163	0.2555	0.7311	0.2520	0.6575	0.2481	0.5934	0.2437
0.9098	0.2584	0.8117	0.2553	0.7273	0.2518	0.6541	0.2479	0.5904	0.2435
0.9019	0.2582	0.8056	0.2551	0.7214	0.2516	0.6488	0.2476	0.5864	0.2431
0.8967	0.2580	0.8005	0.2549	0.7175	0.2514	0.6457	0.2474	0.5831	0.2429
0.8890	0.2578	0.7940	0.2547	0.7116	0.2511	0.6401	0.2470	0.5787	0.2426
0.8839	0.2577	0.7894	0.2545	0.7080	0.2509	0.6374	0.2468	0.5440	0.2428
0.8763	0.2575	0.7836	0.2543	0.7020	0.2506	0.6336	0.2465	0.5120	0.2440
0.8713	0.2573	0.7786	0.2541	0.6986	0.2504	0.6292	0.2463	0.4552	0.2486
0.8638	0.2571	0.7720	0.2538	0.6931	0.2501	0.6244	0.2460	0.4064	0.2555
0.8589	0.2569	0.7679	0.2536	0.6894	0.2499	0.6212	0.2457	0.3644	0.2638
0.8516	0.2567	0.7611	0.2534	0.6842	0.2496	0.6165	0.2454	0.3280	0.2722
0.8468	0.2565	0.7575	0.2532	0.6803	0.2495	0.6133	0.2453	0.2963	0.2806
0.8395	0.2563	0.7513	0.2529	0.6750	0.2491	0.6086	0.2449	0.2685	0.2888
0.8349	0.2562	0.7472	0.2527	0.6714	0.2489	0.6055	0.2446	0.2441	0.2974
0.8275	0.2559	0.7412	0.2525	0.6662	0.2486	0.6016	0.2443		

实验二　吊环法（液膜拉破）测定纯水的表面张力

一、实验目的

1. 学习并掌握用吊环法测定纯液体表面张力的原理和方法。
2. 学习 JYW-200D 自动界面张力仪的操作方法。

二、实验原理

任何表面或界面均倾向于收缩，主要是因为存在表面张力。该物理量也可以理解为，沿着液体表面，垂直作用于单位长度上，使液体表面收缩的力，故称之为表面张力，用符号 γ 表示。测表面张力的方法有很多种，如毛细管上升法、滴体积法、最大气泡压力法、吊环法、吊片法和滴外形法等。

吊环法是将金属细丝做成的吊环按照环平面与液面平行的方式浸入液体中，然后缓缓将吊环拉出液体，在快要离开液体表面时，液体在金属环上形成一层薄膜；随着吊环被拉出液面（图 1），溶液的表面张力将阻止吊环被拉出；当液膜破裂时，吊环的拉力将达到最大值，自动界面张力仪将记录这个最大值。

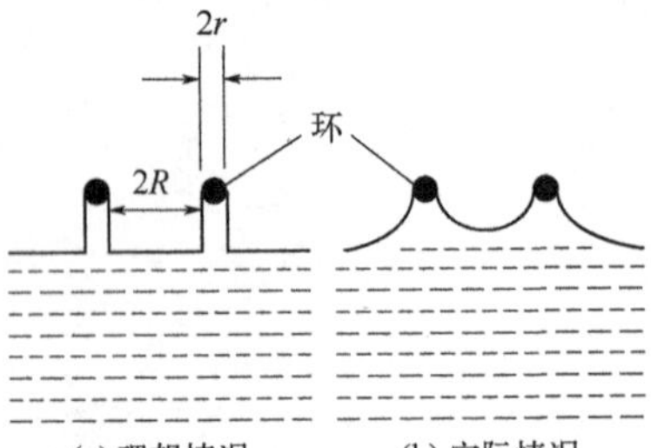

图 1　吊环法测定液体表面张力的理想情况和实际情况示意图

当提起液体的重力 mg 与沿环液体交界处的表面张力相等时，液体质量 m 最大。再提升则液环断开，环脱离液面。理想情况下，环拉起的液体呈圆筒形［图 1（a）］，对环的附加拉力（p，即除去抵消环本身的重力部分）为

$$p = mg = 2\pi R\gamma + 2\pi(R + 2r)\gamma = 4\pi(R + r)\gamma \tag{1}$$

式中，m 为拉起来的液体质量；g 为重力加速度；R 为环的内径；γ 为表面张力；r 为环丝半径。实际上，式（1）是不完善的，因为实际情况并非如此，而是如图 1（b）所示。因此对式（1）还需要加以校正。于是得

$$\gamma = \frac{p}{2\pi R}F \tag{2}$$

通过大量的实验分析与总结，证明校正因子 F 与 R/r 值及 R^3/V 值有关[1]，这里 V 为圆环带起来的液体体积，可自 $p=mg=V\rho g$ 关系求出，ρ 为液体密度。获得 F 数值的途径相当繁杂[1]，而 JYW-200D 自动界面张力仪已经实现了式（2）的自动化程序计算，可以在仪器数据显示屏直接获得液体的表面张力值。

三、实验仪器和试剂

JYW-200D 自动界面张力仪，铂丝圆环，煤气灯（酒精灯）100mL 量筒，500mL 烧杯，镊子，洗瓶，恒温循环水泵，100mL 夹套烧杯，温度计，普通圆形滤纸。

实验试剂为纯水、石油醚和丙酮。

四、实验步骤

1．检查 JYW-200D 自动界面张力仪上水准泡，调节基座上调平旋钮，使仪器水平。

2．打开电源开关，稳定 15min。

3．把铂丝圆环和夹套烧杯进行很好的冲洗。铂丝圆环的清洗方法：首先在石油醚中清洗，接着用丙酮漂洗；然后在煤气灯或酒精灯的氧化焰中加热，烘干铂丝圆环。在清洗和后续实验中，用镊子夹取和悬挂铂丝圆环时要特别小心，不宜用力过大，以免铂丝圆环变形。

4．用镊子夹取铂丝圆环小心悬挂在杠杆挂钩上，在夹套烧杯中注入新鲜纯水 40～50mL，开通 25℃恒温循环水泵。

5．在 JYW-200D 自动界面张力仪“开机初始页”连续按“▲”键四次，液晶界面显示“试验显示 按确认键进入”菜单页，再按“确认”键进入试验显示主页。

p：000.00mN/m	D：0
F：000.00mN/m	<+↑

6．按“清零”键，后按“▲”键，玻璃杯平台上升，液晶界面右下边显示“<↑”提示符。

7．待铂丝圆环浸没液体时，平台自动停止上升，按“清零”键使 p 值变为 000.00mN/m。按“▼”键、按“保持”键，玻璃杯平台下降，液晶界面右下边显示“+↓”提示符。随着玻璃杯平台下降，p 值不断增大，液膜被拉破，玻璃杯平台自动停止。此时显示屏 F 值即是该液体表面张力的实验测量值，记录该数据。

8．按“清零”键取消保持状态。按“▲”键玻璃杯平台上升，液晶界面右下边显示“<↑”提示符。待铂丝圆环浸没液体时，平台自动停止上升。

9．按“▼”键、按“保持”键，玻璃杯平台下降，液晶界面右下边显示“+↓”提示符。液膜拉破后，显示屏再次显示该液体的表面张力重复实验测量值。

10．要求重复测量五次，记录表面张力 F 值，求五次 F 的平均值。

五、数据处理

按照 Harkins 公式 $\gamma = 75.796 - 0.145t - 0.00024t^2$，式中 t 为温度，单位为℃，计算水在 25℃时的表面张力，将计算值和实验测量值进行对比，计算相对标准偏差。

六、思考题

1．本实验的主要误差及其来源有哪些？
2．与滴体积法测表面张力相比，吊环法有何优势和不足？
3．吊环法测得的表面张力是稳态表面张力还是动态表面张力？
4．如何用吊环法测定液-液界面张力？

七、参考文献

[1] Harkins W D, Jordan H F. A method for the determination of surface and interface tension from the maximum pull on a ring. J Am Chem Soc, 1930, 52: 1751-1772.

实验三　Krüss K100 表面张力仪测定纯水的表面张力

一、实验目的

1．学习并掌握吊环法、吊片法测定纯液体表面张力的原理。

2．学习 K100 自动表面张力仪测定纯液体表面张力的操作方法。

二、实验原理

Krüss K100 自动表面张力仪提供吊环和吊片两种配件，因此，可以分别采用吊环法和吊片法测定液体表面张力。

Krüss K100 自动表面张力仪采用吊环法测定液体表面张力的基本原理详见“实验二”。在其具体测试过程中，K100 自动表面张力仪采用吊环法所拉起的液膜需要维持不破裂，这与“实验二”所述的吊环法明显不同。此外，该仪器采用吊环法时一般不宜测定黏度大于 200mPa・s 的液体。

K100 自动表面张力仪采用吊片法测定液体表面张力的基本原理源自 Wilhelmy 吊片法（图 1）。

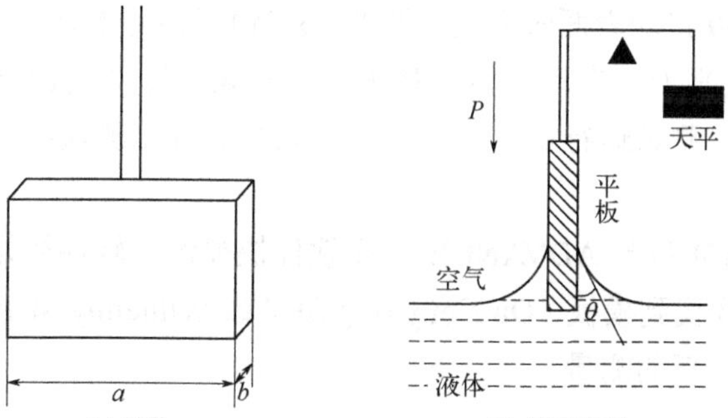

(a) 吊片　　(b) 测试原理

图 1　Wilhelmy 吊片法测液体表面张力原理示意图

实验中，金属吊片或吊环一端用细丝悬于天平的一个臂上，然后将吊片（或者吊环）垂直浸入待测液体中，随后将吊片（或者环）从待测液体中缓慢拉出并维持液膜不破裂。此时，吊片在垂直方向所受拉力与吊片自身重力（mg）之合力 p 可用式（1）表达[1-2]。

$$p=mg+2\gamma(a+b)\cos\theta \tag{1}$$

式中，p 为吊片所受竖直向下的合力；m 为吊片的质量；g 为重力加速度；γ 为表面张力；a 为吊片横截面的长度；b 为吊片横截面的宽度；θ 为水与吊片之间的接触角。

因为θ不易测准，要想获得准确的表面张力值，在测试中常采用具有高能表面的铂金吊片，以确保液体对吊片完全润湿，此时θ可近似按照0°处理；此外测试前天平会先将吊片重力清零，同时$b \ll a$，因此式（1）可简化为式（2）

$$\gamma = \frac{p}{2a} \tag{2}$$

与吊环法相比，吊片比吊环受外力影响变形要小得多，且不需要经验系数校正。所以，吊片法是一种更简单易行的表面张力测定方法，其准确性可达到0.1%。

K100自动表面张力仪自带自动化程序计算，可直接在界面显示出液体表面张力的数值。

三、实验仪器和试剂

Krüss K100表面张力仪，样品杯，铂金片（铂丝圆环），恒温循环水泵。

实验试剂为纯水。

四、实验步骤

1．把铂丝圆环或铂金片以及样品杯清洗干净。

2．打开K100自动表面张力仪，开通25℃恒温循环水泵。

3．测试前天平刀口自动锁定，将干净、干燥、冷却的铂丝圆环或铂金片上端插入天平刀口，测试运行后，天平刀口自动释放开始测量铂丝圆环或铂金片质量并清零。

4．双击电脑屏幕上ADVANCE操作软件快捷键，软件初始化，随后进入测试界面。在方法区找到模板（Du Noüy ring SFT或Wilhelmy SFT模板），点击“创建”按钮生成一个新的测量。

5．参数设置：

（1）基础信息填写。在Measurement区域写清楚样品信息；Substance information区域输入液相信息（包括名称和密度），环绕相（空气），探针类型（RI01标准环或PL01标准片），样品杯型号（标配为SV20）。（若采取环法测定需选择校正公式：Harkins & Jordan。）

（2）参数设置。拉升速度为6mm·min^{-1}；灵敏度3mg；松弛速度3mm·min^{-1}；弛豫10%；位阶0.05mm。

（3）测试终止的条件设置。吊环法测定表面张力设定数据重复次数为5次，表面张力的标准偏差阈值为0.1mN·m^{-1}；吊片法测定表面张力设定测量时间为300s，频率为1Hz。

6. 将不少于 30mL 水倒入样品杯中并将样品杯上升至水面距环或片 2mm 处。

7．放置好样品后，在 Instrument Control 区域点击“开始测量”键后会自动开始测试。

8．在 Results 和 Summary 区域查看结果。

9．在 Export 区域导出 Excel 格式数据或在 Report 区域导出 PDF 格式数据。

10．注意事项：

（1）测量用铂金片、铂丝圆环等为贵金属，注意不要损坏、变形而影响仪器测量精度。

（2）仪器中有精密天平，测量前需要调节水平。

（3）为了保证天平不被损坏，在天平解锁阶段不要碰天平接头。

五、数据处理

比较吊环法和吊片法测得表面张力的差异。按照 Harkins 公式 $\gamma = 75.796 - 0.145t - 0.00024t^2$（式中 t 为温度，单位为℃），计算水在 25℃时的表面张力，将计算值和实验测量值进行对比，计算相对标准偏差。

六、思考题

1．本实验的主要误差及其来源有哪些？如何减小测量误差？

2．吊片法和吊环法两种方法有何差异？

3．哪些液体不适合用吊环法测定表面张力？

4．如何利用吊片法测定液-液界面张力？

七、参考文献

[1] 梁治齐, 陈溥. 氟表面活性剂. 北京: 中国轻工业出版社, 1998.

[2] 魏兴. 平板法液体表面张力测试仪进口铂金板可替换性研究. 现代丝绸科学与技术, 2019, 34(6): 22-23, 25.

实验四　毛细上升法测定纯水的表面张力

一、实验目的

1. 学习并掌握用毛细上升法测定纯液体表面张力的原理和方法。
2. 理解和运用拉普拉斯（Laplace）公式。

二、实验原理

就纯液体表面张力测定而言，毛细上升法是测定纯液体表面张力的一种绝对方法，所用实验仪器非常简单，所得测定结果相当准确[1]。由于存在表面张力，弯曲液面两侧存在压强差 Δp，可以用拉普拉斯公式定量描述 Δp 与液体表面张力 γ、弯曲液面曲率半径 r 之间的数学关系。图 1 为待测液体润湿毛细管壁示意图。

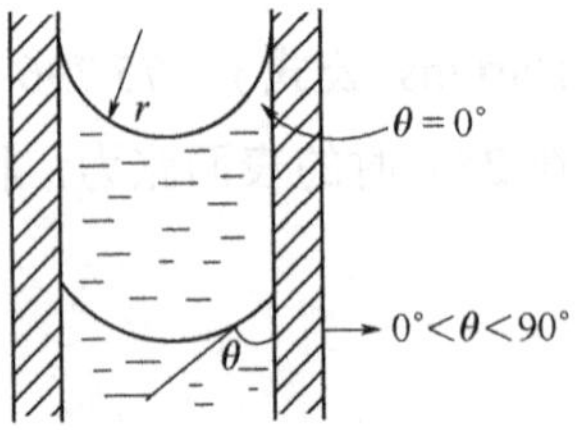

图 1　待测液体润湿毛细管壁示意图

当待测液体能够完全润湿毛细管壁时，待测液体在毛细管壁表面形成的接触角 θ 可以被认为等于 0°，此时，液体在毛细管中的液面呈凹液面状；若是毛细管内径很小，管中凹液面近似为半球面，此时，弯曲液面的曲率半径与毛细管内半径相等，凹液面两侧压力差 Δp 的拉普拉斯方程可表示为

$$\Delta p = \frac{2\gamma}{r} \tag{1}$$

式中，r 为毛细管内半径，也是凹液面曲率半径。在凹液面两侧压力差 Δp 的驱动下，毛细管中液面上升一定的高度 h 后方能达到平衡，到达平衡状态时，凹液面两侧压力差 Δp 可以进一步表示为

$$\Delta p = \frac{2\gamma}{r} = \Delta \rho g h \tag{2}$$

式中，$\Delta\rho$ 是弯曲液面两侧的密度差；g 是重力加速度。显然，由式（2）可得

$$\gamma = \frac{1}{2}\Delta \rho g h r \tag{3}$$

式（3）是毛细上升法测定液体表面张力的基本理论公式。

若待测液体不能够完全润湿毛细管壁，即接触角 θ 不为零，则式（3）应当表示为

$$\gamma = \frac{1}{2\cos\theta}\Delta\rho g h r \tag{4}$$

通常，将毛细管凹液面底部以下液柱高度 h_0 计作式（4）中的 h；但是，在精确测试时，凹液面部分液体所相当的液柱高度 h' 也应当计入，此时 h 可以表示为

$$h = h_0 + h' \tag{5}$$

若是毛细管内径很小，比如待测液体为水：当 r<0.2mm 时，$h'=r/3$；若是毛细管内径 0.2mm<r<1mm 时，h 可以表示为

$$h = h_0 + r/3 - 0.1288(r^2/h_0) + 0.1312(r^3/h_0^2) \tag{6}$$

毛细上升法测液体表面张力对于可以完全润湿的待测液体而言，接触角可以看作为零，否则接触角滞后效应会导致测定结果不够准确；此外，毛细管内径要尽可能均匀，毛细管装置必须洁净。对于水而言，认为其可以完全润湿玻璃，所以常用玻璃材质的毛细管测定水的表面张力。

三、实验仪器和试剂

毛细上升法测液体表面张力需要的实验仪器最为简单。图 2 所示装置包括一支带刻度的玻璃毛细管（或者由量程为 0.2mL 玻璃刻度移液管代替，但是体积刻度转化为高度需要预先校正），一个恒温水浴缸，一只 100mL 烧杯和一把游标千分卡尺。

实验试剂为纯水。

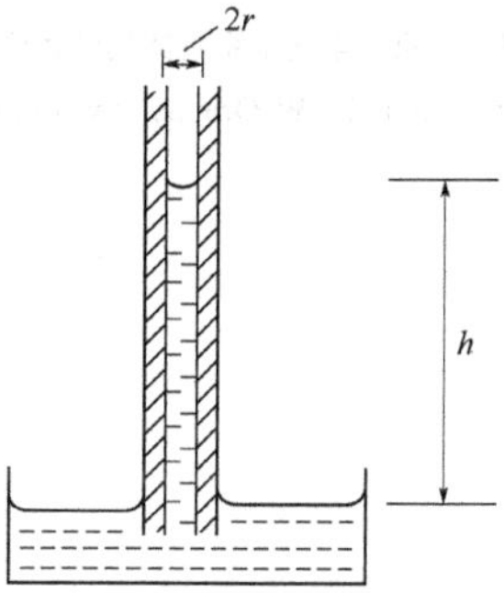

图 2　毛细上升法测定表面张力装置示意图

四、实验步骤

1．毛细管内径的测量：用游标千分尺仔细测量玻璃毛细管的内径，注意多点测量，所测内径数据极差不大于 0.1mm 的毛细管可用。

2．将毛细管和烧杯仔细洗净，毛细管在 50℃真空干燥箱中烘干；在 100mL 烧杯中放入约 20mL 纯水，在（25±0.1）℃下恒温半小时后，将毛细管垂直插入液面，测量毛细管中液柱的平衡高度 h_0，根据所测毛细管内径数据，按照式（6）计算高度 h。

3．实验操作重复 7～11 次，计算 h 偏差范围。

五、数据记录与处理

按照 Harkins 公式 $\gamma = 75.796 - 0.145t - 0.00024t^2$（式中 t 为温度，单位为℃），计算水在 25℃时的表面张力；按照式（3）计算纯水表面张力实验值。比较 Harkins

公式计算值和实验测量值，计算相对标准偏差。

六、思考题

1．本实验的主要误差及其来源有哪些？

2．与滴体积法、吊环法测表面张力相比，本实验所用方法有何优势和不足？

3．本实验所用方法测得的表面张力是稳态表面张力还是动态表面张力？

4．本实验所用方法能否测定液-液界面张力？

5．值得指出的是，尽管式（4）最早由拉普拉斯给出具体的数学形式，但是其基本理论观点的文字表达则是由托马斯·杨（Thomas Young）提出[2]。不仅如此，基于接触角 θ 是否大于 90°，式（4）可以很好地描述毛细上升和毛细下降现象。一般认为，人们在探索毛细上升和毛细下降两种截然不同现象的过程中产生了“润湿”的概念和判断方法。请读者结合文献[2]进行阅读和思考。

七、参考文献

[1] 北京大学化学系胶体化学教研室. 胶体与界面化学实验. 北京: 北京大学出版社, 1993.

[2] Extrand C W. Origins of wetting. Langmuir, 2016, 32: 7697-7706.

实验五　滴外形法测定纯水的表面张力

一、实验目的

1. 学习并掌握滴外形法测定纯液体表面张力的原理与方法。

2. 学习滴外形法测定液体表面张力的光学接触角（OCA）测量仪器操作方法。

二、实验原理

悬滴法作为一种常用的滴外形法，其测定纯液体表面张力的基本原理是：当液滴被静止悬挂在注射器管口时，受到重力和表面张力的双重作用，该双重作用的平衡结果决定了液滴的外形。因此，液体的表面张力可以通过测定液滴外形推算出（图 1）。早在 1882 年 Bashforth 和 Adams 首先提出了悬滴轮廓方程，但受限于技术条件，该方程的使用极其不方便。

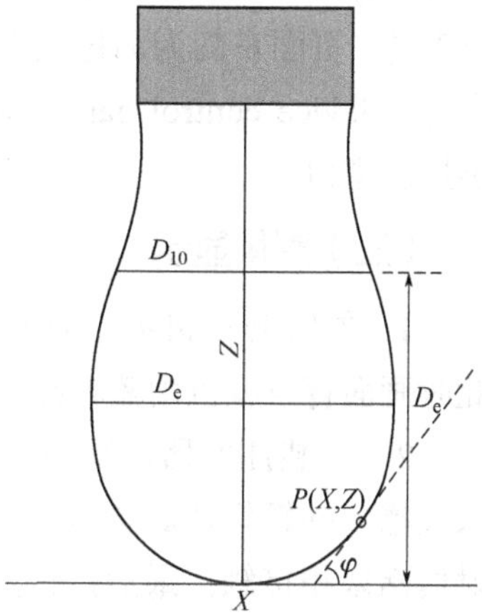

图 1　悬滴轮廓

1938 年 Andreas 等人[1]引入经验校正因子并逐步建立选择平面法，具体为式（1）：

$$\gamma = \frac{gD_e^2\Delta\rho}{H} \tag{1}$$

式中，γ 为表面张力；g 为重力加速度；D_e 为液滴的赤道直径，即最宽处直径；D_{10} 为距离液滴的底部 D_e 处平面直径；$\Delta\rho$ 为液滴相与环境相密度差；H 为修正之后的形状因子，与液滴形状因子 $S=D_{10}/D_e$ 有关[1]。

使用 OCA 型接触角测量仪配备的表面张力测试软件，获得液滴数码照片后，系统自动计算出此时液体的表面张力。

三、实验仪器和试剂

OCA 20 接触角测量仪（DataPhysics Instruments GmbH）和纯水。

四、实验步骤

（一）准备工作

注射器在待测液内反复快速抽取，确保在注射器内盛满液体，无任何气泡；

选择测定表面张力的电动注射单元。滴液附件安装时参照支架台上参数放置在合适位置，适当调整使聚焦获得客体（如针尖）最清晰图像。选择合适的注射针：一般地，悬滴法（pendant drop）测表面张力，选择标准针 SNP165/119，其外径 1.65mm，内径 1.19mm。切记！测定前注射针均应认真清洗干净并以测试液充分清洗，否则无法得到可信结果。

（二）开机

先打开温控单元开关，再打开主机开关，再点击电脑屏幕上 SCA20 操作软件快捷键，软件开始自检，随后将进入“Live Video”界面。在“Live Video”界面，点击“file”下拉菜单，在“new window”项下点开“result collection window”后，点击“system”和“M-Info”可进行相关参数的设置，如液体的种类、液体密度、温度等。页面左侧为测量过程中溶液的表面张力数据。点击“window”下拉菜单，点开“device control bar”，页面右方出现控制窗口，点开各控制窗口即得相应的小控制窗口。

（三）影像显示

1. 在“Live video”界面，点击激活手动模式（manual mode）（即转轮+手形），此时画面背景颜色由蓝转红。

2. 安装注射器，次序如下：先使用下移键，下移注射平台；再将注射器推入竖槽，并轻轻地旋紧右侧按钮；然后，使用上移键，上移注射平台，使其与注射器活塞相接触；最后，锁紧活塞夹。注意：注射器安装完毕，再次点击手动模式键，恢复至电动模式。

3. 图像聚焦：手动旋转支架台旋钮，使注射针口进入视野，先调整“Illumination”使亮度适宜（即针口图像显示）；调整“Optics”，对图像聚焦。

（四）测量

测定表面张力时，选择悬滴法，并依据图像显示液滴方向，一般习惯性选择 [Pendant drop left]，液滴图像上出现 3 条线，将距离液滴最近的一条线，放在针口处，另两条基线放在注射针上，如图 2 所示。

调整“Dipense units”，选择 ES6，并勾选“continuous dosing”功能。测定表面张力时，分液体积一般 10～15μL。液滴的滴速选择“very slow”，点击 dispense 键，挤出液滴，然后依次点击、、

和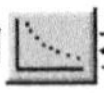按键，此时页面会显示表面张力数据，读取当液滴足够大但并未掉落时的表面张力值（图 3）。

（五）结束实验

关闭主机电源，关闭计算机。

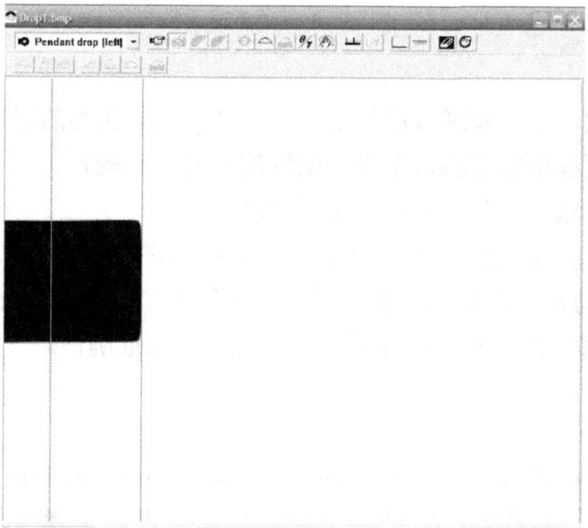

图 2　Pendant drop left 页面

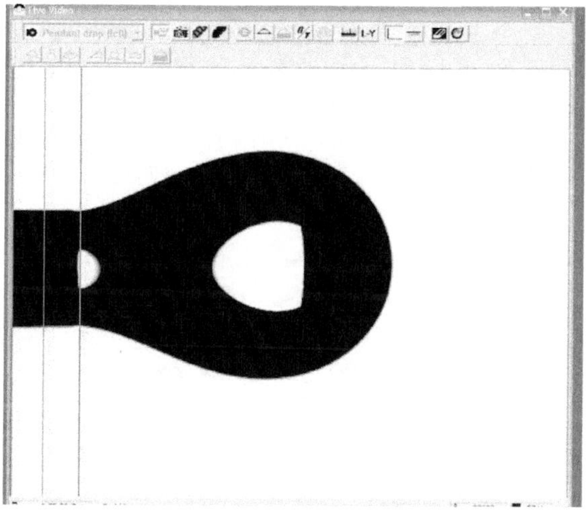

图 3　读取表面张力数据页面

五、数据记录与处理

室温：__________　大气压：__________　实验温度：__________

序号	$\gamma/(mN\cdot m^{-1})$
1	
2	
3	
平均值	

六、思考题

1．查阅文献，进一步理解滴外形法测定液体表面张力的原理。

2．本实验过程中影响测定结果准确性的因素有哪些？

3．如何利用该方法测定液-液界面张力？

4．商业化仪器采用滴外形法测定界面张力（IFT）比较方便快速，但是液滴体积大小、IFT 与重力之间的平衡关系等对所得 IFT 的准确性依然有着较大的影响，请读者结合文献[2]进行阅读和思考如何提高结果准确性。

七、参考文献

[1] Andreas J M, Hauser E A, Tucker W B. Boundary tension by pendant drops. J Phys Chem, 1938, 42: 1001-1019.

[2] Berry J D, Nesson M J, Dagastine R R, et al. Measurement of surface and interfacial tension using pendant drop. J Colloid Interface Sci, 2015, 454: 226-237.

实验六　温度对纯水表面张力的影响规律

一、实验目的

1．熟练运用纯液体表面张力的测定方法。

2．了解并验证实验温度对表面张力的影响规律。

二、实验原理

液体表面张力与温度关系的研究虽已有一个多世纪之久，但尚无准确的理论关系。在实验探索过程中，人们已建立了一些经验关系，在一定范围内可以比较准确地描述温度与表面张力之间的经验规律结果，也适用于内插法数据处理[1]。最简单的经验公式是：

$$\gamma = \gamma_0(1 - bT) \tag{1}$$

式中，T 为热力学温度，K；γ_0 和 b 为随体系不同而变化的经验常数。由于在液体临界温度时气-液界面将不存在，这时表面张力应该为零，故 γ-T 关系可用对比温度表示：

$$\gamma = \gamma_0\left(1 - \frac{T}{T_c}\right) \tag{2}$$

式中，T_c 为液体临界温度。考虑到一般液体在低于临界温度时表面张力已经为零，所以 Ramsay 和 Shields 建议改用下列经验公式：

$$\gamma(Mv)^{\frac{2}{3}} = k\left(T_c - T - 6\right) \tag{3}$$

式中，M 为分子量；v 为比容；k 为常数。范德瓦尔斯（van der Waals）从热力学角度将式（2）改写为式（4），

$$\gamma = \gamma_0\left(1 - \frac{T}{T_c}\right)^n \tag{4}$$

实际上，式（1）至式（4）都只能代表在一定温度范围内某些液体的表面张力与温度之间的关系规律。也有学者建议，用多项式来代表表面张力随温度变化的实验结果，一般形式为：

$$\gamma = \gamma_0 + aT + bT^2 + cT^3 + \cdots \tag{5}$$

具有代表性的结果是，Harkins 提出的水的表面张力随温度变化关系：

$$\gamma_{H_2O} = 75.796 - 0.145t - 0.00024t^2 \quad (6)$$

式中，t 为摄氏温度，℃。此经验公式适用的温度范围是 10～60℃。

三、实验仪器和试剂

本实验所用试剂为纯水。

本实验所用测量纯水表面张力的实验方法可以参照本书“实验一”至“实验三”所列方法的任意一种。因此，所用实验仪器可以参照本书“实验一”至“实验三”所列仪器和装置。

四、实验步骤

1．按照本书“实验一”至“实验三”中任一方法所列仪器和装置准备好实验仪器，并参照相应实验步骤测量纯水的表面张力；

2．按照实验室温度条件，改变实验温度，在 10～60℃温度范围内设置 7 至 11 个温度试验点，测定不同温度下纯水的表面张力；

3．每个温度试验点纯水的表面张力重复测定 3 次以上，控制所得表面张力测量值的误差范围不超过±0.5mN・m^{-1}。

五、数据记录与处理

1．根据实验数据，作表面张力与温度关系图，并按照 Harkins 公式形式数学拟合表面张力与温度之间的多项式方程。

2．根据实验数据拟合所得多项式方程，另取三个非实验温度下获得的纯水表面张力数值，分别与 Harkins 公式计算值相比较，计算相对误差并分析讨论误差产生的原因。

六、思考题

1．查阅文献，归纳温度对液-液界面张力的影响规律。

2．本实验过程中影响测定结果准确性的因素有哪些？

七、参考文献

[1] 拉甫罗夫. 胶体化学实验. 赵振国，译.北京：高等教育出版社, 1992.

II

液-液界面、液-固界面和铺展单分子膜

在自然界和工农业生产中，液-液界面和液-固界面是最为广泛存在的两类相界面。与气-液界面和气-固界面（此两类界面又称作表面）这两类比较简单的相界面相比，液-液界面和液-固界面有其固有的复杂性，又称作凝聚相界面。凝聚相界面也倾向于收缩，其产生的根源来自界面张力（interfacial tension，IFT）。

获得 IFT 是人们正确理解乳状液、微乳状液和刚性粒子溶胶等多相分散体系的基本思路之一。相对于表面张力而言，直接测量 IFT 一度比较困难。早期的研究中，人们建立了许多经验方程用以估算液-液界面的 IFT，比如，Antonoff 规则[1]、Gififalco-Good 方程[2]和 Fowkes 方程[3-4]等。原则上讲，一些测定表面张力的方法经过巧妙设计也能够测定液-液界面张力，比如滴体积法（实验一）和吊环法（实验二）。如今，旋转液滴法（spinning drop method）已经成为测定液-液界面的 IFT 的主流方法，具有自动程序化计算的商业化测试装置也已比较成熟。

液-固界面与润湿过程密切相关，液-固界面是认知润湿过程的基础和前提。1805 年 Thomas Young 率先以文字的方式提出，后由同时期 Laplace 给出具体的数学形式，最终建立了 Young 润湿方程[5]。该方程建立后，液体在固体表面形成的接触角（θ）成为人们探索液-固界面物理化学性质和理解液体对固体表面润湿过程的关键参数。

单分子膜可以由吸附和铺展两种策略制备。由铺展制备的单分子膜早在 1774 年英国科学家 Franklin 就有记载，1917 年 Langmuir 对此也有重要而详细的研究。所有这些均属于胶体与界面化学的经典内容。

本章共筛选了五个实验项目，从液-液界面张力、液体在固体表面形成的接触角、低能固体表面的润湿临界表面张力和铺展单分子膜等角度，供读者进行实验技术学习。

[1] Antonoff G, Chanin M, Hecht M. Equilibria in partially miscible liquids. J Phys Chem, 1942, 46: 492-496.
[2] Girifalco L A, Good R J. A theory for the estimation of surface and interfacial energies. Ⅰ. Derivation and application to interfacial tension. J Phys Chem, 1957, 61: 904-909.
[3] Fowkes F M. Attractive forces at interfaces. Ind Eng Chem, 1964, 56: 40-52.
[4] Fowkes F M. Determination of interfacial tensions, contact angles, and dispersion forces in surfaces by assuming additivity of intermolecular interactions in surfaces. J Phys Chem, 1962, 66: 382.
[5] Danielli J F, Pankhurst K G A, Riddiford A C. Recent progress in surface science. New York: Academic Press, 1964, 2: 111-128.

实验七　旋转液滴法测定油-水界面张力

一、实验目的

1．理解旋转液滴法（spinning drop method）测量液-液界面张力的原理。

2．学习用旋转滴界面张力仪测量油-水界面张力。

二、实验原理

可以用旋转滴界面张力仪测量液-液之间的界面张力（γ，$mN \cdot m^{-1}$）。旋转滴界面张力仪主要由摄像头、光源、测量窗口和毛细管（样品管）组成（见图1），样品管在发动机的带动下可以在不同的速度下旋转。SVT20旋转滴界面张力仪的主要技术参数：转速 $0 \sim 20000 r \cdot min^{-1}$；温度$-10 \sim 130$℃；界面张力 $1.0 \times 10^{-6} \sim 2.0 \times 10^{3} mN \cdot m^{-1}$；Phase 1 density（高密度相密度），Phase 2 density（低密度相密度），Phase 1 refractive（高密度相折射率），Vertical Scale（放大倍数）。

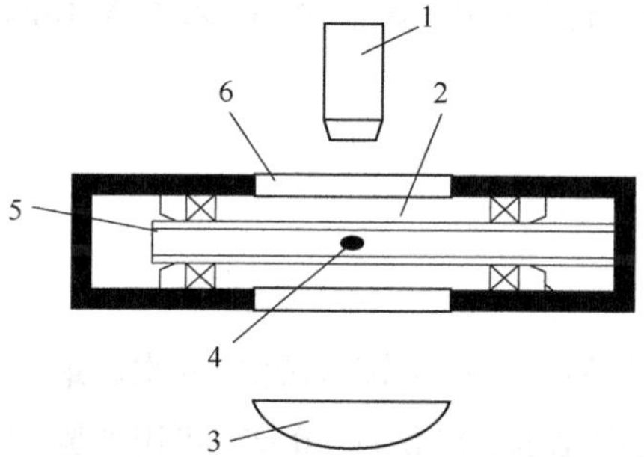

1—摄像头；2—测量室；3—光源；4—液滴；5—毛细管(样品管)；6—测量窗口

(a) 示意图

(b) 仪器照片

图1　SVT20旋转滴界面张力仪的基本组成

样品管中装满高密度相，然后在高密度相中注入一滴低密度相（液滴），样品管在发动机的带动下转动，在离心力的作用下液滴处于样品管的中心轴线上，并且可能被拉伸变形（见图2）。

旋转液滴法是基于杨-拉普拉斯（Young-Laplace）方程获得液-液界面张力γ[1]：

$$\gamma\left(\frac{1}{R_1}+\frac{1}{R_2}\right)=\frac{\Delta\rho}{2}R^2(x)\omega^2$$

式中，R_1和R_2分别为曲面在正交方向上的2个曲率半径；$\Delta\rho$为两液相密度差；ω 为转速；$R(x)$为液滴被拉伸后垂直方向的最大半径。在液滴的变化过程中，软件的控制系统会一直追踪液滴的形状并拟合出其轮廓，同时，软件会自动算出界面张力值。

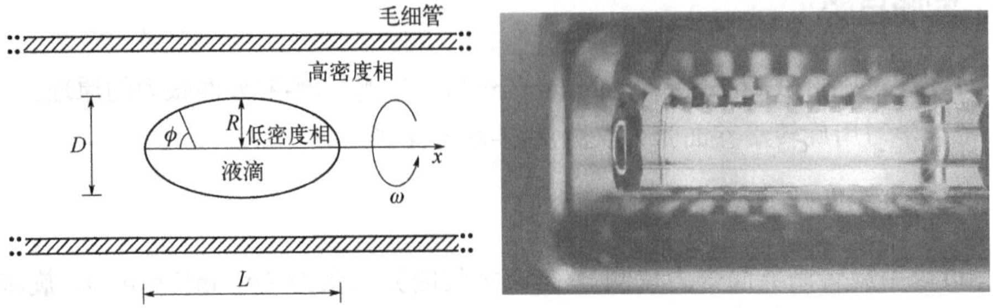

(a) 示意图　　(b) 仪器照片

图 2　旋转时液滴在毛细管中的形状

三、实验仪器和试剂

SVT20 旋转滴界面张力仪。

正庚烷，无水乙醇，二次蒸馏水（电导率 7.8×10^{-7}S・cm^{-1}，美国 Millipore Synergy UV 二次蒸馏水系统）。

四、实验步骤

（一）装置的洗涤

首先用无水乙醇对样品管洗涤 10 次，然后用二次蒸馏水洗涤 10 次，最后用待测溶液润洗 3 次；注射油的微量进样器先用无水乙醇洗涤 50 次，再用实验中的样品油润洗 10 次。

（二）装样

先向样品管注射高密度相（二次蒸馏水），然后用微量进样器注入体积约为 0.5 μL 的正庚烷，然后盖上样品盖。特别注意：全程不能出现气泡，装样过程中产生气泡则要重新装样。随后将样品管放入测量室内。

（三）测量

1．放样品。旋钮打到“open”状态，顺时针拧掉右边旋盖，水平放入样品管后，旋钮打到“close”状态，装上右边旋盖。

2．打开软件，进行参数设置。将“Mode”设为“Manual fit”，将“Drop Type”设为“Full”，将“*T*”设置为 25℃，“Phase 1 density”为待测量样品（水）的密

度，“Phase 2 density”为油相密度，“Phase 1 refractive”为待测量样品（水）的折射率，“Vertical Scale”为120.57858，之后点击“Apply”。

3．开始测量。首先调节“Illumination”大小至视野清晰，随后选中“Device Control”对话框，调节“Rotation Speed”至5000r·min^{-1}（每次升高200～300r·min^{-1}），其间不断调节“Camera Position”以及样品台坡度“Tilt”至液滴处在样品管中央且不再发生左右移动，如图3所示；随后点击工具栏相机按钮进行拍照，接着选择“Mode”中的“Manual Fit”与“Drop Type”中的“Full”，将读数框拖到屏幕液滴上，使四边与液滴边界相切，屏幕左上角自动显示待测样品的油水界面张力值（图4），每个样品平行测量5次。

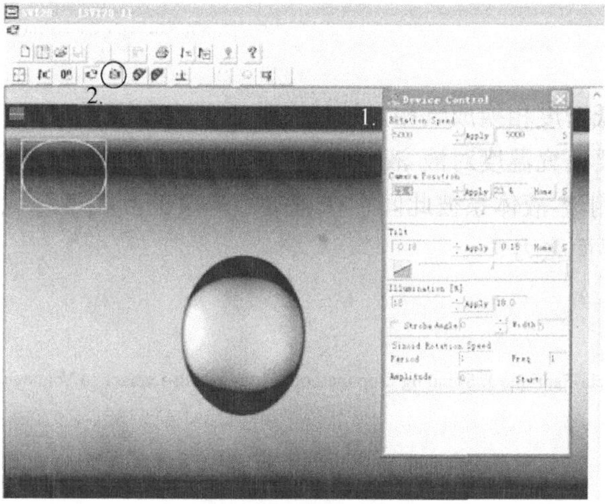

图3　液-液界面张力测量

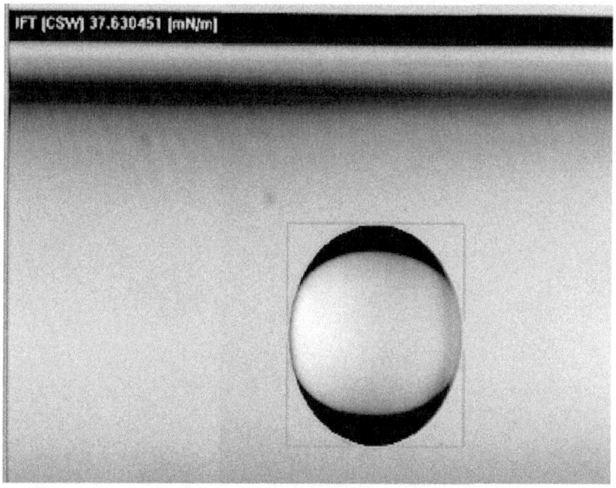

图4　液-液界面拟合和界面张力（IFT）读数

五、数据记录与处理

室温：__________ 大气压：__________ 实验温度：__________

序号	IFT	液相 1	液相 2
1			
2			
3			
4			
5			
平均值			

六、思考题

1．若是将低密度相换成气相，该技术能否测定表面张力？

2．若是需要研究温度对液-液界面张力的影响，将如何设计实验方案？

3．若是待测液-液体系彼此间存在有限溶解度的互相溶解现象，如何获得准确的平衡液-液界面张力？

七、参考文献

[1] Viades-Trejo J, Gracia-Fadrique J. Spinning drop method: From Young-Laplace to Vonnegut. Colloids Surf A, 2007, 302(1/3): 549-552.

实验八　液体在平滑固体表面的接触角

一、实验目的

1．理解固体表面的润湿过程、接触角和 Young（杨氏）润湿方程。

2．学习 OCA40 光学接触角测量仪测定接触角的方法。

二、实验原理

润湿是自然界和生产过程中常见的现象。通常将固-气界面被固-液界面所取代的过程称为润湿。将液体滴在固体表面上，由于性质不同，有的会铺展开来，有的则黏附在表面上成为平凸透镜状，这种现象称为润湿作用。前者称为铺展润湿，后者称为黏附润湿。如果液体不黏附而保持椭球状，则称为不润湿。此外，如果能被液体润湿的固体完全浸入液体之中，则称为浸湿。上述各种类型示于图 1。

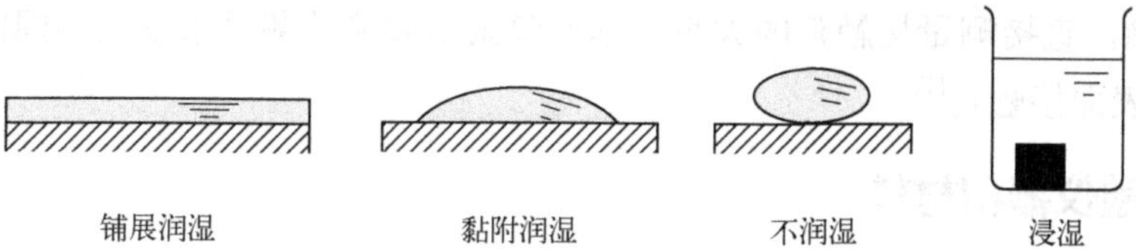

图 1　各种类型的润湿

当液体与固体接触后，体系的自由能降低。在恒温恒压下，当一液滴放置在固体平面上时，液滴能自动地在固体表面铺展开来，或以与固体表面成一定接触角的液滴存在，如图 2 所示。

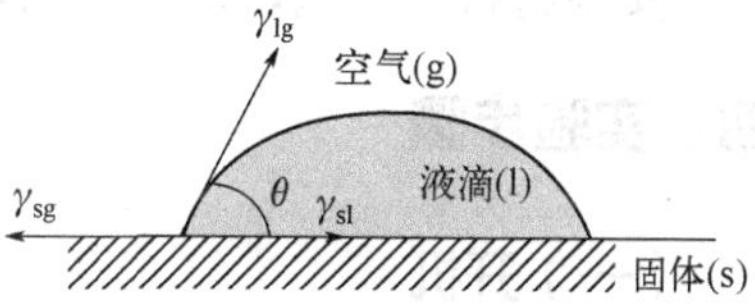

图 2　液滴在固体表面的接触角

假定不同的界面间力可用作用在界面方向的界面张力来表示，则当液滴在固体平面上处于平衡位置时，这些界面张力在水平方向上的分力之和应等于零。这个平衡关系就是著名的 Young（杨氏）润湿方程，即：

$$\gamma_{sg}-\gamma_{sl}=\gamma_{lg}\cos\theta \qquad (1)$$

式中，γ_{sg}、γ_{lg}、γ_{sl} 分别为固-气、液-气和固-液界面张力；θ 是液体在固体表面达到平衡时，在气、液、固三相交界处，自固液界面经液体内部到气液界面的夹角，称为接触角。

接触角的测量在材料防护、矿物浮选、注水采油、洗涤、印染、焊接等方面有重要应用。例如，在选矿之前测量矿物对水的接触角，矿物对水的接触角越大，表明其疏水性越好，可浮性也越好；又如，在一定浓度范围内，农药稀释液的表面张力与其在植被表面的接触角呈正相关，故降低药液表面张力，减小其在植被表面的接触角，可增强药液在植被表面的润湿和附着性能，有利于提高药效。

决定和影响润湿作用的因素很多，固体和液体的性质及杂质、添加物的影响、固体表面的粗糙程度、不均匀性的影响、表面污染等都会影响实验的结果。在实验操作过程中，液体在基底上形成液滴的大小对接触角的测量也有较大的影响，液滴太小受挥发影响过大，液滴太大则重力因素显著。

接触角测量方法可以按不同的标准进行分类。按照直接测量物理量的不同，可分为量角法、测力法、长度法和透过法。按照测量时三相接触线的移动速率，可分为静态接触角测量、动态接触角测量（又分前进接触角测量和后退接触角测量）和低速动态接触角测量。按照测试原理又可分为静止或固定液滴法、Wilhelmy板法、捕获气泡法、毛细管上升法和斜板法。其中，躺滴法（属静态接触角测量方法）是最常用的，也是最直截了当的一类方法，它是在平整的固体表面上滴一滴小液滴，直接测量接触角的大小。本实验采用躺滴法测量水滴在不同固体表面的液-固表面接触角[1]。

三、实验仪器和材料

仪器：OCA40 光学接触角测量仪。

实验材料：玻璃，聚四氟乙烯。

四、实验步骤

（一）开机

1．先打开主机开关，再点击电脑屏幕上 SCA20 操作软件快捷键，软件将进入 Live Video 界面。

2．在 Live Video 界面，点击“File”下拉菜单，在“new window”项下点开“result collection window”。

3．点击“Window”下拉菜单，点开“device control bar”，页面右方出现控制窗口，包含“Dispense units”“EMD-Device”“XYZ Table”“XY plane”“Illumination”“Optics”“Temperature sensor”，点开即得相应小控制窗口。

（二）显示影像

1．在 Live Video 界面，点击激活“manual mode”（手动模式）此时画面背景颜色由蓝色转成红色。

2．安装注射器。详见图3，程序如下：

先使用A键，下移注射平台；再将注射器推入D槽，并轻轻地旋紧右侧旋钮；然后，使用B键，上移注射平台，使其与注射器活塞相接触；最后，锁紧C活塞夹（注意：注射器安装完毕，再次点击手动模式键，恢复至电动模式）。

3．图像聚焦（图 4）。手动旋转支架台旋钮，使注射针口进入视野。先调整“Illumination”，使亮度适宜（即针口图像显示）。调整“Optics”，对图像聚焦（先手动鼠标拉滑块粗调再精调）。

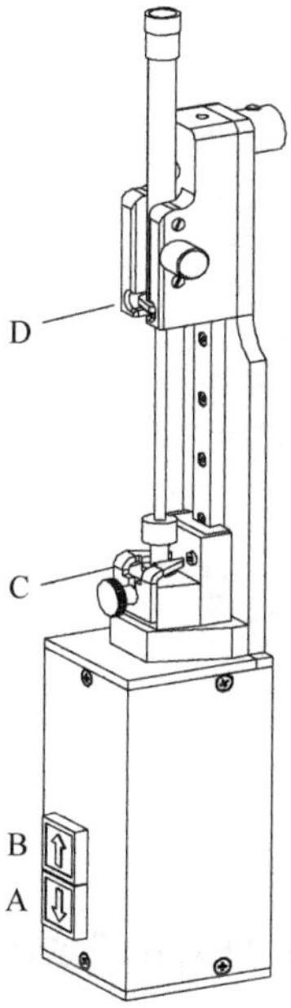

图3　注射器安装图示

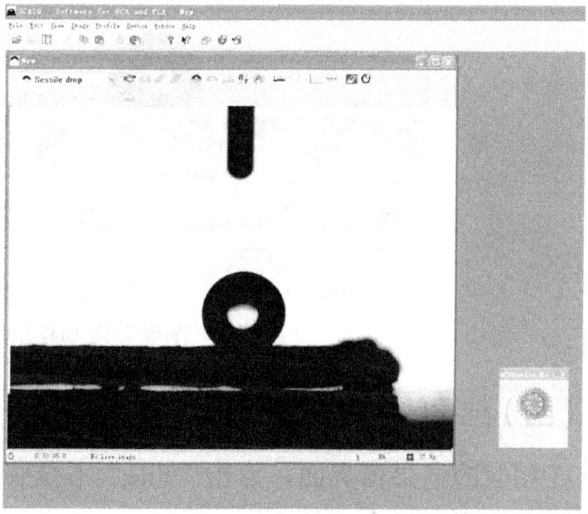

图4　图像聚集

（三）接触角的测量

1．在Live Video界面，静态接触角测量时，选择躺滴法（sessile drop）。动态接触角测量时，选择“Sessile drop”（needle inside）方法。

2. 调整“Dispense units”，测定接触角一般液滴体积为2～3μL；点击“dispense”键，挤出液滴。当液体已不包针形成液滴并未掉落时，点击“stop”键，上移工作台将液滴接住，下移工作台。（选择小窗口边缘正确的通道，例如单次测定应用ES6；针尖不能触及固体样品！）

3．图像获取与接触角计算（图5）。按键操作顺序：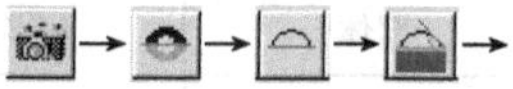→静态测量。接触角计算方法选择：在Live Video界面，点击“Profile”下拉菜单，点开“compute contact angle using”选择算法。

椭圆法（ellipse fitting），适合于接触角 20°～120°；

宽高法（circle fitting），适合于接触角小于 20°，亲水材料；

杨-拉普拉斯方程法（Young-Laplace），适合于接触角大于 120°，疏水材料；

切线法（tangent leaning fitting），适合于接触角 20°～120°，液滴不对称，该法快速但不准确。

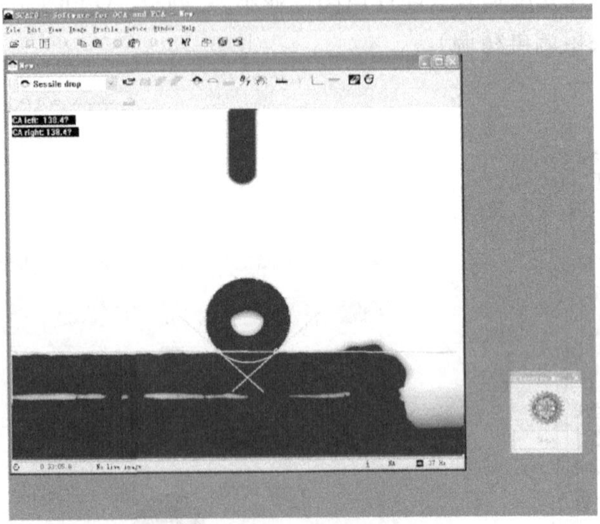

图 5　图像获取与接触角计算

（四）结果输出与保存

在相应的结果窗界面，点击“File”下拉菜单“Save”或“Export”结果，每个样品平均测量三次。

（五）结束

关闭主机电源，关闭计算机，记录仪器使用状况。

五、数据记录与处理

1．通过 OCA40 光学接触角测量仪测得玻璃和聚四氟乙烯片表面三个不同位置的图像。

2．同一固体表面，不同位置的接触角数据。

固体	θ_1	θ_2	θ_3	$\theta_{平均}$
玻璃				
聚四氟乙烯				

六、思考题

1. 影响液体在平滑固体表面接触角 θ 的因素有哪些？
2. 本实验项目测试过程中可能引入误差的因素有哪些？
3. 查阅文献，了解何为超疏水和超亲水表面。
4. 根据所测 θ 数据，估算实验所用玻璃和聚四氟乙烯固体表面的粗糙因子。

七、参考文献

[1] 江南大学. 溶液表面化学实验(讲义). 无锡: 江南大学.

实验九　液体在固体粉末表面的接触角

一、实验目的

1．巩固拉普拉斯（Laplace）方程，学习 Washburn 方程，学习一种粉末接触角测定方法。

2．测定几种液体在石墨、氧化铁粉上的接触角。

二、实验原理

基于 Young 方程，人们可以比较方便地获得液体在平滑固体表面形成的接触角 θ；但是，在生产和科研的实践中，有时需要了解液体对固体粉末的润湿性质，为此，测定液体在固体粉末表面的接触角 θ 是必要的。人们常常把液体在固体粉末表面形成的接触角称作粉末接触角。

迄今尚无一公认的可准确测定粉末接触角的标准方法，这是由于接触角滞后现象的存在以及影响接触角测量的因素繁多，更为重要的是，测试结果难以完全重复以及粉末接触角测定的间接性。

已知液体在毛细管中液面上升的驱动力是液体润湿毛细管壁形成凹液面两侧存在压强差 Δp。因此，只有液体在固体上的接触角 θ 小于 90°才能发生毛细上升现象。根据 Laplace 公式：

$$\Delta p=2\gamma\cos\theta/r \tag{1}$$

只要已知液体的表面张力 γ、毛细管半径 r 和压强差 Δp，即可求出接触角 θ。

可以将固体粉末均匀地装入圆柱形玻璃管中所形成的多孔堆积结构看作是平均半径为 r 的毛细体系；而多孔塞毛细孔平均半径可用完全润湿的液体（θ=0°）所测出的 Δp 求出，此时 $\cos\theta=1$。本实验是利用待测液体在由固体粉末所形成的多孔堆积结构中毛细上升的速度计算接触角 θ。

若一液体由于毛细作用渗入半径为 r 的毛细管中，在 t 时间内液体流过的长度 l 可用 Washburn 方程[1-2]描述：

$$l^2=\frac{\gamma rt\cos\theta}{2\eta} \tag{2}$$

式中，γ 为液体的表面张力；θ 为液体与毛细管壁的接触角；η 为液体的黏度。将式（2）应用于粉末形成的多孔堆积结构，则有

$$h^2 = \frac{C\bar{r}\gamma t\cos\theta}{2\eta} \tag{3}$$

式中，$\bar{r}$ 为粉末多孔堆积结构中毛细孔道的平均半径（0.3～400.0μm 范围内，水为流动相，Washburn 方程均适用[2]）；C 为毛细因子；h 为液面在 t 时间内上升的高度。当粉末堆积密度恒定时，$C\bar{r}$ 可看作定值，为仪器参数。

先选择一已知表面张力和黏度且能完全润湿粉末（θ=0°）的液体进行实验，测定不同时间 t 内液面上升的高度 h，作 h^2-t 图，根据式（3），h^2-t 之间应当呈直线关系，由该直线的斜率可求出（$C\bar{r}$）。

在保持相同的粉末堆积密度的条件下，测定其他待测液体在此粉末多孔堆积结构中的 h 与 t 关系，按照式（3）处理即可求得接触角 θ[3]。当然，待测液体的表面张力和黏度值应为已知值。

液体与固体粉末间的黏附功 W_{SL} 可由式（4）计算：

$$W_{SL}=\gamma(1+\cos\theta) \tag{4}$$

三、实验仪器和试剂

长约 15cm、直径约 0.8cm 的玻璃管，秒表，脱脂棉（滤纸），250mL 烧杯。

石墨粉，γ-Fe_2O_3 粉末，重蒸水，苯，正己烷，正庚烷，十六烷，丙酮，乙醇，环己烷和氯仿。

四、实验步骤

1．将选好的玻璃管洗净，两端磨平。管上标记上刻度（可粘上小窄条坐标纸），管的一端用小块脱脂棉（或用滤纸）封住。有条件的实验室，可以用带有砂芯截留的玻璃色谱柱改装成上述脱脂棉封堵的玻璃管。称取一定质量的固体粉末填充到上管中，相同质量的同一种固体粉末样品，每次都必须填充到相同高度以保证粉末堆积密度恒定。

2．将润湿液体放在烧杯中，按图 1 装好仪器，玻璃管必须垂直于液面，当填装有粉末的玻璃管刚一接触液面时开始计时，每间隔一定时间（如 1min）记录液面上升的高度 h。

3．已知苯可完全润湿石墨粉（即 θ=0°），按上述步骤测定苯润湿石墨的 h 与 t 关系数据。

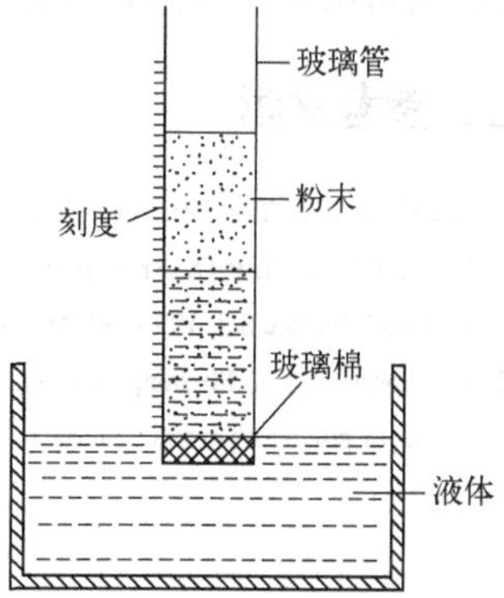

图 1　粉末接触角测定装置示意图

4．按照步骤 1 和步骤 2，在相同的粉末装填堆积密度条件下，依次测定水、正己烷、正庚烷、十六烷、丙酮、乙醇、环己烷、氯仿对石墨润湿的 h 与 t 关系数据。

5. 已知环己烷可完全润湿 γ-Fe_2O_3 粉末，先测定环己烷润湿 γ-Fe_2O_3 的 h 与 t 关系数据，再依次测定其他液体样品的数据。

由于室温条件下接触角的温度系数影响不大，故全部实验可在室温下进行。

五、数据记录与处理

1. 根据测定出的苯润湿石墨粉的数据，作 h^2-t 图，由直线的斜率和苯的 γ（见附表 1）、η 值（见附表 2）依式（3）求出仪器常数 $C\bar{r}$。已知苯在石墨上的接触角为 0°。

2. 根据其他各种液体润湿石墨的数据，作各自的 h^2-t 图，由各直线的斜率、各液体的 γ（见附表 1）、η 值（见附表 2 和附表 3）和上面求出的仪器常数，计算各种液体在石墨粉上的接触角。

3. 根据环己烷润湿 γ-Fe_2O_3 的毛细上升高度 h 和时间 t 关系数据，作 h^2-t 图，依式（3）求出此体系的仪器常数，再据上述 2 中的类似方法，求出其他各种液体在 γ-Fe_2O_3 粉末上的接触角。

4. 依式（4）计算各种液体对石墨粉和 γ-Fe_2O_3 的黏附功 W_{SL}。

六、思考题

1. 本实验项目过程中的主要误差来源有哪些？

2. 如何将本实验所述方法用于估算土壤中水的毛细上升高度？

3. 若是将实验用水改成阳离子型表面活性剂水溶液，请估测所得结果与本实验所得结果的区别，可能的原因是什么？

七、参考文献

[1] Washburn E W. The dynamics of capillary flow. Phys Rev, 1921, 17: 273-283.

[2] Fisher L R, Lark P D. An experimental study of the Washburn equation for liquid flow in very fine capillaries. J Colloid Interface Sci, 1979, 69: 486-492.

[3] Kirdponpattara S, Phisalaphong M, Newby B Z. Applicability of Washburn capillary rise for determining contact angles of powders/porous materials. J Colloid Interface Sci, 2013, 397: 169-176.

附表 1　部分液体在不同温度时的表面张力

液体	表面张力 γ/(mN·m^{-1})						
	0℃	10℃	20℃	30℃	40℃	50℃	60℃
苯胺	45.42	44.38	43.30	42.24	41.20	40.10	38.40
丙酮	25.21	25.00	23.32	22.01	21.16	19.90	18.61
乙腈	—	—	29.10	27.80	—	—	—
苯乙酮	—	39.50	38.21	—	—	—	—
苯	—	30.26	28.90	27.61	26.26	24.98	23.72
溴苯	—	36.34	35.09	—	—	—	—
水	75.64	74.22	72.25	71.18	69.56	67.91	66.18
正己烷	20.52	19.40	18.42	17.40	16.35	15.30	14.20
甘油	—	—	63.40	—	—	—	—
乙醚	—	—	17.40	15.95	—	—	—
甲醇	24.50	23.50	22.60	21.80	20.90	20.10	19.30
硝基苯	46.40	45.20	43.90	42.70	41.50	40.20	39.00
氮杂苯	—	—	38.00	—	35.00	—	—
甲苯	30.80	29.60	23.53	27.40	26.20	25.00	23.80
乙酸	29.7	28.80	27.63	26.80	25.80	24.65	23.80
氯苯	36.00	34.80	33.28	32.30	31.10	29.90	28.70
氯仿	—	28.50	27.28	25.89	—	—	21.73
四氯化碳	29.38	28.05	26.70	25.54	24.41	23.22	22.38
乙醇	24.05	23.14	22.32	21.48	20.60	19.80	19.01
正庚烷	—	21.12	20.14	19.17	18.18	17.20	16.22
十六烷	—	—	27.47	26.62	25.76	24.91	24.06
环己烷	—	26.43	25.24	24.06	22.87	21.68	20.49

附表 2　部分液体在不同温度时的黏度

液体	黏度 η/(10^{2}Pa·s)						
	0℃	10℃	20℃	30℃	40℃	50℃	60℃
苯胺	—	6.55	4.48	3.19	2.41	1.89	1.56
丙酮	3.97	3.61	3.25	2.96	2.71	2.46	—
乙腈	—	—	2.91	2.78	—	—	—
苯乙酮	—	—	—	15.11	12.65	11.00	—
苯	9.00	7.57	6.47	5.66	4.82	4.36	3.95
溴苯	15.20	12.75	11.23	9.86	8.90	7.90	7.20
水	17.92	13.10	10.09	8.00	6.54	5.49	4.69
正己烷	3.97	3.55	3.20	2.90	2.64	2.48	2.21
甘油	121.10	39.50	14.80	5.87	3.30	1.80	1.02

续表

液体	黏度 $\eta/(10^2Pa\cdot s)$						
	0℃	10℃	20℃	30℃	40℃	50℃	60℃
乙醚	2.79	2.58	2.34	2.13	1.97	1.80	1.66
甲醇	8.17	—	5.84	—	4.50	3.96	3.51
硝基苯	30.90	23.00	20.30	16.34	14.40	12.40	10.90
氮杂苯	13.60	11.30	9.58	8.29	7.24	6.39	5.69
汞	16.85	16.15	15.54	14.99	14.50	14.07	13.67
甲苯	—	6.68	5.90	5.26	4.67	—	—
乙酸	—	—	12.20	10.40	9.00	7.40	7.00
氯苯	10.60	9.10	7.94	7.11	6.40	5.71	5.20
氯仿	6.99	6.25	5.68	5.14	4.64	4.24	3.89
四氯化碳	13.29	11.32	9.65	8.43	7.39	6.51	5.85
乙醇	17.85	14.51	11.94	9.91	8.23	7.01	5.91

不同温度时，正庚烷、十六环和环己烷的黏度 η（mPa·s）按照如下方程计算：

$$\ln\eta = A + \frac{B}{T}$$

式中，A 和 B 为经验参数；T 为热力学温度，K。经验参数具体数值和适用温度范围详见附表 3。

附表 3　正庚烷、十六烷和环己烷在不同温度时的黏度

物质	A	B	适用温度范围/℃
环己烷	−4.162	823.0	−55～70
正庚烷	−4.325	1006.0	−90～100
十六烷	−4.643	1700.0	20～280

实验十　铺展单分子膜

一、实验目的

1．学习单分子膜的概念，了解铺展（不溶物）单分子膜的各种状态。

2．学习溶剂挥发法制备铺展单分子膜的方法。

3．学习用一种简易方法粗略地测定两亲性水不溶有机物的分子截面积。

二、实验原理

表面活性剂分子具有亲水-亲油的独特两亲结构。通常，水溶性表面活性剂的亲水基团具有较强的亲水性。而另一类两亲分子如长链脂肪酸、脂肪醇等，其亲水基的亲水性相对较弱，不足以使整个分子溶于水。但如果将它们溶于易挥发溶剂，再滴于洁净的水面上，则能在水面上铺展。当溶剂挥发后，剩下两亲化合物形成一层不溶性薄膜，称为不溶物单分子膜，或叫铺展单分子膜。由于此薄膜仅有一个分子的厚度，因此又称其为单分子层。能在水面形成单分子膜的物质称为成膜物质，它们在液面上做定向排列，亲水基向着水相而疏水基则远离水相；当排列紧密时，分子几乎呈直立状态，每个分子所占的面积几乎就是分子的截面积。因此利用单分子膜实验能测定成膜物质的分子截面积：

$$a_{\infty} = \frac{AM}{mN_{\mathrm{A}}} \tag{1}$$

式中，a_{∞}为成膜物质的分子面积；A为单分子膜的总面积；M为成膜物质的分子量；m为成膜物质的质量；N_{A}为阿伏伽德罗常数。

若成膜物质的密度已知（设为d），则可求出成膜物质的分子长度δ：

$$\delta = \frac{M}{da_{\infty}N_{\mathrm{A}}} \tag{2}$$

单分子膜具有二维压力，称为表面压。一旦水面上存在单分子膜，水的表面张力即显著下降。纯水的表面张力与成膜后水的表面张力之差即为表面压。测定成膜后水的表面张力即可计算出表面压。表面张力测定同样可采用 Wilhelmy 吊片法和 Du Noüy 吊环法。

为了形成单分子膜，通常不能将成膜物质直接加在水面上，而是将其溶于易挥发溶剂如苯、石油醚中，配成极稀的溶液，逐滴滴于水面上。待溶剂挥发后，成膜物质的分子就在水面上铺展开来。监测滴加到洁净水面上每滴溶液挥发至完全的时间。通常，水面上铺展单分子膜的局部形成时，每滴溶液均滴加在洁净的水表面，溶液挥发比较迅速；但是，当水面被铺展单分子膜占据至饱和时，滴加溶液的挥发速度急剧减慢，挥发至完全的时间大大延长，若是以滴加溶液体积 V 为横轴、液滴挥发时间 t 为纵轴，将得到如图 1 所示的曲线[1-2]。

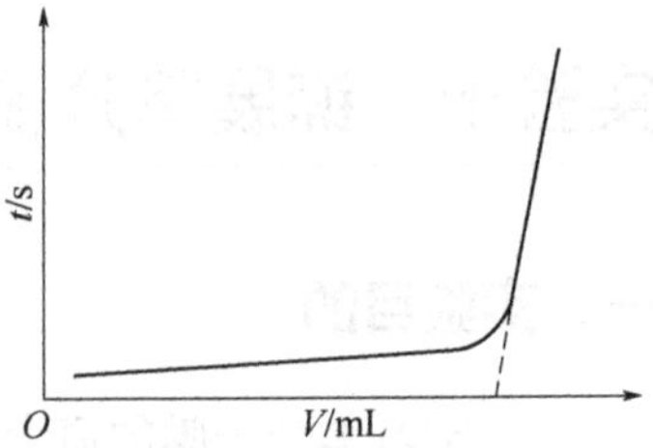

图 1　溶剂挥发时间随滴加体积的变化

三、实验仪器和试剂

正方形玻璃框（面积约 300cm^2）、秒表、磨口瓶、100mL 容量瓶（4 只）、电子分析天平（精度 1mg）、刻度钢尺（精确刻度到 mm）、大号搪瓷盘、小号搪瓷盘、微量酸式滴定管。

去离子水、石蜡、滑石粉、硬脂酸、十八醇、棕榈酸、胆固醇和苯。

四、实验步骤

（一）溶液配制

准确称取硬脂酸（或者十八醇、棕榈酸和胆固醇）0.100g，溶于苯中稀释到 100mL。吸取此溶液 10mL 稀释到 100mL，则溶液的浓度为 c=0.1g·L^{-1}。将溶液贮存于磨口瓶中，置于阴凉处，以防止溶剂挥发而导致溶液浓度变化。

（二）准备洁净水面

取一个小搪瓷盘洗净烘干，并趁热将已预先熔化的石蜡倒满搪瓷盘的边缘，力求均匀平整。再取一个大些的搪瓷盘，将小搪瓷盘放于其中，注满蒸馏水，使水面略高于盘边。均匀轻洒少许滑石粉于小搪瓷盘的一端水面，然后将滑石粉轻轻吹向另一端并流出小搪瓷盘。重复操作三次，由此除去水面上的不洁物、油污等，达到清洁水面的目的（实验中要严格防止水面被其他油脂污染）。

用玻璃框固定成膜面积（正方形或长方形），一般不小于 300cm^2。用钢尺准确测量边长，计算所围的面积。

（三）铺展

将配好的硬脂酸等的苯溶液注入微量滴定管中，然后逐滴滴在围成的水面上，最好不要滴在固定的地方。每滴入 1 滴，仔细观察苯的挥发及硬脂酸的铺展，用秒表测量每 1 滴溶液中苯挥发完全所需要的时间，同时记下溶液的体积。直至挥发时间明显变长为止，此时认为水面上成膜物质铺展单分子膜达到饱和。重复清洁水面和铺展操作 3～6 次。

五、数据记录与处理

1. 以滴加的溶液体积为横坐标，以每滴溶剂挥发时间为纵坐标作图（如图 1

所示)。从曲线上找到苯挥发时间突变时滴加的总体积 V。

2. 已知十八醇、硬脂酸、棕榈酸和胆固醇的分子量分别为270.5、284.5、256.4和386.7，密度分别为 $0.8124g \cdot cm^{-3}$、$0.847g \cdot cm^{-3}$、$0.849g \cdot cm^{-3}$ 和 $1.067g \cdot cm^{-3}$。此外，所滴加溶液的浓度已知，依据实验原理部分的相关公式即可求出各成膜物质的分子截面积 a_{∞} 和分子长度 δ。

六、思考题

1. 对所得实验结果进行分析比较，并给予适当的讨论和解释。
2. 本实验项目完成过程中有哪些因素可能导致实验误差?
3. 铺展单分子膜的可能应用领域有哪些?

七、参考文献

[1] 江南大学. 溶液表面化学实验(讲义). 无锡: 江南大学.
[2] 北京大学化学系胶体化学教研室. 胶体与界面化学实验. 北京: 北京大学出版社, 1993.

实验十一　低能固体表面的润湿临界表面张力

一、实验目的

1．了解低能固体表面润湿临界表面张力的意义。

2．用 Zisman 方法测定石蜡、聚乙烯、聚氯乙烯、聚甲基丙烯酸甲酯等聚合物固体表面的润湿临界表面张力。

二、实验原理

自润湿热力学方程可知，固体的表面自由能越大，则越易于被液体所润湿。固体的表面自由能至今仍难以直接精确测定，一般只能知道一大致的范围。已知，一般液体（除汞外）的表面张力均在 $100\text{mN}\cdot\text{m}^{-1}$ 以下，故常以此值为边界，将固体表面分为两类。固体表面张力高于 $100\text{mN}\cdot\text{m}^{-1}$ 的称为高能表面，一般金属及其氧化物、硫化物、无机盐皆属此类；固体表面张力低于 $100\text{mN}\cdot\text{m}^{-1}$ 的称为低能表面，比如有机固体和聚合物固体表面。

近几十年来，高聚物在生产和生活中得到广泛应用，因而促进了对低能固体表面润湿作用的研究。Zisman 等人[1-6]发现，同系有机液体在同一低能固体表面上的接触角 θ 随液体表面张力的降低而变小，且 $\cos\theta$ 与液体表面张力 γ_L 作图可得一直线，该直线外延至 $\cos\theta=1.0$ 处所对应的表面张力称为此低能固体表面的润湿临界表面张力，以 γ_c 表示。若采用非同系有机液体，$\cos\theta$ 与 γ_L 之间也常常呈直线或一窄带（图 1）。将此窄带延至 $\cos\theta=1.0$ 处，相应的 γ_L 的下限即为 γ_c。临界表面张力的意义是，凡表面张力小于 γ_c 的液体皆能在此固体表面上自行铺展，而表面张力大于 γ_c 的液体不能自行铺展；γ_c 值越大，在此固体表面上能自行铺展

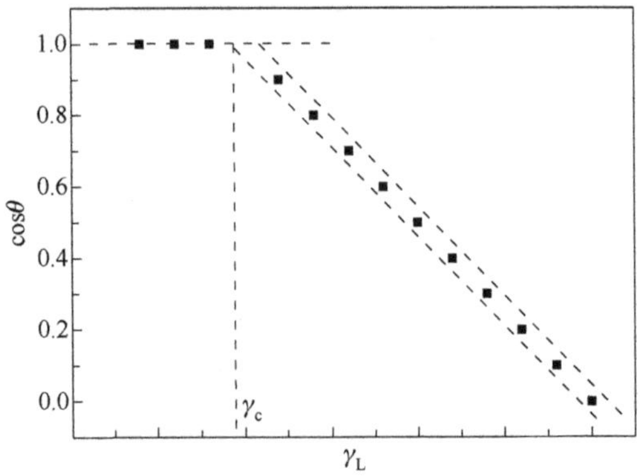

图 1　低能固体表面的润湿临界表面张力

的液体越多，其润湿性质越好。因此，γ_c 是表征低能固体表面可被润湿性质的经验参数。

高聚物固体的润湿性质与其分子的元素组成有关[1-6]。各种元素原子的加入对润湿性的影响有如下的次序：

$$F < H < Cl < Br < I < O < N$$

且同一元素的原子取代越多，效果越明显。决定固体表面润湿性质的只是固体表面层原子或原子团的性质及排列状况，而与体相结构无关[1-6]。换言之，只要能改变固体表面性质就可改变其润湿性质。

三、实验仪器和试剂

接触角测量仪，吊环法表面张力测定仪；微量注射器，镊子，铂丝圆环，煤气灯，玻璃载片，烧杯，坩埚，容量瓶，表面皿；石蜡，聚乙烯、聚氯乙烯、聚四氟乙烯、聚甲基丙烯酸甲酯等的薄片（膜）。

正壬烷，正癸烷，正十二烷，正十四烷，正十六烷；甲基苯，乙基苯，丙基苯，丁基苯，己基苯；丁醇，己醇，辛醇，乙二醇，苯甲醇；水和重蒸水，丙酮。

四、实验步骤

（一）平滑石蜡表面的制备

将玻璃载片洗干净并晾干后浸入熔融石蜡中，用镊子夹住一角取出，挖去多余石蜡，待表面上的石蜡凝固后备用。

（二）有机固体表面的清洗和干燥

将聚乙烯、聚氯乙烯、聚四氟乙烯和聚甲基丙烯酸甲酯片或膜（表面必须平整）先用中性洗涤剂清洗，再用大量水和重蒸水冲洗，晾干备用。各固体样品最好置于保干器中，随用随取，切忌用手或其他可能引起表面污染的物体触动样品表面。

（三）有机液体表面张力的测定

室温条件下，用吊环法表面张力测定仪测定烷烃系列（正壬烷、正癸烷、正十二烷、正十四烷、正十六烷）、烷基苯系列（甲基苯、乙基苯、丙基苯、丁基苯、己基苯）、醇类系列（丁醇、己醇、辛醇、乙二醇、苯甲醇）各有机液体的表面张力。应当注意的是，更换有机液体时所用盛液体的表面皿及铂丝圆环必须彻底清洗干净。铂丝圆环在洗净后浸于丙酮中，再用煤气灯烧红以除去残存的有机物。

（四）有机液体在固体表面的接触角测定

用接触角测量仪测定各系列有机液体在石蜡、聚乙烯、聚氯乙烯、聚四氟乙烯、聚甲基丙烯酸甲酯表面上的接触角，每种液体的接触角都需重复多次测量取平均值。

五、数据记录与处理

1．按下表列出所得数据

固体	
有机液体名称	
有机液体 $\gamma_L/(mN \cdot m^{-1})$	
接触角 $\theta/(°)$	
$\cos\theta$	

2．作各体系的 $\cos\theta$-γ_L 图，并外延到 $\cos\theta$=1.0 处，求出各低能固体表面的润湿临界表面张力 γ_c 值。

六、思考题

1．比较各固体的 γ_c 值，讨论所得结果。

2．本项目实验过程中哪些因素可能产生测量误差？

3．依据第 2 题所列举的任一误差来源，讨论有哪些可以避免误差的有效措施？

七、参考文献

[1] Fox H W, Zisman W A. The spreading of liquids on low-energy surfaces. Ⅰ. Polytetrafluoroethylene. J Colloid Sci, 1950, 5: 514-531.

[2] Fox H W, Zisman W A. The spreading of liquids on low-energy surfaces. Ⅱ. Modified tetrafluoroethylene polymers. J Colloid Sci, 1952, 7: 109-121.

[3] Fox H W, Zisman W A. The spreading of liquids on low-energy surfaces. Ⅲ. Hydrocarbon surfaces. J Colloid Sci, 1952, 7: 428-442.

[4] Shafrin E G, Zisman W A. The spreading of liquids on low-energy surfaces. Ⅳ. Monolayer coatings on platinum. J Colloid Sci, 1952, 7: 166-177.

[5] Schulman F, Zisman W A. The spreading of liquids on low-energy surfaces. Ⅴ. Perfluorodecanoic acid monolayers. J Colloid Sci, 1952, 7: 465-481.

[6] Fox H W, Hare E F, Zisman W A. The spreading of liquids on low-energy surfaces. Ⅵ. Branched-chain monolayers, aromatic surfaces, and thin liquid films. J Colloid Sci, 1953, 8: 194-203.

Ⅲ

表面活性剂在水溶液的表面吸附和体相自组装

表面活性剂（surfactant）是一类在各种界面和表面发挥作用的功能性材料，素有“工业味精”之美誉。不仅如此，表面活性剂在水等溶剂体相中可以自发地聚集形成胶束、囊泡等多种分子有序结构或者聚集体。表面活性剂的表/界面活性和自发形成聚集体是表面活性剂多种功能的结构基础。表面活性剂能够通过在表/界面的吸附从而显著降低表/界张力，形成或者消除泡沫，将互不相溶的液体彼此乳化形成乳状液或者微乳状液。表面活性剂是洗涤剂的主要活性成分。此外，由表面活性剂分子聚集形成的聚集体具有一定的形状和尺寸，是表面活性剂发挥增溶、包埋、荷载和输运等功能的基础。研究发现，由表面活性剂自组装形成的有序聚集体的尺寸在胶体颗粒的范畴，有别于一般刚性胶体颗粒。人们把由表面活性剂自组装形成的胶体称作缔合胶体（association colloid），也是典型的软物质（soft matter）之一。对于十二烷基硫酸钠（SDS）而言，25℃时在水中自聚形成的球状胶束[1]中，平均有约 60 个 SDS[2]；在由表面活性剂形成的蠕虫状胶束中，表面活性剂分子的数目更多。因此，表面活性剂胶束的形成过程也是典型的超分子作用过程之一。由此可见，表面活性剂成功地将胶体、表（界）面串联在一起。

表面活性剂的性质是由其独特的亲水-亲油“两亲”分子结构所决定的。而一般认为，水溶性和油溶性是互为矛盾的。表面活性剂分子结构具有“两亲性”，充分体现了亲水性和亲油性这一对立“矛盾”共存于一体的辩证唯物主义“对立统一”关系。不仅如此，表面活性剂及其相关体系的“乳化和破乳”“起泡和消泡”“润湿和反润湿”以及“正胶束和反胶束”，甚至是近来发展起来的“开关表面活性剂”都充分体现了辩证唯物主义的“对立统一”规律。

本章总共安排了 14 个实验项目，分别从表面活性剂的溶解特性、降低溶液表面张力、临界胶束浓度（CMC）和胶束平均聚集数等关键参数、自发囊泡以及表面活性剂分子结构与性质之间的构效关系等角度，围绕表面活性剂在水溶液的表面吸附和体相自组装展开实验探究。

---

[1] Bellare J R, Kaneko T, Evans D F. Seeing micelles. Langmuir, 1988, 4: 1066-1067.
[2] 方云, 刘雪锋, 夏咏梅, 等. 稳态荧光探针法测定临界胶束聚集数. 物理化学学报, 2001, 17: 828-831.

实验十二　表面活性剂的 Krafft 温度和浊点（目视法）

一、实验目的

1. 掌握离子型表面活性剂 Krafft 温度和非离子型表面活性剂浊点的测定方法（目视观察法）。

2. 了解添加剂对非离子型表面活性剂浊点的影响。

3. 理解离子型表面活性剂 Krafft 温度和非离子型表面活性剂浊点的含义。

二、实验原理

离子型表面活性剂在水中的溶解度通常随温度的升高而缓慢增加，当达到某一特定温度后，溶解度突然猛增；当温度低于该温度时，表面活性剂的溶解度随之降低，这一温度称为 Krafft 点[1]。温度达到 Krafft 点及以上时，表面活性剂以胶束的形式溶解于水中；当温度低于 Krafft 点时，与常见水溶性离子化合物相似，表面活性剂以单体的形式溶解，因此 Krafft 点又称作临界胶束温度[2]。

就脂肪醇聚氧乙烯醚型（AEO_n）非离子型表面活性剂而言，EO 链段与水分子之间形成分子间氢键，从而使 AEO_n 溶解于水中。随着溶液温度升高，分子间氢键断裂，AEO_n 的溶解度降低，当升高到某一特定温度时，浓度为 1%（质量分数）的 AEO_n 水溶液可以观察到突然变浑浊的现象；当温度低于该特定温度时，溶液又可恢复为澄清透明，这一温度称为非离子型表面活性剂的浊点温度，简称为浊点。

实践表明，Krafft 点和浊点分别是离子型和非离子型表面活性剂的特性常数之一，它从一定程度上表征了表面活性剂在水中的溶解性能。通常，Krafft 点越低、浊点越高分别表明离子型和非离子型表面活性剂的水溶性越好。表面活性剂本身的分子结构、外加无机盐和有机化合物等均可以影响到 Krafft 点或浊点。对于非离子型表面活性剂而言，无机盐的存在和极性有机物的添加可使其浊点明显降低。

按照 Krafft 点的定义，准确获得 Krafft 点的途径是先得到表面活性剂-水二元体系在不同温度条件下的相图，然后在相图中找到表面活性剂单体溶液-表面活性剂胶束-表面活性剂水合晶体三相共存区域，该三相共存区域所对应的最低温度即为 Krafft 点。实践中，人们常用浓度为 1%（质量分数）的表面活性剂水溶液，观察其外观随温度升降而澄清↔浑浊转变所对应的温度[3]：对非离子型表面活性剂而言，此温度为浊点；对离子型表面活性剂而言，有学者称之为 Krafft 温度，以从概念上与 Krafft 点有所区分。

上述表面活性剂水溶液的外观随温度升降而澄清↔浑浊转变，可以采用目视观察法[3]，也可以采用更加灵敏的分光光度法[4]。

三、实验仪器和试剂

分析天平，电炉，温度计（分刻度 0.1℃），大试管，烧杯，等等。

十二烷基磺酸钠（AS），OP 乳化剂，直链烷基苯磺酸钠（LAS），氯化钠，二次蒸馏水（电导率 7.8×10^{-7}S • cm^{-1}，美国 Millipore Synergy UV 二次蒸馏水系统）。

四、实验步骤

（一）离子型表面活性剂 Krafft 温度的测定

称取一定量的 AS 于 100mL 烧杯中，配制成 1%（质量分数）的 AS 水溶液。取 20mL 上述 AS 水溶液于大试管中，在水浴中加热并搅拌至溶液变澄清透明，记录此时温度 T_1，然后在冷水浴中继续搅拌降温至溶液中有晶体析出为止，记录此时温度 T_2。重复上述步骤三次，记录温度，求取平均值。

（二）非离子型表面活性剂浊点的测定

称取一定量的 OP 乳化剂于 100mL 烧杯中，配制成 1%（质量分数）的 OP 乳化剂水溶液。取 20mL 上述 OP 乳化剂水溶液于大试管中，在水浴中加热并搅拌，仔细观察溶液透明度的变化。当溶液出现第一丝浑浊时，记录此时温度 T_3；继续加热至溶液完全浑浊后，停止加热，取出大试管边搅拌边冷却降温，记录溶液变澄清时的温度 T_4。重复上述步骤三次，记录温度，求取平均值。

（三）添加剂对非离子型表面活性剂浊点的影响

1. 取 20mL 上述 OP 乳化剂水溶液于大试管中，加入 0.1g 氯化钠，充分溶解后，按照步骤 2 测定该体系的浊点。

2. 取 20mL 上述 OP 乳化剂水溶液于大试管中，加入 1%（质量分数）的 LAS 水溶液 1～3 滴，按照步骤 2 测定该体系的浊点。继续加入 1%（质量分数）的 LAS 水溶液 2.5mL，按照步骤 2 测定该体系的浊点。

五、数据记录与处理

1. 离子型表面活性剂的 Krafft 温度。

序号	T_1/℃	T_2/℃
1		
2		
3		
平均值		

2．非离子型表面活性剂的浊点。

项目	OP 乳化剂水溶液				加入 0.1g 氯化钠			
	1	2	3	平均值	1	2	3	平均值
T_3/℃								
T_4/℃								

项目	加入 1～3 滴 LAS 水溶液				加入 2.5mL LAS 水溶液			
	1	2	3	平均值	1	2	3	平均值
T_3/℃								
T_4/℃								

六、思考题

1．升温法和降温法测定表面活性剂的 Krafft 温度（或浊点）是否存在差别？

2．非离子型表面活性剂浊点高于 100℃时如何测定？

3．如何提高非离子型表面活性剂的浊点？

七、参考文献

[1] Rosen M J. Micelle Formation by Surfactants//Surfactants and Interfacial Phenomena. New York: John Wiley & Sons Inc, 2004.

[2] Shinoda K, Hutchinson E. Pseudo-phase separation model for thermodynamic calculations on micellar solutions. J Phys Chem, 1962, 66: 577-582.

[3] Hatō M, Shinoda M. Krafft points of calcium and sodium dodecylpoly(oxyethylene) sulfates and their mixtures. J Phys Chem, 1973, 77: 378-381.

[4] Chu Z, Feng Y. Empirical correlations between Krafft temperature and tail length for amidosulfobetaine surfactants in the presence of inorganic salt. Langmuir, 2012, 28: 1175-1181.

实验十三　分光光度法和电导率法测定离子型表面活性剂的 Krafft 温度

一、实验目的

1. 掌握分光光度法测定离子型表面活性剂 Krafft 温度的原理和方法。
2. 掌握电导率法测定离子型表面活性剂 Krafft 温度的原理和方法。
3. 进一步理清 Krafft 点和 Krafft 温度的概念。

二、实验原理

（一）分光光度法测定 Krafft 温度

温度较低时，离子型表面活性剂以固体的形式存在于溶液中，此时，溶液在搅拌状态下呈浑浊，在可见光区会有明显的吸收，透射率较低；随着温度升高，表面活性剂溶解度逐渐增加，透射率缓慢增大；当温度达到 Krafft 温度后，表面活性剂大幅度溶解，并形成胶束，透射率明显增加，波长合适的情形下可达接近 100% 的程度，因此，可以在固定波长（一般取可见光区波长[1]）用紫外-可见分光光度计测定样品透射率（t）随温度（T）变化的曲线（图 1）。

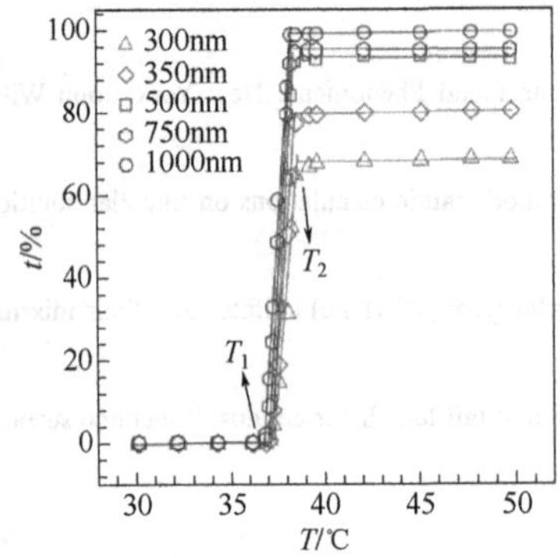

图 1　二十碳酸酰胺乙二胺磺基甜菜碱-NaCl 水溶液在不同波长条件下的透射率与温度的关系[1]

由图 1 可见，透射率与温度变化曲线上有两个转折点（T_1 和 T_2）；在透射率可准确测定的前提下，所选波长的大小对 T_1 和 T_2 的数值没有明显影响；此时，无论是 T_1 和 T_2 还是 T_1 和 T_2 的数学平均值均可取为该表面活性剂的 Krafft 温度。值得注意的是，第二个转折点对应 T_2 可理解为表面活性剂（质量分数为 1%）全部溶解所对应的温度，此温度被称为澄清温度，应与“实验十二”所述目视观察法所得 Krafft 温度具有可比性。

（二）电导率法测定 Krafft 温度

电导率法测定 Krafft 温度仅对阴离子型和阳离子型表面活性剂适用，不适用于两性离子型表面活性剂。

温度较低时，离子型表面活性剂只有少量单体溶解在水中，溶液的电导率值比较小。随着温度升高，表面活性剂的溶解度逐渐增大，再加上离子热运动速率加快，溶液的电导率值相应逐渐增加。但是当达到某一温度后，表面活性剂单体开始大量溶解，导致溶液的电导率值急剧升高；当表面活性剂单体全部溶解并形成胶束后，溶液的电导率不再明显增加，但是，由于温度升高，溶液中离子的布朗运动加剧，导致电导率值继续缓慢增加。因此，溶液电导率（κ）随温度变化的曲线如图 2[2]所示。

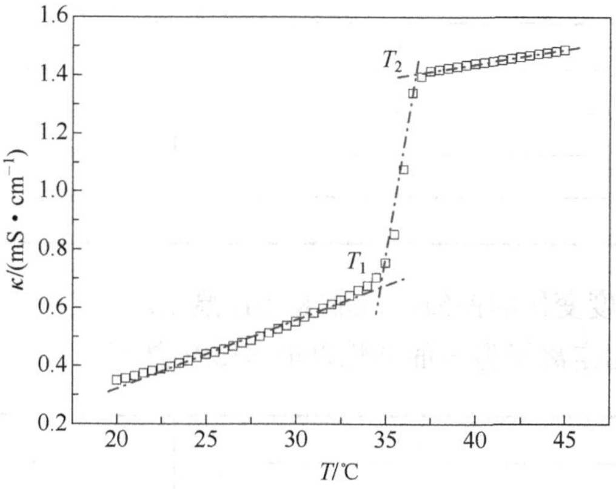

图 2　十二烷基磺酸钠水溶液电导率与温度的关系[2]

由图 2 可见，电导率与温度变化曲线上有两个转折点（T_1 和 T_2）；此时，无论是 T_1 和 T_2 还是 T_1 和 T_2 的数学平均值均可取为该表面活性剂的 Krafft 温度。值得注意的是，第二个转折点对应 T_2 可理解为表面活性剂（质量分数 1%）全部溶解所对应的温度，此温度与图 1 中所示澄清温度以及“实验十二”所述目视观察法所得 Krafft 温度应当具有可比性。

三、实验仪器和试剂

DDS-307A 型电导率仪，岛津 UV2700 型紫外-可见分光光度计，分析天平，水浴装置，温度计（分刻度 0.1℃），烧杯，等等。

十二烷基磺酸钠（AS），直链烷基苯磺酸钠（LAS），氯化钠，二次蒸馏水（电导率 $7.8\times10^{-7}\mathrm{S\cdot cm^{-1}}$）。

四、实验步骤

（一）分光光度法测定离子型表面活性剂 Krafft 温度

配制适量的质量分数为 1%的 AS 水溶液。利用紫外-可见分光光度计测定波长 500nm 处不同温度下溶液的透射率曲线。

（二）电导率法测定离子型表面活性剂 Krafft 温度

称取一定量的 AS 于 100mL 烧杯中，配制成质量分数为 1%的 AS 水溶液。取 20mL 上述 AS 水溶液于夹套烧杯中，水浴加热逐步升温，恒定温度（±0.1℃）。每 2min 记录一次电导率值，直至读数达到稳定。重复上述步骤三次。

五、数据记录与处理

1．分光光度法测定离子型表面活性剂的 Krafft 温度。

序号	T/℃	透射率/%
1		
2		
3		
平均值		

作透射率随温度变化的曲线，求取 Krafft 温度。

2．电导率法测定离子型表面活性剂的 Krafft 温度。

序号	T/℃	κ/(mS・cm^{-1})
1		
2		
3		
平均值		

作电导率随温度变化的曲线，求取 Krafft 温度。

六、思考题

1．影响分光光度法测定离子型表面活性剂 Krafft 温度的关键因素有哪些？

2．影响电导率法测定离子型表面活性剂 Krafft 温度的关键因素有哪些？

3．进一步思考 Krafft 点和 Krafft 温度的异同之处有哪些？

七、参考文献

[1] Chu Z, Feng Y. Empirical correlations between Krafft temperature and tail length for amidosulfobetaine surfactants in the presence of inorganic salt. Langmuir, 2012, 28: 1175-1181.

[2] Fan Y, Cai S, Xu D, et al. Reversible-tuning Krafft temperature of selenium-containing ionic surfactants by Redox chemistry. Langmuir, 2020, 36: 3514-3521.

实验十四 zeta 电位法测定两性表面活性剂的等电点

一、实验目的

1. 掌握 zeta 电位的测试原理以及 zeta 电位仪的使用。
2. 掌握 zeta 电位测定两性型表面活性剂等电点的方法。

二、实验原理

分散于液相介质中的固体颗粒，由于吸附、水解、离解等作用，其表面常常是带电荷的。zeta 电位是描述胶粒表面电荷性质的一个物理量，它是距离胶粒表面一定距离处的电位。若胶粒表面带有某种电荷，其表面就会吸附相反符号的电荷，构成双电层。在滑动面处产生的动电电位叫作 zeta 电位，这就是我们通常所测的胶粒表面的（动电）电位[1-4]。

两性型表面活性剂与天然两性化合物氨基酸、蛋白质一样，在分子中同时含有不可分离的正、负电荷中心，在溶液中显示独特的等电点性质。以烷基甘氨酸型表面活性剂为例，在不同 pH 范围内该两性型表面活性剂在阳离子型、两性离子型和阴离子型三种离子形式之间转换，在溶液中存在着下列平衡：

$$[R\overset{+}{N}H_2CH_2COOH]Cl^- \underset{}{\overset{HCl}{\rightleftharpoons}} R\overset{+}{N}H_2CH_2COO^- \underset{}{\overset{NaOH}{\rightleftharpoons}} RNHCH_2COO^- Na^+$$

阳离子型	两性离子型	阴离子型
pH<pI	pH=pI	pH>pI

在外加电场中，以阴离子形式存在的两性型表面活性剂会向阳极迁移，以阳离子形式存在的两性型表面活性剂会向阴极迁移，而以内盐形式存在的两性型表面活性剂不会向两极迁移，此时溶液的 pH 值称为两性型表面活性剂的等电点（pI）[2]。

三、实验仪器和试剂

zetaPALS 型 zeta 电位及纳米粒度分析仪，比色皿，钯电极，分析天平，烧杯，等等。

柠檬酸，柠檬酸钠十二烷基氨基丙酸钠，二次蒸馏水（电导率 $7.8\times10^{-7}S\cdot cm^{-1}$，美国 Millipore Synergy UV 二次蒸馏水系统）。

四、实验步骤

（一）溶液的配制

配制 pH 值分别为 2.5、3.5、5.5、6.5 的 0.1mol • L^{-1} 柠檬酸-柠檬酸钠缓冲溶液，然后用上述不同 pH 值的缓冲溶液分别配制 0.1mol • L^{-1} 十二烷基氨基丙酸钠溶液。

（二）zeta 电位的测定

1. 打开仪器后面的开关及显示器。

2. 打开 BIC zeta potential Analyzer（水相体系）/BIC PALS zeta potential Analyzer（有机相）程序，选择所要保存数据的文件夹（File-Database-Create Flod 新建文件夹，File-Database-双击所选文件夹-数据可自动保存在此文件夹），待机器稳定 15～20min 后使用。

3. 待测溶液配制完成后需放置一段时间进行 zeta 电位测试，将待测液加入比色皿 1/3 高度处，赶走气泡，钯电极插入溶液中，拿稳钯电极上端和比色皿下端，不要让两者脱离，连上插头，关上仪器外盖，则开始实验。（AQ-961 钯电极用于 pH 为 2～12 的水相体系，SR-482 钯电极用于有机相和 pH 值为 1～13 的水相体系，钯电极可在溶液中浸润一会儿。）

4. 对于水相体系，点击 BIC zeta potential Analyzer 程序界面“parameters”，对测量参数进行设置：Sample ID 输入样品名；Cycles 扫描次数（一般是 3），Runs 扫描遍数（一般是 3），Inter Cycle Delay 停留时间（一般是 5s），“Temperature”设置温度（5～70℃），Liquid 选择溶剂（Unspecified 是未知液，可输入 Viscosity、Ref Index 和 Dielectric Constant 值，可查文献，其中 Ref Index 可由阿贝折射仪测得，Dielectric Constant 可由介电常数仪测得），其他不用填。

对于有机相体系，点击 BIC PALS zeta potential Analyzer 程序界面“parameters”，Runs 和 Cycles 要设置多次，一般是 5 和 20；zeta potential model 选 Huchel（有机相用），Smoluchowski（电导率 10000～20000μS • cm^{-1} 的水相用），其他参数同上。Setup-Instrument Parameters-Voltage 改成 User：可填 10、40、60、80 四个数据试着做。

5. 点击“Start”开始测量，程序界面中选择“zeta Potential”是 zeta 电位，选“Mobility”是电泳迁移率，“Frequency Shift”是频率迁移，“Frequency”是频率。程序界面右下角“Conductance”是电导率，一般范围在几十到几千 μS • cm^{-1}，电导率值不能超过 1 万，若在 1 万至 2 万之间，则用 BIC PALS zeta potential Analyzer 软件进行测试。

6. 按上述操作进行下一个样品的测量。

7．待全部样品测量完毕后取出钯电极，关机，结束实验。

五、数据记录与处理

（一）数据记录

室温：__________ 大气压：__________ 实验温度：__________

序号	pH	zeta 电位/mV			
		（1）	（2）	（3）	平均值
1					
2					
3					
4					

（二）数据处理

作 pH-zeta 电位关系曲线，根据曲线与横坐标轴的交点确定两性表面活性剂十二烷基氨基丙酸钠的等电点。

六、思考题

1．根据等电点，分析不同类型的两性表面活性剂在不同 pH 范围内的存在形式？

2．除 zeta 电位法外，还可以用什么方法测定两性表面活性剂的等电点？

3．两性表面活性剂的等电点对其性能的影响如何？

七、参考文献

[1] 沈钟，赵振国，王果庭. 胶体与表面化学. 3 版. 北京：化学工业出版社, 1994.

[2] 方云，夏咏梅. 两性表面活性剂(一)：两性表面活性剂概述.日用化学工业, 2000, 6: 53-55.

[3] Hidaka H, Koike T, Kurihara M. Preparation and properties of new tetrafunctional amphoteric surfactants bearing amino, carboxyl, and hydroxyl groups and an ether bond. J Surfactants Deterg, 2003, 6: 131-136.

[4] 王泽云，张淑芬，齐丽云，等. α-癸基甜菜碱的表面活性和胶体性质. 日用化学工业, 2009, 39: 85-88.

实验十五　表面活性剂水溶液的泡沫

一、实验目的

1．理解表面活性剂的发泡和稳泡作用。

2．掌握测定表面活性剂水溶液发泡、稳泡能力的方法。

3．学会罗氏（Ross-Miles）泡沫仪的使用。

二、实验原理[1-5]

泡沫是由多个尺寸为微米至毫米级小气泡被封闭液膜所包裹而形成的一种气/液分散体系。表面活性剂水溶液是一种简单的易于形成泡沫的体系。表面活性剂的发泡能力是指其瞬间产生泡沫的能力，而稳泡能力是指泡沫的持久性。表面活性剂通常都有很好的发泡能力，但不一定都有很好的稳泡能力。

泡沫制备和表征的最简单方法是：将一定浓度的表面活性剂水溶液放入具塞量筒中，盖上盖子，上下振摇数次；然后，读取泡沫体积并观察泡沫体积随时间的变化情况。首次读取的泡沫体积可用于表征表面活性剂的发泡能力，而一定时间后的泡沫体积可用于表征表面活性剂的稳泡能力。

测定表面活性剂水溶液发泡、稳泡能力的标准方法之一是使用 Ross-Miles 泡沫仪测定，其结构如图 1 所示。恒温条件下在一个内径 50mm、高 1000mm、带夹套、管壁标有刻度的玻璃柱中，先放入 50mL 表面活性剂水溶液，然后用一个外径约 45mm 的滴液管将 200mL 溶液自 900mm 高度沿玻璃柱中心冲下，测量最大泡沫高度用于表征发泡能力，再测量一定时间后的泡沫高度用于表征稳泡能力。

三、实验仪器和试剂

Ross-Miles 泡沫仪，SHZ-82 型恒温水浴器，分析天平，容量瓶，具塞量筒，烧杯，等等。

直链烷基苯磺酸钠（LAS），二次蒸馏水（电导率 $7.8\times10^{-7}S\cdot cm^{-1}$，美国 Millipore Synergy UV 二次蒸馏水系统）。

四、实验步骤

【方法一】Ross-Miles 泡沫仪测定表面活性剂的发泡和稳泡能力

1．配制 1%（质量分数，下同）的 LAS 水溶液（注意不要产生大量泡沫），

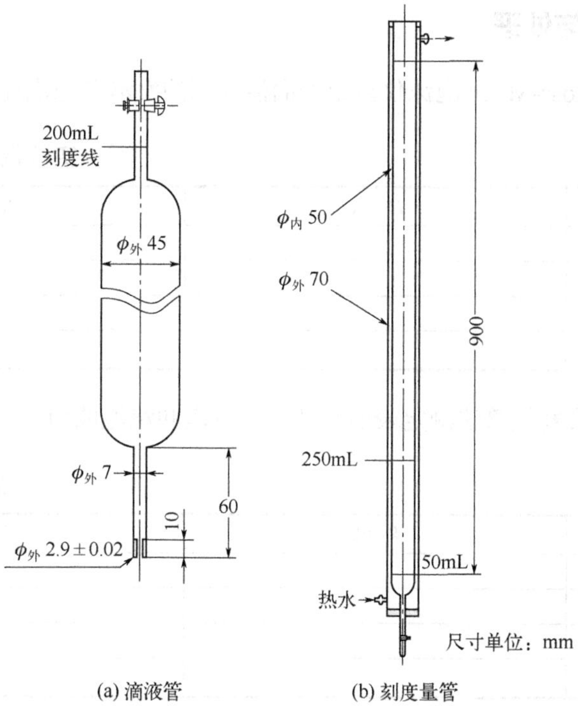

图 1　Ross-Miles 泡沫仪

在（40±1）℃水浴中恒温备用。

2．打开恒温水浴，使 Ross-Miles 泡沫仪夹套管水温恒定在（40±1）℃。

3．用蒸馏水冲洗刻度管内壁后，再用 1%的 LAS 水溶液冲洗刻度管内壁，冲洗必须完全。

4．将 1%的 LAS 水溶液沿着刻度管内壁倒入至 50mL 刻度处。在滴液管中倒入 1%的 LAS 水溶液 200mL，并将滴液管安装到刻度管上，滴液管出口置于 900mm 刻度线上，两者保持垂直，保证表面活性剂水溶液沿刻度管中心线滴下。

5．打开滴液管的活塞使表面活性剂水溶液流下，当滴液管中的溶液流完时，立即按下秒表，并记录泡沫高度 H_0。5min 后再次记录泡沫高度 H_5。重复三次，求平均值。

【方法二】具塞量筒法测定表面活性剂的发泡和稳泡能力

用移液管移取 1%的 LAS 水溶液 20mL 于 100mL 具塞量筒中，盖紧瓶塞，在 1min 内，用力上下摇动 100 次，停止后将量筒置于台面，立即按下秒表，并读取泡沫的体积数 V_0（含溶液体积一并读取），5min 后再读取一次泡沫的体积数 V_5。重复三次，求平均值。

五、数据记录与处理

【方法一】Ross-Miles 泡沫仪测定表面活性剂的发泡和稳泡能力

实验温度：________

序号	H_0/mm	H_5/mm
1		
2		
3		
平均值		

【方法二】具塞量筒法测定表面活性剂的发泡和稳泡能力

实验温度：________

序号	V_0/mL	V_5/mL
1		
2		
3		
平均值		

六、思考题

1．表面活性剂的发泡和稳泡机制是什么？
2．如何消泡？对消泡剂特性的要求是什么？
3．影响泡沫稳定性的因素有哪些？
4．除表面活性剂外，还有哪些物质可以稳定泡沫？
5．观察发泡过程中和稳定过程中泡沫具有怎样的结构变化？如何解释？

七、参考文献

[1] 颜肖慈，罗明道．界面化学．北京：化学工业出版社，2004.
[2] 崔正刚．表面活性剂、胶体与界面化学基础．北京：化学工业出版社，2013.
[3] 张太亮，鲁红升，全红平，等．表面及胶体化学实验．北京：化学工业出版社，2011.
[4] 北京大学化学系胶体化学教研室．胶体与界面化学实验．北京：北京大学出版社，1993.
[5] Karakashev S I, Grozdanova M V. Foams and antifoams. Adv Colloid Interface Sci, 2012, 176: 1-17.

实验十六　表面活性剂水溶液的表面张力-浓度曲线

一、实验目的

1．掌握用 Du Noüy 环法、Wilhelmy 吊片法测定表面活性剂水溶液的表面张力-浓度（γ-lg$c$）曲线的原理和方法。

2．掌握用 γ-lg$c$ 曲线测定表面活性剂的临界胶束浓度（CMC）。

3．掌握用吉布斯（Gibbs）吸附等温式和朗缪尔（Langmuir）方程求出饱和吸附时表面活性剂分子在界面上所占的面积（分子截面积）。

4．理解表面活性剂降低表面张力的效率和效能。

二、实验原理

表面活性剂溶液的许多物理化学性质随着胶束的形成而发生突变，因此临界胶束浓度（CMC）是表面活性剂表面活性的重要量度之一。测定 CMC，掌握影响 CMC 的因素对于深入研究表面活性剂的物理化学性质是十分重要的。表面张力法对各种类型的表面活性剂都具有相似的灵敏度，不受表面活性高低或外加电解质的影响，是测定 CMC 最经典的方法，根据所得的表面张力-浓度（γ-lg$c$）曲线上的拐点即可求出 CMC。

典型的表面活性剂水溶液的表面张力随浓度的下降曲线如图 1 所示。AB 段相当于溶液浓度极稀的情况，表面张力较高，随浓度增加缓慢下降；在 BC 段，表面张力随浓度的增加呈比例地下降，直至达到 CMC；CD 段，当浓度超过 CMC 后，表面张力几乎不再下降。

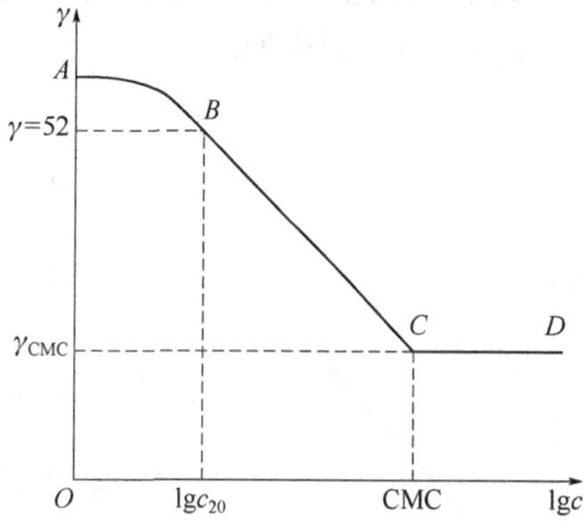

图 1　表面活性剂水溶液的 γ-lg$c$ 曲线

表面活性剂的吸附可由吉布斯吸附等温式来描述：

$$\Gamma = -\frac{c}{RT}\left(\frac{\partial \gamma}{\partial c}\right)_T \tag{1}$$

由式（1）可求得某浓度时的吸附量。

式中，Γ 是吸附量，mol · m^{-2}；c 是表面活性剂溶液的浓度，mol · L^{-1}；γ 是表面张力，mN · m^{-1}；T 是热力学温度，K；R 是摩尔气体常数，8.314J · (mol · K)$^{-1}$。

将式（1）变形为：

$$\Gamma=-\frac{1}{(RT)}\left(\frac{\partial\gamma}{\partial\ln c}\right)_T=-\frac{1}{2.303(RT)}\left(\frac{\partial\gamma}{\partial\lg c}\right)_T \tag{2}$$

作 γ-lg$c$ 图，如图 1 所示。在 AB 段，$-\left(\frac{\partial\gamma}{\partial\lg c}\right)$ 为非线性增加，Γ 随浓度的增加而增加；在 BC 段，$-\left(\frac{\partial\gamma}{\partial\lg c}\right)_T$ 为一常数，Γ 为一定值，即已达到饱和吸附；如果 BC 段的线性关系很好，则饱和吸附量可直接由图中直线部分的斜率求出：

$$\Gamma_\infty=-\frac{1}{2.303(RT)}\left(\frac{\partial\gamma}{\partial\lg c}\right)_{T,\max} \tag{3}$$

如果 BC 段不成很好的线性关系，为求得 Γ，可利用 Langmuir 吸附等温式：

$$\Gamma=\Gamma_\infty\frac{Kc}{1+Kc} \tag{4}$$

式中，K 为常数；其余意义同式（1）和式（3）。

将式（4）变形为：

$$\frac{c}{\Gamma}=\frac{1}{\Gamma_\infty}c+\frac{1}{K\Gamma_\infty} \tag{5}$$

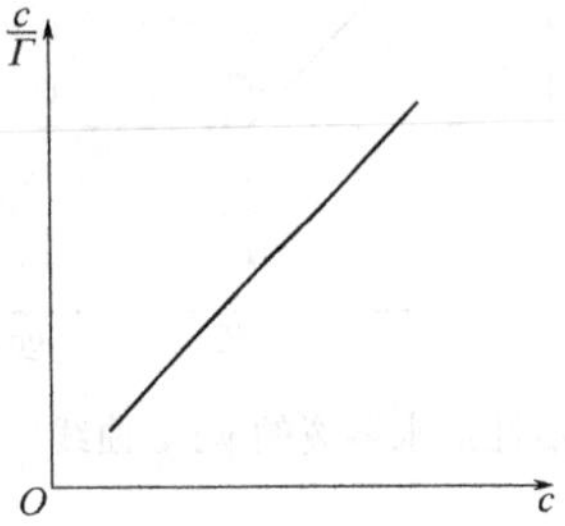

图 2　Langmuir 吸附等温式的直线形式

以 $\frac{c}{\Gamma}$ 对 c 作图得一直线，如图 2 所示，其斜率的倒数为 Γ_∞。式中 Γ 由式（2）求出，其中 $\left(\frac{\partial\gamma}{\partial\lg c}\right)_T$ 由 γ-lg$c$ 曲线上读取。

如果以 N 代表 1cm^2 表面上的分子量，则

$$N=\Gamma_\infty N_A \tag{6}$$

式中，N_A 为阿伏伽德罗常数。由此求得饱和吸附时每个表面活性剂分子在界面上所占的面积，即分子截面积：

$$a_\infty=\frac{1}{N}=\frac{1}{\Gamma_\infty N_A} \tag{7}$$

表面活性剂降低表面张力的效率是指表面张力下降至给定值所需的浓度，浓度越低则效率越高。通常用使表面张力下降 $20\text{mN}\cdot\text{m}^{-1}$ 所需浓度的负对数 $\text{p}c_{20}$

来表示：

$$pc_{20}=-\lg c_{20} \qquad (8)$$

25℃时纯水的表面张力为 71.97mN·m^{-1}，近似为 72mN·m^{-1}。在 γ-lg$c$ 曲线的纵坐标上找到 γ=72mN·m^{-1} 这一点，作一条水平线，使与曲线相交，由交点所对应的 lg$c$ 即可求出 pc_{20}。

表面活性剂降低表面张力的效能是指表面活性剂溶液所能达到的最低表面张力，而不论浓度大小。通常当浓度达到 CMC 以后表面张力几乎不再变化，所以用 CMC 时的表面张力 γ_{CMC} 来表示，如图 1 中所示[1-4]。

表面张力的测定方法包括 Wilhelmy 吊片法、Du Noüy 环法、滴体积法、滴外形法等[1-5]。本实验利用 Du Noüy 环法和 Wilhelmy 吊片法测定表面活性剂水溶液的 γ-lg$c$ 曲线。

三、实验仪器和试剂

JYW-200D 自动界面张力仪，Krüss K100 表面张力仪，SHZ-82 型恒温水浴器，量筒，烧杯，镊子，洗瓶，温度计。

OP-10 乳化剂，二次蒸馏水（电导率 7.8×10^{-7}S·cm^{-1}，美国 Millipore Synergy UV 二次蒸馏水系统）。

四、实验步骤

（一）溶液的配制

精确配制一系列不同浓度的 OP-10 乳化剂水溶液：5.0×10^{-6}mol·L^{-1}、1.0×10^{-5}mol·L^{-1}、2.5×10^{-5}mol·L^{-1}、5.0×10^{-5}mol·L^{-1}、1.0×10^{-4}mol·L^{-1}、2.5×10^{-4}mol·L^{-1}、5.0×10^{-4}mol·L^{-1}、1.0×10^{-3}mol·L^{-1}、2.5×10^{-3}mol·L^{-1}。将上述样品置于恒温水浴中于（40±1.0）℃下恒温，由稀到浓逐一测定各溶液的表面张力 γ。

（二）表面张力的测定

1．Du Noüy 环法（液膜拉破）。参照“实验二”的实验步骤，利用 JYW-200D 自动界面张力仪测定 OP-10 乳化剂水溶液的表面张力曲线，按照 OP-10 乳化剂水溶液浓度由低到高的顺序逐一测定。

2．Du Noüy 环法（液膜不拉破）和 Wilhelmy 板法。参照“实验三”的实验步骤，利用 Krüss K100 表面张力仪测定 OP-10 乳化剂水溶液的表面张力曲线，按照 OP-10 乳化剂水溶液浓度由低到高的顺序逐一测定。

五、数据记录与处理

（一）数据记录

室温：__________ 大气压：__________ 实验温度：__________

浓度 $c/(mol \cdot L^{-1})$	表面张力 $\gamma/(mN \cdot m^{-1})$					
	1	2	3	4	5	平均值

（二）数据处理

1．作 γ-lg$c$ 曲线，并求取 CMC。

2．作 γ-lg$c$ 曲线，并标注表面张力下降 $20mN \cdot m^{-1}$ 所需表面活性剂浓度的负对数 pc_{20}。

3．由 γ-lg$c$ 曲线求得不同浓度下的 $\left(\frac{\partial \gamma}{\partial \lg c}\right)_T$ 值，求 Γ。

4．作 $\frac{c}{\Gamma}$-c 图，求出 Γ_∞，并求出 a_∞。

六、思考题

1．表面活性剂表面张力和临界胶束浓度的影响因素有哪些？

2．讨论 Wilhelmy 吊片法、Du Noüy 环法（液膜拉破和液膜不拉破）、滴体积法、滴外形法等几种表面张力测定方法的优缺点。

3．毛细上升法是否适用于测定表面活性剂溶液的表面张力？为什么？

4．试推导不同类型表面活性剂的吉布斯吸附公式。

七、参考文献

[1] 颜肖慈，罗明道．界面化学．北京：化学工业出版社，2004.

[2] 北京大学化学系胶体化学教研室．胶体与界面化学实验．北京：北京大学出版社，1993.

[3] Prosser A J, Franses E I. Adsorption and surface tension of ionic surfactants at the air-water interface: Review and evaluation of equilibrium models. Colloids Surf A, 2001, 178: 1-40.

[4] Hidaka H, Koike T, Kurihara M. Preparation and properties of new tetrafunctional amphoteric surfactants bearing amino, carboxyl, and hydroxyl groups and an ether bond. J Surfactants Deterg, 2003, 6: 131-136.

[5] Sharma K S, Rodgers C, Palepu R M, et al. Studies of mixed surfactant solutions of cationic dimeric (gemini) surfactant with nonionic surfactant $C_{12}E_6$ in aqueous medium. J Colloid Interface Sci, 2003, 268: 482-488.

实验十七　电导法测定离子型表面活性剂的临界胶束浓度

一、实验目的

1．掌握用电导法测定离子型表面活性剂的临界胶束浓度（CMC）的原理和方法。

2．学会电导率仪的使用。

二、实验原理

对于一般电解质溶液，其导电能力由电导 L，即电阻的倒数（R^{-1}）来衡量。若所用电导管电极面积为 a，电极间距为 l，用此管测定电解质溶液电导，则

$$L = \frac{1}{R} = \kappa \frac{a}{l} \tag{1}$$

式中，κ 是 a=1m^2、l=1m 时的电导，称作比电导或电导率，其单位为 $S \cdot m^{-1}$，l/a 称作电导管常数。电导率 κ 和摩尔电导率 λ_m 有下列关系：

$$\lambda_m = \frac{\kappa}{c} \tag{2}$$

式中，λ_m 为 1mol 电解质溶液的电导率，c 为电解质溶液的摩尔浓度。λ_m 随电解质浓度而变，对强电解质的稀溶液有：

$$\lambda_m = \lambda_m^{\infty} - A\sqrt{c} \tag{3}$$

式中，λ_m^{∞} 为浓度无限稀时的摩尔电导率，A 为常数。

对于离子型表面活性剂溶液，当溶液浓度很稀时，电导率的变化规律也和强电解质一样；但当溶液浓度达到临界胶束浓度时，随着胶束的生成，电导率发生改变，摩尔电导率急剧下降，这就是电导法测定 CMC 的依据[1]。利用离子型表面活性剂水溶液电导率随浓度的变化关系，从电导率（κ）对浓度（c）曲线或摩尔电导率（λ_m）-$\sqrt{c}$ 曲线上的转折点求取 CMC[2-5]。此法仅对离子型表面活性剂适用，而对 CMC 值较大、表面活性低的表面活性剂因转折点不明显而不灵敏。

三、实验仪器和试剂

DDS-11A 型电导率仪，DJS-1 型铂黑电导电极，78-1 型磁力加热搅拌器，烧杯，移液管，酸式滴定管。

十二烷基硫酸钠（SDS）水溶液（0.020mol·L^{-1}、0.010mol·L^{-1}、0.002mol·L^{-1}），

二次蒸馏水（电导率 7.8×10^{-7}S·cm^{-1}，美国 Millipore Synergy UV 二次蒸馏水系统）。

四、实验步骤

（一）电导率仪的调节

1．通电前，先检查表针是否指零，如不指零，调节表头调整螺栓，使表针指零。

2．接好电源线，将校正、测量选择开关扳向“校正”，打开电源开关预热 3～5min，待表针稳定后，旋转校正调节器，使表针指示满度。

3．将高低周选择开关扳向“高周”，调节电极常数调节器在与所配套的电极常数相对应位置上，量程选择开关放在“×103”黑点挡处。

（二）溶液电导率的测量

1．移取 0.002mol·L^{-1} SDS 溶液 50mL，放入 1 号烧杯中。

2．将电极用电导水淋洗，用滤纸小心擦干（注意：千万不可擦掉电极上所镀的铂黑），插入仪器的电极插口内，旋紧插口螺栓，并把电极夹固好，小心地浸入烧杯的溶液中。打开搅拌器电源，选择适当速度进行搅拌（注意：不可打开加热开关），将校正、测量开关扳向“测量”，待表针稳定后，读取电导率值。然后依次将 0.020mol·L^{-1} SDS 溶液滴入 1mL、4mL、5mL、5mL、5mL，并记录滴入溶液的体积数和测量的电导率值。

3．将校正、测量开关扳向“校正”，取出电极，用电导水淋洗，擦干。

4．另取 0.010mol·L^{-1} SDS 溶液 50mL，放入 2 号烧杯中。插入电极进行搅拌，将校正、测量开关扳向“测量”，读取电导率值。然后依次将 0.020mol·L^{-1} SDS 溶液滴入 8mL、10mL、10mL、10mL、15mL，记录所滴入的体积数和测量的电导率值。

5．实验结束后，关闭电源，取出电极，用二次蒸馏水淋洗干净，放入指定的容器中。

五、数据记录与处理

（一）数据记录

室温：________　大气压：________　实验温度：________

	滴定次数	1	2	3	4	5	6
1号烧杯	滴入溶液体积/mL	0	1	4	5	5	5
	烧杯中溶液总体积/mL	50	51	55	60	65	70
	c/(mol·L^{-1})						
	电导率 κ/(μS·cm^{-1})						

续表

2号烧杯	滴定次数	1	2	3	4	5	6
	滴入溶液体积/mL	0	8	10	10	10	15
	烧杯中溶液总体积/mL	50	58	68	78	88	103
	$c/(\mathrm{mol \cdot L^{-1}})$						
	电导率 $\kappa/(\mathrm{\mu S \cdot cm^{-1}})$						

（二）数据处理

（1）计算出不同浓度的十二烷基硫酸钠水溶液的浓度 c 和 $\sqrt{c}$。

（2）根据式（2）计算出不同浓度的十二烷基硫酸钠水溶液的摩尔电导率 λ_m。

（3）作 κ-c 曲线和 λ_m-$\sqrt{c}$ 曲线，分别在曲线的延长线交点上确定出 CMC 值。

六、思考题

1．电导法测定临界胶束浓度的原理是什么？为什么胶束生成而电导率下降？

2．思考在本实验中，采用电导法测定临界胶束浓度可能的影响因素？分析误差产生的原因。

3．分析电导法测定临界胶束浓度的优缺点。

七、参考文献

[1] 崔正刚. 表面活性剂、胶体与界面化学基础. 北京：化学工业出版社, 2013.

[2] 北京大学化学系胶体化学教研室. 胶体与界面化学实验. 北京:北京大学出版社, 1993.

[3] Treiner C, Makayssi A. Sturctural micellar transition for dilute-solutions of long-chain binary cationic surfactant systems: A conductance investigation. Langmuir, 1992, 8: 794-800.

[4] Wang X Y, Wang J B, Wang Y L, et al. Effect of the nature of the spacer on the aggregation properties of gemini surfactants in an aqueous solution. Langmuir, 2004, 20: 53-56.

[5] Patra T, Ghosh S, Dey J. Cationic vesicles of a carnitine-derived single-tailed surfactant: Physicochemical characterization and evaluation of in vitro gene transfection efficiency. J Colloid Interface Sci, 2014, 436: 138-145.

实验十八　染料法测定表面活性剂的临界胶束浓度

一、实验目的

掌握用染料法测定表面活性剂临界胶束浓度（CMC）的原理和方法。

二、实验原理

染料法是测定表面活性剂临界胶束浓度的一个简便方法。某些染料在水中未被加溶时与在表面活性剂胶束溶液中被加溶时，其颜色或吸收光谱有很大的差异，利用这一特点来测定表面活性剂的CMC[1]。

用分光光度计测定吸收光谱是根据比尔定律实现的［式（1)］。

$$A = \varepsilon bc \tag{1}$$

式中，A 为吸光度（又称光密度）；c 为溶液的浓度，$mol \cdot L^{-1}$；b 为吸收液层厚度（即所用比色皿的厚度），cm；ε 为摩尔吸光系数，$L \cdot (mol \cdot cm)^{-1}$。比尔定律仅适用于单色光，同一溶液对于不同波长的单色光的摩尔吸光系数 ε 值不同，因此测得的吸光度 A 也不同。在应用比尔定律时常需选择适当的波长，为此需作吸收光谱（又称吸收曲线）。将吸光度 A 对波长作图，便可得到吸收光谱，它是吸光物质的特性，常被用于定性分析。选定了对被测组分有强烈吸收的特征波长后，在此波长条件下，测定该溶液不同浓度 c 时的吸光度 A，即可作定量分析[2-4]。

本实验利用氯化频哪氰醇（pinacyanol chloride，分子量为388.5）在月桂酸钾水溶液形成胶束后，吸收光谱的变化来测定临界胶束浓度。氯化频哪氰醇在水中的吸收谱带在520nm和550nm，当加入浓度为$2.3\times10^{-2}mol \cdot L^{-1}$的月桂酸钾水溶液中（此浓度大于月桂酸钾的CMC值），吸收光谱发生变化。原有的520nm和550nm的吸收带消失，与此同时570nm和610nm的吸收谱带增强，后面的两谱带是该染料在有机溶剂即丙酮中的谱线特征，因此可通过此吸收光谱的变化来测定月桂酸钾的CMC值。

三、实验仪器和试剂

722型分光光度计，比色皿，分析天平，容量瓶，称量瓶，烧杯，滴管。

氯化频哪氰醇，月桂酸钾，丙酮，二次蒸馏水（电导率$7.8\times10^{-7}S \cdot cm^{-1}$，美国Millipore Synergy UV二次蒸馏水系统）。

四、实验步骤

（一）溶液的配制

1．分别配制浓度为 1×10^{-4}mol・L^{-1} 的氯化频哪氰醇的水溶液与丙酮溶液各 25mL。

2．配制含氯化频哪氰醇（1×10^{-4}mol・L^{-1}）的不同浓度的月桂酸钾溶液各 25mL。月桂酸钾的浓度范围在 1×10^{-1}mol・L^{-1} 到 1×10^{-3}mol・L^{-1} 之间，可配成 1×10^{-3}mol・L^{-1}、1×10^{-2}mol・L^{-1}、2×10^{-2}mol・L^{-1}、2.5×10^{-2}mol・L^{-1}、5×10^{-2}mol・L^{-1}、1×10^{-1}mol・L^{-1} 6 种不同浓度的溶液。

（二）吸收光谱的测定

用 722 型分光光度计，在波长 450～650nm 的范围内、间隔为 10～20nm 的条件下对已配制的溶液进行波长扫描，如有自动扫描功能的分光光度计更为方便。

1．对浓度为 1×10^{-4}mol・L^{-1} 的氯化频哪氰醇的水溶液测定不同波长下的吸光度，约在 520nm 和 550nm 处出现吸收峰。

2．对上述染料的丙酮溶液测定吸收光谱，约在 570nm 与 610nm 处出现吸收峰。

3．选择含氯化频哪氰醇（1×10^{-4}mol・L^{-1}）的月桂酸钾溶液进行吸收光谱的测定，月桂酸钾浓度为 2.5×10^{-2}mol・L^{-1} 与 5×10^{-2}mol・L^{-1}。

4．将上述几组数据作吸光度 A 对波长的图，以最大吸光系数对应的波长为它的特征吸收峰。

（三）月桂酸钾 CMC 值的测定

在上述实验测得的特征波长（约 810nm）的条件下，测定含染料的 6 个不同浓度的月桂酸钾溶液的吸光度 A，并作 A-c 图，由曲线的突变点求出它的 CMC 值。

五、数据记录与处理

（一）数据记录

最大吸收波长：__________

浓度 c/(mol・L^{-1})						
吸光度 A						

（二）数据处理

作 A-c 图，由曲线的突变点求出月桂酸钾的 CMC 值。

六、思考题

1. 除了氯化频哪氰醇，还有哪些染料可以用来测定表面活性剂的临界胶束浓度？

2. 思考在本实验中，采用染料法测定临界胶束浓度可能的影响因素是什么？分析产生误差的原因。

3. 分析染料法测定临界胶束浓度的优缺点。

七、参考文献

[1] 崔正刚. 表面活性剂、胶体与界面化学基础. 北京：化学工业出版社, 2013.

[2] 北京大学化学系胶体化学教研室. 胶体与界面化学实验. 北京：北京大学出版社, 1993.

[3] Patist A, Bhagwat S S, Penfield K W, et al. On the measurement of critical micelle concentrations of pure and technical-grade nonionic surfactants. J Surfactants Deterg, 2000, 3: 53-58.

[4] Alam M S, Siddiq A M, Mandal A B. Thermodynamic and micellization studies of a cationic gemini surfactant 16-6-16: Influence of ascorbic acid and temperature. Colloid J, 2016, 78: 9-14.

实验十九　荧光探针法测定表面活性剂的临界胶束浓度

一、实验目的

1．熟悉芘的相对荧光强度（I_3/I_1）与所处微环境的关系。

2．掌握用荧光探针法测定表面活性剂临界胶束浓度（CMC）的原理及方法。

二、实验原理

芘（pyrene）单体的稳态荧光光谱有 5 个峰（图 1），其第一峰（373nm 附近）和第三峰（384nm 附近）的峰强之比（I_3/I_1）强烈依赖于芘分子所处微环境的极性，且随溶剂极性减小而显著增大。虽然芘在水介质中的溶解度很小（约为 $10^{-7}mol \cdot L^{-1}$），但它极易增溶在胶束的疏水微结构中。当表面活性剂水溶液的浓度达到 CMC 时：一方面溶液中形成了胶束这种有序化结构；另一方面由于增溶作用，芘分子由水合环境进入胶束疏水栅栏区，其所处微环境极性突然变小，两者共同导致了（I_3/I_1）值的突然增大。所以，根据荧光分子探针芘的这一特性可以表征表面活性剂的 CMC 值。（I_3/I_1）值急剧增大，意味着探针芘周围环境的极性减小，表明溶液中开始形成胶束，导致芘分子进入胶束疏水栅栏区；随着表面活性剂浓度继续增加，（I_3/I_1）值趋于稳定时，形成大量胶束[1-3]。

以芘的水溶液作为溶剂，配制不同浓度的表面活性剂水溶液，在指定温度下分别测定各个溶液中芘分子的荧光光谱，计算（I_3/I_1）值，然后将（I_3/I_1）值与对应的表面活性剂浓度的对数（lg$c$）作图，再采用一阶导数法［即 $d(I_3/I_1)/dlgc$-lg$c$］确定（I_3/I_1）的 S 形曲线的拐点，取其一阶导函数极大值处相应的表面活性剂浓度为 CMC[2-5]，如图 2 所示。

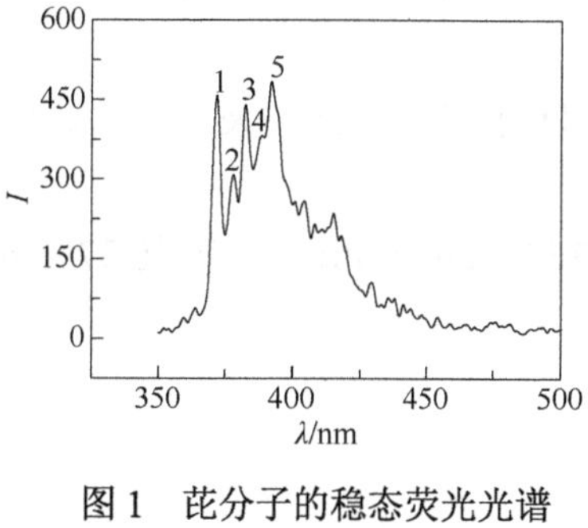

图 1　芘分子的稳态荧光光谱

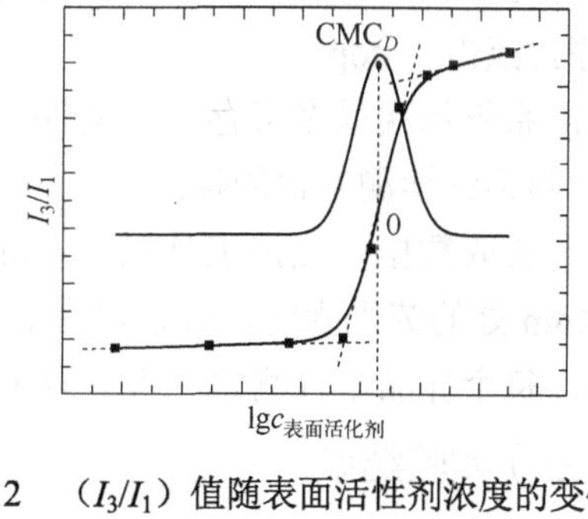

图 2　（I_3/I_1）值随表面活性剂浓度的变化曲线

三、实验仪器和试剂

Cary Eclipse 型荧光分光光度计，USC-302 型超声波浴槽，SHZ-82 型恒温水浴器，分析天平，容量瓶，移液管，比色皿，等等。

荧光探针分子芘，十二烷基硫酸钠（SDS），二次蒸馏水（电导率 $7.8\times10^{-7}S\cdot cm^{-1}$，美国 Millipore Synergy UV 二次蒸馏水系统）。

四、实验步骤

（一）溶液的配制

以荧光探针分子芘的饱和水溶液为溶剂，精确配制一系列不同浓度的表面活性剂水溶液：$5\times10^{-4}mol\cdot L^{-1}$、$1\times10^{-3}mol\cdot L^{-1}$、$2\times10^{-3}mol\cdot L^{-1}$、$4\times10^{-3}mol\cdot L^{-1}$、$6\times10^{-3}mol\cdot L^{-1}$、$7\times10^{-3}mol\cdot L^{-1}$、$8\times10^{-3}mol\cdot L^{-1}$、$9\times10^{-3}mol\cdot L^{-1}$、$9.5\times10^{-3}mol\cdot L^{-1}$、$1\times10^{-2}mol\cdot L^{-1}$、$1.5\times10^{-2}mol\cdot L^{-1}$、$2\times10^{-2}mol\cdot L^{-1}$、$3\times10^{-2}mol\cdot L^{-1}$。将上述样品在超声波浴槽中分散 5min 后，置于恒温水浴［(40±1.0) ℃］中恒温 24h，由稀到浓逐一测定各溶液中芘的荧光发射光谱。

（二）荧光光谱的测定

1．打开荧光分光光度计电源和循环水浴开关，预热 10min；打开光栅，预热 10min。

2．打开计算机和相应软件，仪器自检。

3．点击“Cary Eclipse”→“Scan”开启扫描数据功能界面。

4．点击“Set up”进行参数设置。激发波长为 335nm，狭缝宽度为 2.5nm（激发）、1.5nm（发射），荧光池厚度为 1nm，扫描速度为快，在 350～450nm 范围内扫描所配溶液的荧光发射光谱。

5．将样品注入比色皿（高度约为 4/5），小心擦净外表面。注：每次实验前比色皿要用超声清洗仪清洗，每次更换样品前将比色皿用待测液润洗三次。

6．将比色皿放入测试室。小心盖上盖子后恒温 5min，点击“zero”“start”即开始扫描曲线。扫描后自动跳出保存文件的对话框，输入文件名即可。如果需中途停止点击“stop”。

7．系统每次最多可存十个文件，然后另存入 D 盘自己的文件夹，清除通道内的内容再继续测其他的样品。

8．读取数据。点击工具栏上“manipulate”中的“Point Pick”，读取 373nm 和 384nm 处的荧光强度，分别记为 I_1 和 I_3。

9．每个样品平行测定三次，取平均值。

（三）实验结束

1．测试结束后，先关闭荧光分光光度计上的光栅，待仪器稍微冷却，再关闭荧光分光光度计和循环水浴的总电源。

2．做好仪器使用登记，打扫实验室卫生。

五、数据记录与处理

（一）数据记录

室温：__________ 大气压：__________ 实验温度：__________

序号	浓度/(mol·L^{-1})	I_3	I_1	I_3/I_1
1				
2				
3				
…				

（二）数据处理

1．观察芘在水溶液中的荧光发射谱图。

2．以实验测得的（I_3/I_1）对表面活性剂浓度的 lg$c$ 作图。

3．利用一阶导数最大值法求出 CMC。

六、思考题

1．荧光探针法测定表面活性剂水溶液 CMC 的原理是什么？

2．芘的饱和水溶液如何配制？

3．荧光探针法测定表面活性剂水溶液 CMC 是不是适用于所有类型的表面活性剂？

4．影响荧光探针法测定表面活性剂水溶液 CMC 实验准确性的因素可能有哪些？

5．除芘分子外，是否有其他荧光探针分子可用于表面活性剂水溶液 CMC 的测定？

七、参考文献

[1] 颜肖慈, 罗明道. 界面化学. 北京：化学工业出版社, 2004.

[2] 崔正刚. 表面活性剂、胶体与界面化学基础. 北京：化学工业出版社, 2013.

[3] Pineiro L, Novo M, Al-Soufi W. Fluorescence emission of pyrene in surfactant solutions. Adv Colloid Interface Sci, 2015, 215: 1-12.

[4] Mathias J H, Rosen M J, Davenport L. Fluorescence study of premicellar aggregation in cationic gemini surfactants. Langmuir, 2001, 17: 6148-6154.

[5] Joshi S, Varma Y T, Pant D D. Steady state and time-resolved fluorescence spectroscopy of quinine sulfate dication in ionic and neutral micelles: Effect of micellar charge on photophysics. Colloids Surf A, 2013, 425: 59-67.

实验二十 表面活性剂疏水链长与临界胶束浓度的构效关系

一、实验目的

1. 理解表面活性剂分子结构与临界胶束浓度的构效关系。
2. 理解表面活性剂疏水链长度调控表面活性剂性质的局限性。

二、实验原理

表面活性剂的分子结构是影响其临界胶束浓度（CMC）的重要因素之一，主要表现在疏水基、亲水基和反离子三个方面。对于不同疏水链长度的表面活性剂同系物来说，CMC 随疏水基碳原子数增加而减小，而且疏水链长度对非离子型和两性型表面活性剂的 CMC 影响更显著。一般烷基链增加 2 个—CH_2—基团，离子型表面活性剂 CMC 约减小为原来的 1/4，而非离子型和两性型表面活性剂 CMC 减小为原来的 1/10。对于直链烷基，当烷基碳原子数 $m \leqslant 16$ 时，lgCMC 符合 Stauff-Klevens 经验公式 $\lg CMC = A - Bm$，其中 A 和 B 为经验常数[1-3]；值得注意的是，当烷基碳原子数 $m>18$ 时，阴离子型表面活性剂的 Krafft 温度往往明显升高，导致其水溶性明显降低。

本实验利用 Du Noüy 环法测定不同疏水链长的阴离子型表面活性剂的 CMC。

三、实验仪器和试剂

JYW-200D 自动界面张力仪，SHZ-82 型恒温水浴器，量筒，烧杯，镊子，洗瓶，温度计。

十二烷基磺酸钠、十四烷基磺酸钠和十六烷基磺酸钠，二次蒸馏水（电导率 $7.8\times10^{-7}S \cdot cm^{-1}$，美国 Millipore Synergy UV 二次蒸馏水系统）。

四、实验步骤

（一）溶液的配制

分别精确配制一系列不同浓度的十二烷基磺酸钠、十四烷基磺酸钠和十六烷基磺酸钠水溶液：$5\times10^{-4}mol \cdot L^{-1}$、$7.5\times10^{-4}mol \cdot L^{-1}$、$1\times10^{-3}mol \cdot L^{-1}$、$5\times10^{-3}mol \cdot L^{-1}$、$1\times10^{-2}mol \cdot L^{-1}$、$5\times10^{-2}mol \cdot L^{-1}$、$0.1mol \cdot L^{-1}$、$0.5mol \cdot L^{-1}$。将上述样品置于恒温水浴中在（40±1.0）℃下恒温，由稀到浓逐一测定各溶液的表面张力 γ。

（二）表面张力的测定

参照“实验二”或“实验三”所述方法测定表面张力，获得 γ-lg$c$ 曲线，进而获得各表面活性剂的 CMC。

五、数据记录与处理

（一）数据记录

室温：__________ 大气压：__________ 实验温度：__________

浓度 c/(mol・L^{-1})	表面张力 γ/(mN・m^{-1})					
	1	2	3	4	5	平均值

（二）数据处理

1. 作 γ-lg$c$ 曲线，并求取 CMC。
2. 比较表面活性剂疏水链长度与 CMC 的构效关系。

六、思考题

1. 疏水链含有支链和苯环对临界胶束浓度的影响如何？
2. 疏水链中引入醚键等极性基团对临界胶束浓度的影响如何？
3. 表面活性剂亲水基和反离子对临界胶束浓度的影响如何？

七、参考文献

[1] Rosen M J. Surfactants and interfacial phenomena. 3rd ed. New Jersey: John Wiley & Sons Inc, 2004.

[2] Ruiz C C, Aguiar J. Interaction, stability, and microenvironmental properties of mixed micelles of Triton X100 and *n*-alkyltrimethylammonium bromides: Influence of alkyl chain length. Langmuir, 2000, 16: 7946-7953.

[3] Khan I A, Mohammad R, Alam MS, et al. Effect of alkylamine chain length on the critical micelle concentration of cationic gemini butanediyl-α,ω-bis(dimethylcetylammonium bromide) surfactant. J Disper Sci Technol, 2009, 30: 1486-1493.

实验二十一　稳态荧光猝灭法测定表面活性剂胶束平均聚集数

一、实验目的

掌握用稳态荧光猝灭法测定表面活性剂胶束平均聚集数（N_m）的原理及方法。

二、实验原理

胶束平均聚集数（N_m）是用来描述胶束大小的特征参数，是聚集成一个胶束所需要的表面活性剂分子的平均数。测定胶束平均聚集数的方法包括光散射法、超离心法、稳态荧光猝灭法等[1-3]，其中稳态荧光猝灭法不受胶束选择性吸附和胶束间静电作用等影响，简单易行且准确性较高[4-7]。

向含有荧光探针芘单体的表面活性剂水溶液中加入荧光猝灭剂二苯甲酮，芘和二苯甲酮将增溶于胶束中。当胶束浓度远大于探针和猝灭剂浓度时：一部分芘分子处于含有二苯甲酮的胶束中，不再发射荧光；另一部分芘分子处于不含二苯甲酮的胶束中，仍然能够发射荧光（芘的稳态荧光光谱如“实验十九”中图 1 所示）。假定芘分子和二苯甲酮分子在胶束中的分布服从泊松分布，则体系的荧光强度服从式（1）：

$$\frac{I_1}{I_1^0}=\exp\left(-\frac{c_Q}{c_M}\right) \tag{1}$$

式中，I_1 为加入猝灭剂后芘的荧光发射光谱第一峰（373nm 附近）的荧光强度；I_1^0 为不加猝灭剂时芘的荧光发射光谱第一峰（373nm 附近）的荧光强度；c_Q 为猝灭剂二苯甲酮的浓度；c_M 为胶束浓度。对于表面活性剂胶束，其浓度为 $c_M=\dfrac{c-\text{CMC}}{N_m}$，其中 c 为表面活性剂总浓度，CMC 为表面活性剂临界胶束浓度。因此表面活性剂的胶束平均聚集数可根据式（2）通过作图法求得：

$$\ln I_1=\frac{N_m}{c-\text{CMC}}\times c_Q+\ln I_1^0 \tag{2}$$

三、实验仪器和试剂

Cary Eclipse 型荧光分光光度计，USC-302 型超声波浴槽，SHZ-82 型恒温水浴器，分析天平，容量瓶，移液管，比色皿，等等。

荧光探针分子芘，十二烷基硫酸钠（SDS），二苯甲酮，无水甲醇，氮气（N_2），二次蒸馏水（电导率 $7.8\times10^{-7}S\cdot cm^{-1}$，美国 Millipore Synergy UV 二次蒸馏水系统）。

四、实验步骤

（一）溶液的配制

1．以荧光探针分子芘的饱和水溶液为溶剂，精确配制一系列不同浓度（c）的 SDS 水溶液：5 倍 CMC、6 倍 CMC、7 倍 CMC、8 倍 CMC、9 倍 CMC（40℃时 SDS 的临界胶束浓度 CMC 为 $8.32\times10^{-3}mol\cdot L^{-1}$）。

2．猝灭剂（Q）二苯甲酮用无水甲醇配制成浓度 c_Q 为 $0.2mol\cdot L^{-1}$ 的标准溶液备用。猝灭剂的浓度范围选为 $0\sim1.0mmol\cdot L^{-1}$。

3．分别向 6 个洁净干燥的 50mL 具塞三角瓶中准确移取 0μL、5μL、10μL、15μL、20μL、25μL 的二苯甲酮-甲醇溶液，用纯 N_2 吹干甲醇。精确移取 5mL 事先配制好的 SDS 溶液，在超声波浴槽中分散 5min 后，置于恒温水浴（40±1.0）℃中恒温 24h，由稀到浓逐一测定各溶液中芘的荧光发射光谱。

（二）荧光光谱的测定

按照“实验十九”的实验步骤测定样品在 373nm 处的荧光强度，记为 I_1。每个样品平行测定三次，取平均值。

五、数据记录与处理

（一）数据记录

室温：__________ 大气压：__________ 实验温度：__________

序号	$c/(mmol\cdot L^{-1})$	$c_Q/(mmol\cdot L^{-1})$	I_1			
			（1）	（2）	（3）	平均值
1						
2						
3						
…						

（二）数据处理

1．作 $\ln\left(\frac{I_1^0}{I_1}\right)$-$\frac{c_Q}{c-CMC}$ 关系曲线，求取直线斜率，即为不同浓度时 SDS 的胶束平均聚集数 N_m。

2．作胶束平均聚集数 N_m 与表面活性剂浓度 c 的关系曲线 N_m-c，求取 SDS 的临界胶束平均聚集数。

六、思考题

1．稳态荧光猝灭法测定表面活性剂胶束平均聚集数的原理是什么？

2．分析表面活性剂胶束平均聚集数与浓度的关系。

3．讨论表面活性剂胶束平均聚集数的影响因素有哪些？如何影响？

七、参考文献

[1] 颜肖慈，罗明道. 界面化学. 北京：化学工业出版社，2004.

[2] 金谷. 表面活性剂化学. 2 版. 合肥：中国科学技术大学出版社，2013.

[3] 崔正刚. 表面活性剂、胶体与界面化学基础. 北京：化学工业出版社，2013.

[4] 方云，刘雪锋，夏咏梅，等. 稳态荧光探针法测定临界胶束聚集数. 物理化学学报，2001，17：828-831.

[5] 赵莉，阎云，黄建滨. 荧光探针技术在水溶液两亲分子有序组合体研究中的应用. 物理化学学报，2010，26：840-849.

[6] Wang X Y, Wang J B, Wang Y L, et al. Effect of the nature of the spacer on the aggregation properties of gemini surfactants in an aqueous solution. Langmuir, 2004, 20: 53-56.

[7] Bajani D, Laskar P, Dey J. Spontaneously formed robust steroidal vesicles: Physicochemical characterization and interaction with HSA. J Phys Chem B, 2014, 118: 4561-4570.

实验二十二　动态荧光探针法测定表面活性剂胶束平均聚集数

一、实验目的

掌握用动态荧光探针法测定表面活性剂胶束平均聚集数（N_m）的原理及方法。

二、实验原理

稳态荧光猝灭法是测定表面活性剂胶束平均聚集数的常用方法之一，但是实际测量时会受到诸多限制和要求[1-4]，如：①探针和猝灭剂不能形成基态络合物；②在测定浓度范围内，猝灭剂在激发波长下不能有吸收；③胶束平均聚集数不能大于 100；等等。采用动态荧光探针法测定表面活性剂胶束平均聚集数能克服上述不足。

探针分子在表面活性剂溶液中会经历激发-衰减、激基聚集体生成-解离、激基聚集体衰减、荧光猝灭等反应历程。利用探针分子芘在胶束中的增溶及荧光衰减特性可以测定表面活性剂的胶束平均聚集数。

$$M_p \rightleftharpoons M_{p-1}P^*$$

$$M_{p-1}P^* \rightleftharpoons M_{p-2}P_2^*$$

$$M_{p-2}P_2^* \longrightarrow M_p$$

$$M_qP^* \longrightarrow M_q + \text{能量}$$

其中，M_p 是指包含基态 p 个探针的胶束；P^*是指受激探针；M_q 表示含 q 个猝灭剂的胶束。

探针分子芘在胶束中的分布符合泊松（Poisson）分布。当芘的浓度比较大时，两个或者两个以上的芘分子可能同时增溶在一个胶束中。探针在胶束中荧光衰减方程如式（1）所示：

$$I_t = I_0 \exp\{-kt - a[1-\exp(-k_e t)]\} \tag{1}$$

式中，I_0 和 I_t 分别对应衰减时间为 0 和 t 时芘的荧光强度；k 是芘衰减的速率常数；k_e 是芘的激基二聚体衰减常数；a 为每一个胶束中所含芘的平均个数。当衰减时间 t 足够长时，芘的衰减变为单指数衰减即相当于芘单体的衰减，其衰减方程可由（1）近似为式（2）：

$$\ln\left(\frac{I_t}{I_0}\right) = -a - kt \tag{2}$$

式（2）中的斜率即为$-k$值，截距为$-a$值。

根据式（3）可得到胶束的浓度[M]：

$$a=\frac{[P]}{[M]} \tag{3}$$

式中，[P]为芘的浓度。

进一步根据式（4）计算胶束平均聚集数N_m：

$$N_m=\frac{(c-CMC)}{[M]} \tag{4}$$

式中，c为表面活性剂总浓度；CMC为临界胶束浓度。

指定温度下测定芘在表面活性剂胶束中的衰减曲线，然后根据不同时刻（t）时芘的荧光强度I_t，绘制$\ln\left(\frac{I_t}{I_0}\right)$和衰减时间$t$的关系曲线，由直线截距计算胶束浓度，最终根据式（4）计算得到胶束平均聚集数N_m。

三、实验仪器和试剂

FLS920型时间分辨荧光光谱仪，USC-302型超声波浴槽，SHZ-82型恒温水浴器，分析天平，容量瓶，移液管，比色皿，等等。

荧光探针分子芘，十二烷基硫酸钠（SDS），无水甲醇，氮气（N_2）二次蒸馏水（电导率$7.8\times10^{-7}S\cdot cm^{-1}$，美国Millipore Synergy UV二次蒸馏水系统）。

四、实验步骤

（一）溶液的配制

1．精确配制一系列不同浓度的SDS水溶液：5倍CMC、6倍CMC、7倍CMC、8倍CMC、9倍CMC（40℃时SDS的临界胶束浓度CMC为$8.32\times10^{-3}mol\cdot L^{-1}$）。

2．荧光探针分子芘用无水甲醇配制成浓度为$2\times10^{-2}mol\cdot L^{-1}$的溶液备用。

3．分别向5个洁净干燥的25mL容量瓶中准确移取1mL芘-甲醇溶液，用纯N_2吹干甲醇。然后加入事先配制好的不同浓度的SDS溶液定容，在超声波浴槽中分散30min后，置于恒温水浴［（40±1.0）℃］中恒温48h，由稀到浓逐一测定各溶液中芘的荧光衰减曲线。

（二）荧光光谱的测定

1．打开荧光光谱仪电源和循环水浴开关，预热10min；打开光栅，预热10min。

2．打开计算机和相应软件，仪器自检。

3．进行参数设置。初始荧光强度 I_0 为 10000，激发波长为 335nm，发射波长为 393nm，狭缝宽度为 15nm（激发）、15nm（发射），步长为 0.5nm，时间范围≥1μs。

4．将样品注入比色皿（高度约为 4/5），小心擦净外表面。注：每次实验前比色皿要用超声清洗仪清洗，每次更换样品前将比色皿用待测液润洗三次。

5．将比色皿放入测试室。小心盖上盖子后恒温 5min，点击“zero”“start”即开始扫描曲线。扫描后自动跳出保存文件的对话框，输入文件名即可。如果需中途停止点击“stop”。

（三）实验结束

1．测试结束后，先关闭荧光光谱仪上的光栅，待仪器稍微冷却，再关闭荧光光谱仪和循环水浴的总电源。

2．做好仪器使用登记，打扫实验室卫生。

五、数据记录与处理

（一）数据记录

室温：__________ 大气压：__________ 实验温度：__________

序号	t/μs	I_t
1		
2		
3		
…		

（二）数据处理

绘制 $\ln\left(\frac{I_t}{I_0}\right)$ 和衰减时间 t 的关系曲线，由直线截距计算胶束浓度，最终根据式（4）计算得到胶束平均聚集数 N_m。

六、思考题

1．动态荧光探针法如何测定表面活性剂临界胶束浓度？

2．如何测定混合表面活性剂体系的胶束聚集数？

3．比较胶束平均聚集数的几种测定方法的优缺点和适用前提条件。

七、参考文献

[1] 赵莉，阎云，黄建滨．荧光探针技术在水溶液两亲分子有序组合体研究中的应用．物理化学学报，2010，26：840-849.

[2] Alargova R G, Kochijashky I I, Sierra M L, et al. Mixed micellization of dimeric (Gemini) surfactants and conventional surfactants: Ⅱ. CMC and micelle aggregation numbers for various mixtures. J Colloid Interface Sci, 2001, 235: 119-129.

[3] Chen S H, Duhame J, Peng B L, et al. Interactions between a series of pyrene end-labeled poly(ethylene oxide) and sodium dodecyl sulfate in aqueous solution probed by fluorescence. Langmuir, 2014, 30: 13164-13175.

[4] Mallick S, Pal K, Koner A L. Probing microenvironment of micelle and albumin using diethyl 6-(dimethylamino) naphthalene-2,3-dicarboxylate: An electroneutral solvatochromic fluorescent probe. J Colloid Interface Sci, 2016, 467: 81-89.

实验二十三　无机盐对表面活性剂临界胶束浓度和胶束平均聚集数的影响

一、实验目的

理解无机盐对表面活性剂临界胶束浓度和胶束平均聚集数的影响。

二、实验原理

除了表面活性剂本身分子结构，外界环境对其临界胶束浓度（CMC）和胶束平均聚集数（N_m）也产生重要影响，如无机盐、添加剂、温度等[1-5]。

对离子型表面活性剂来说，外加无机盐使其 CMC 显著下降。对非离子型和两性表面活性剂来说，外加无机盐对 CMC 的影响不像离子型表面活性剂那样明显。而无机盐的加入会使表面活性剂的胶束平均聚集数增大[1-4]。

本实验利用荧光探针法测定不同无机盐浓度下十二烷基硫酸钠的临界胶束浓度和胶束平均聚集数。

三、实验仪器和试剂

Cary Eclipse 型荧光分光光度计，USC-302 型超声波浴槽，SHZ-82 型恒温水浴器，分析天平，容量瓶，移液管，比色皿，等等。

荧光探针分子芘，十二烷基硫酸钠（SDS），二苯甲酮，无水甲醇，氮气（N_2），氯化钠，二次蒸馏水（电导率 7.8×10^{-7}S·cm^{-1}，美国 Millipore Synergy UV 二次蒸馏水系统）。

四、实验步骤

（一）临界胶束浓度的测定

1．溶液的配制。以荧光探针分子芘的饱和水溶液为溶剂，精确配制不同浓度的氯化钠水溶液：0mol·L^{-1}、0.02mol·L^{-1}、0.03mol·L^{-1}、0.10mol·L^{-1}。然后分别以上述溶液为溶剂，精确配制一系列不同浓度的表面活性剂水溶液：5×10^{-4}mol·L^{-1}、1×10^{-3}mol·L^{-1}、2×10^{-3}mol·L^{-1}、4×10^{-3}mol·L^{-1}、6×10^{-3}mol·L^{-1}、7×10^{-3}mol·L^{-1}、8×10^{-3}mol·L^{-1}、9×10^{-3}mol·L^{-1}、9.5×10^{-3}mol·L^{-1}、1×10^{-2}mol·L^{-1}、1.5×10^{-2}mol·L^{-1}、2×10^{-2}mol·L^{-1}、3×10^{-2}mol·L^{-1}。将上述样品在超声波浴槽中分散 5min 后，置于恒温水浴［(40±1.0) ℃］中恒温 24h，由稀到浓逐一测定各溶液中芘的荧光发射光谱。

2．采用荧光探针法测定 CMC，具体步骤见“实验十九”。

（二）胶束平均聚集数的测定

1．溶液的配制。

（1）以荧光探针分子芘的饱和水溶液为溶剂，精确配制不同浓度的氯化钠水溶液：$0mol \cdot L^{-1}$、$0.02mol \cdot L^{-1}$、$0.03mol \cdot L^{-1}$、$0.10mol \cdot L^{-1}$。然后分别以上述溶液为溶剂，精确配制浓度（c）为 5 倍 CMC 的 SDS 水溶液，用以测定不同浓度 NaCl 存在时 SDS 的 CMC。

（2）猝灭剂（Q）二苯甲酮用无水甲醇配制成浓度 c_Q 为 $0.2mol \cdot L^{-1}$ 的标准溶液备用。猝灭剂的浓度范围选为 0～$1.0mmol \cdot L^{-1}$。

（3）分别向 6 个洁净干燥的 50mL 具塞三角瓶中准确移取 0μL、5μL、10μL、15μL、20μL、25μL 的二苯甲酮-甲醇溶液，用纯 N_2 吹干甲醇。精确移取 5mL 事先配制好的 SDS 溶液，在超声波浴槽中分散 5min 后，置于恒温水浴［(40±1.0)℃］中恒温 24h，由稀到浓逐一测定各溶液中芘的荧光发射光谱。

2．采用稳态荧光猝灭法测定 N_m，具体步骤见“实验二十一”。

五、数据记录与处理

（一）数据记录

室温：________ 大气压：________ 实验温度：________

1．CMC 的测定结果。

序号	$c_{NaCl}/(mol \cdot L^{-1})$	$c/(mmol \cdot L^{-1})$	I_3	I_1	I_3/I_1
1					
2					
3					
…					

2．N_m 的测定结果。

序号	$c_{NaCl}/(mol \cdot L^{-1})$	$c_{SDS}/(mmol \cdot L^{-1})$	$c_Q/(mmol \cdot L^{-1})$	I_1			
				（1）	（2）	（3）	平均值
1							
2							
3							
…							

（二）数据处理

1．以实验测得的 I_3/I_1 对表面活性剂浓度的 $\lg c$ 作图，利用一阶导数最大值法求出 CMC。

2．作 $\ln\left(\dfrac{I_1^0}{I_1}\right)$-$\dfrac{c_{\mathrm{Q}}}{c_{\mathrm{SDS}}-\mathrm{CMC}}$ 关系曲线，求取胶束平均聚集数 N_{m}。

六、思考题

1．无机盐对表面活性剂临界胶束浓度和胶束平均聚集数造成影响的原因是什么？

2．反离子价态对临界胶束浓度和胶束平均聚集数的影响规律如何？

3．影响表面活性剂临界胶束浓度和胶束平均聚集数的因素还有哪些？如何影响？

七、参考文献

[1] 颜肖慈，罗明道．界面化学．北京：化学工业出版社，2004.

[2] 金谷．表面活性剂化学．2 版．合肥：中国科学技术大学出版社，2013.

[3] 崔正刚．表面活性剂、胶体与界面化学基础．北京：化学工业出版社，2013.

[4] Khan F, Siddiqui U S, Khan I A, et al. Physicochemical study of cationic gemini surfactant butanediyl-1,4-bis(dimethyldodecylammonium bromide) with varous counterions in aqueous solution. Colloids Surf A, 2012, 394: 46-56.

[5] Akram M, Yousuf S, Sarwar T, et al. Micellization and interfacial behavior of 16-E2-16 in presence of inorganic and organic salt counterions. Colloids Surf A, 2014, 441: 281-290.

实验二十四　水溶液中表面活性剂胶束的增溶作用

一、实验目的

1．理解表面活性剂胶束增溶作用的原理。

2．掌握浊度法简易测定表面活性剂胶束增溶能力的方法。

3．掌握分光光度法测定表面活性剂胶束增溶参数 MSR 的方法。

二、实验原理

某些难溶或不溶于水的有机物可因表面活性剂形成了胶束而使其溶解度大大提高，这种现象称为增溶作用。显然增溶作用与胶束形成有关，必须在表面活性剂临界胶束浓度（CMC）以上才能发生。增溶作用是热力学的自发过程。

研究表明，增溶物在胶束中的位置取决于增溶物的性质，可能的位置包括：①胶束内核，如非极性烃类的增溶，如图 1（a）所示；②胶束中定向的表面活性剂分子之间形成“栅栏”结构，如醇类等极性有机物的增溶，如图 1（b）所示；③形成胶束的表面活性剂的亲水基团之间，尤其是非离子型的聚氧乙烯链中，如极性小分子的增溶，如图 1（c）所示；④胶束的表面，如短链芳烃等较易极化的化合物的增溶，如图 1（d）所示[1-4]。

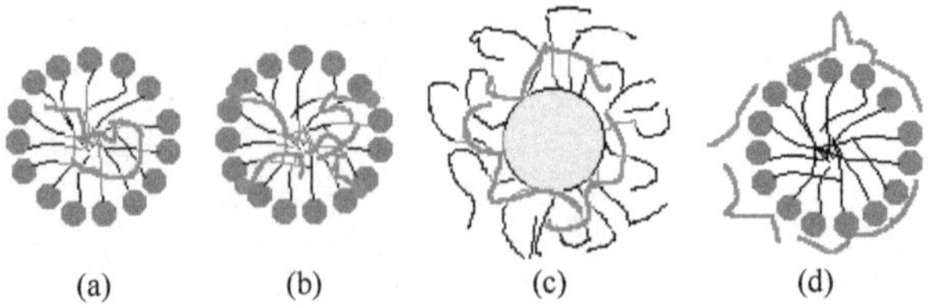

图 1　增溶物在胶束中的位置

可以用摩尔增溶比（molar solubilization ratio, MSR）[5]定量表征增溶作用的大小。

$$\mathrm{MSR}=\frac{S_{\mathrm{mic}}-S_{\mathrm{CMC}}}{c_{\mathrm{SAA}}-\mathrm{CMC}} \tag{1}$$

式（1）中，S_{mic} 和 S_{CMC} 分别是被增溶物在胶束溶液（表面活性剂浓度 $c_{\mathrm{SAA}}>$ CMC）和表面活性剂浓度恰好为 CMC 时的表观溶解度（$\mathrm{mol \cdot L^{-1}}$）。实验温度恒定时，$S_{\mathrm{CMC}}$ 可以看作一个定值，而 S_{mic} 则是随 c_{SAA} 改变而变化的值。因此，可以通过 S_{mic} 与 c_{SAA} 两者之间呈线性关系，数学拟合得到线性方程［式（2）］，该方程的斜率即为 MSR。

$$S_{mic} = MSR \times c_{SAA} - MSR \times CMC + S_{CMC} \tag{2}$$

而要获得 S_{mic}，可以通过分光光度法先行获得被增溶物的标准工作曲线方程。然后，根据待测样的吸光度，通过标准工作曲线方程反算得到 S_{mic}。该过程的关键在于如何有效避免表面活性剂胶束对被增溶物光度吸收的影响。一般而言，胶束的存在将会使被增溶物的光度性质有所改变，主要是胶束增敏。为此，往往向增溶有被增溶物的表面活性剂胶束溶液中添加足够量的短链醇（比如甲醇），以达到破坏表面活性剂胶束的目的。因此，测量标准工作曲线方程时，往往采用表面活性剂水溶液-甲醇混合溶液（$V_{SAA}/V_{甲醇} \geqslant 1$）进行测量和制作空白参照体系。

另外，还可以采用浊度法简易测定表面活性剂胶束的增溶作用。当水溶液中表面活性剂浓度超过临界胶束浓度时，表面活性剂分子将形成胶束。由于胶束内形成了小范围的非极性区，原来不溶于水的非极性物质可溶于非极性的胶束内。当加入的非极性物质超过增溶极限后，溶液就出现浑浊，而且超过量越多就越浑浊。溶液的浑浊度将决定光的透射率，因此可以通过测定吸光度的办法来确定表面活性剂对某非极性物质的增溶极限。以增溶物（正辛醇）加入量为横坐标，吸光度为纵坐标作图，可得到吸光度-增溶物加入量关系曲线，如图 2 所示。图中曲线转折点所对应的增溶物加入量即为该胶束溶液的增溶极限（A）。表面活性剂的增溶能力（A_M）可用一定量的表面活性剂增溶被增溶物的增溶极限值来表示，根据式（3）计算可得。

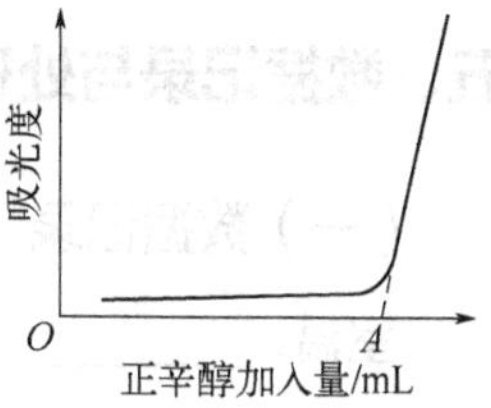

图 2　吸光度随正辛醇加入量的变化曲线

$$A_M = \frac{A \times 1000}{Vc} \tag{3}$$

式中，V 为增溶物加入量，mL；c 为增溶物浓度，$mol \cdot L^{-1}$。

三、实验仪器和试剂

岛津 UV2700 型紫外可见分光光度计，SHZ-82 型恒温水浴器，分析天平，容量瓶，移液管，比色皿，等等。

脂肪醇聚氧乙烯醚硫酸酯钠盐（AES），正辛醇，菲，二次蒸馏水（电导率 $7.8 \times 10^{-7} S \cdot cm^{-1}$，美国 Millipore Synergy UV 二次蒸馏水系统）。

四、实验步骤

（一）溶液的配制

1．精确配制 $0.01 mol \cdot L^{-1}$ 的 AES 水溶液 500mL。

2．取 8 个 100mL 容量瓶，分别加入正辛醇 0mL、0.10mL、0.14mL、0.20mL、0.24mL、0.30mL、0.34mL、0.40mL，再准确移取 AES 溶液 50mL，用洗耳球加压呈射流状加入容量瓶中，盖好塞子，静置过夜，使体系充分达到平衡。

3．将容量瓶放入恒温水浴［(50±0.1)℃］中恒温 30min 后，用二次蒸馏水稀释至刻度，摇匀，静置 30min，使体系达到平衡。

（二）吸收光谱的测定

1．打开分光光度计电源，预热 10min。

2．测定溶液在 600nm 波长处的吸光度 *A'bs*，记录数据。每次测定时要将溶液摇匀。

（三）实验结束

1．测试结束后，关闭分光光度计电源。

2．做好仪器使用登记，打扫实验室卫生。

五、数据记录与处理

（一）数据记录

室温：________　大气压：________　实验温度：________

序号	1	2	3	4	5	6	7	8
正辛醇加入量/mL								
吸光度 *A'bs*								

（二）数据处理

1．绘制正辛醇加入量-吸光度关系曲线，根据曲线转折点求取该胶束溶液的增溶极限 A。

2．根据式（3）计算该胶束溶液对正辛醇的增溶能力 A_M。

六、思考题

1．影响表面活性剂胶束增溶作用的因素有哪些？如何影响？

2．简述不同增溶物在胶束中的增溶位置。

3．本实验用洗耳球加压使表面活性剂溶液呈射流状加入容量瓶中，这样操作的原因是什么？

4．测量 MSR 时需要注意的关键事项是什么？

七、参考文献

[1] 颜肖慈, 罗明道. 界面化学. 北京: 化学工业出版社, 2004.

[2] 崔正刚. 表面活性剂、胶体与界面化学基础. 北京: 化学工业出版社, 2013.

[3] 北京大学化学系胶体化学教研室. 胶体与界面化学实验. 北京: 北京大学出版社, 1993.

[4] Zana R. Dimeric and oligomeric surfactants. Behavior at interfaces and in aqueous solution: A review. Adv Colloid Interface Sci, 2002, 97: 205-253.

[5] Edwards D A, Luthy R G, Liu Z. Solubilization of polycyclic aromatic hydrocarbons in micellar nonionic surfactant solutions. Environ Sci Technol, 1991, 25: 127-133.

实验二十五　表面活性剂自发囊泡的制备和尺寸测定

一、实验目的

1．掌握表面活性剂自发囊泡的制备方法。

2．掌握表面活性剂自发囊泡的结构和尺寸的测定方法。

二、实验原理

表面活性剂在溶液中能够自组装形成不同形貌的有序分子聚集体，如球状胶束、蠕虫状胶束、囊泡等。与胶束不同，囊泡是由表面活性剂双分子层形成的球形、椭球形或扁球形的单室或多室密闭结构。囊泡的独特结构赋予其极大的包容性，既可以包容亲水性物质也可以包容亲油性物质，从而具有多种用途。囊泡是表面活性剂有序分子聚集体的胶体分散体系，具有暂时的稳定性，其外观多表现为乳光现象，可根据溶液外观初步判断囊泡的形成。然后利用冷冻透射电子显微镜技术、光散射法、小角 X 射线散射法及流变学方法等表征囊泡的形貌、尺寸和流变行为[1]。

双链两亲分子、单链脂肪酸分子、阴/阳离子型表面活性剂混合体系均可以形成囊泡[1-5]。本实验以单链不饱和脂肪酸和阴/阳离子型表面活性剂混合体系制备表面活性剂囊泡，并利用 zetaPALS 型 zeta 电位及纳米粒度分析仪表征囊泡尺寸。

三、实验仪器和试剂

zetaPALS 型 zeta 电位及纳米粒度分析仪，分析天平，容量瓶，比色皿，烧杯，等等。

油酸钠，十六烷基三甲基溴化铵（CTAB），十二烷基磺酸钠（AS），硼酸，硼砂，二次蒸馏水（电导率 $7.8\times10^{-7}S\cdot cm^{-1}$，美国 Millipore Synergy UV 二次蒸馏水系统）。

四、实验步骤

（一）囊泡的制备

1．脂肪酸囊泡的制备：配制 pH 为 8.5 的硼酸-硼砂缓冲溶液 100mL。以上述硼酸-硼砂缓冲溶液为溶剂，配制 $3mmol\cdot L^{-1}$ 油酸溶液，静置过夜，任其自组装，制备脂肪酸囊泡。观察溶液外观，记录实验现象。调节溶液 pH 至 6 和 10，观察溶液外观，记录实验现象。

2．阴/阳离子囊泡的制备：配制浓度为5mmol·L^{-1} CTAB和AS混合比为1∶1的阴/阳离子混合溶液，超声30min后静置，制备阴/阳离子囊泡。观察溶液外观，记录实验现象。

（二）囊泡尺寸分析

使用zetaPALS型zeta电位及粒度分析仪测定上述两种囊泡的尺寸。操作步骤如下：

1．打开仪器开关及电脑。

2．打开BIC Particle Sizing Software程序，选择所要保存数据的文件夹（File→Datebase→Create Fold新建文件夹；File→Datebase→双击所选文件夹→数据可自动保存在此文件夹），待机器稳定15～20min后使用。

3．将囊泡溶液加入比色皿（水相用塑料，有机相用玻璃）中，盖上比色皿盖，插入样品槽，盖上黑色盖子。

4．点击程序界面parameters，对测量的参数进行设置：Sample ID输入样品名；Runs扫描次数；Temp.设置温度（5～70℃）；Liquid选择溶剂（Unspecified是未知液，可输入Viscosity和Ref.Index值，可以查文献，其中Ref.Index可由阿贝折射仪测得）；Angle在90°不能改；Run Duration是扫描时间，一般为2min，观察程序界面左上角Count Rate如小于20kc·s^{-1}，则延长测量时间（5min或更长）。

5．点击Start开始测量。

6．数据分析：程序界面左上角Effective Diameter是直径，Polydispersity是多分散系数（<0.02是单分散体系，0.02～0.08是窄分布体系，>0.08是宽分布体系），Avg. Count Rate是光强；右上角Lognomal可得到对数图，MSD是多分布宽度，Corr.Funct.是相关曲线图（非常重要，数据可信度参考相关曲线图，测量基线要回归到计算基线上）；点击Zoom可选择Intensity（强度）、Volume（体积）、Surface Area（表面积）和Number（数量）；点击Lognomal Summary→Copy for Spreadsheet可拷贝数据，点击Copy to Cliboard可将图拷贝到写字板。程序左下角的Copy to Cliboard也可将图拷贝到写字板。

7．关闭仪器和电脑主机。

五、数据记录与处理

室温：__________ 大气压：__________ 实验温度：__________

1．记录实验现象。

2．囊泡粒径分析。

六、思考题

1. 囊泡的制备方法有哪些？
2. 囊泡的形成机制是什么？
3. 如何增强囊泡的稳定性？
4. 如何表征囊泡形貌？

七、参考文献

[1] 金谷. 表面活性剂化学. 2 版. 合肥: 中国科学技术大学出版社, 2013.

[2] Lv J, Qiao W H, Li Z S. Vesicles from pH-regulated reversible gemini amino-acid surfactants as nanocapsules for delivery. Colloids Surf B, 2016, 146: 523-531.

[3] Fameau A L, Arnould A, Saint-Jalmes A. Responsive self-assemblies based on fatty acids. Curr Opin Colloid Interface Sci, 2014, 19: 471-479.

[4] Morigaki K, Walde P. Fatty acid vesicles. Curr Opin Colloid Interface Sci, 2007, 12: 75-80.

[5] Yin H Q, Zhou Z K, Huang J B, et al. Temperature-induced micelle to vesicle transition in the sodium dodecylsulfate/dedocyltriethylammonium bromide system. Angew Chem Int Ed, 2003, 42: 2188-2191.

Ⅳ

表面活性剂在液-液界面和液-固界面的吸附

表面活性剂分子除了能在气-液界面吸附外，还能在液-液界面（如油-水界面）发生吸附，降低油-水界面张力，从而具有乳化功能，使油、水两个不能够互相溶解的液相体系形成乳状液[1]。传统离子型表面活性剂在脂肪醇等极性有机物的协助下，能够形成更加稳定、外观近乎透明的微乳状液（简称微乳[2-3]）。表面活性剂分子也可以在液-固界面发生吸附，从而影响固体表面的润湿性。

从乳化角度理解，微乳属于乳状液的一种，两者均属于油/水两相混合体系。但是，二者之间也有明显的区别：从热力学角度看，乳状液属于热力学不稳定体系，乳状液的稳定属于动力学稳定的范畴，而微乳属于热力学稳定体系；从分散相尺寸来看，乳状液的粒径一般比较大，尺寸分布较宽，因此乳状液的外观通常呈乳白色，而微乳的粒径通常比较小，尺寸分布较窄，因此微乳通常具有半透明至透明的外观。值得注意的是，纳米乳（nano-emulsion）[4]的粒径很小（20～200nm），外观亦呈透明或半透明，但本质上属于乳状液而不属于微乳，属于热力学多相不稳定体系。从形成过程来看，形成乳液往往需要外加能量，如搅拌、均质等，而微乳则是自发形成。

本章总共安排了 7 个实验项目，分别从表面活性剂降低油-水界面张力、乳状液和微乳液的制备、表面活性剂在平滑固体表面和纺织品表面的吸附等角度，围绕表面活性剂在液-液界面和液-固界面的吸附展开。

---

[1] Schramm L L. Emulsions, Foams, and Suspensions. Weiheim: Wiley-vch Verlag GmbH & Co, 2005.

[2] D Langevin. Microemulsions. Accounts Chem Res, 1988, 21: 255-260.

[3] Danielsson I, Lindman B. The definition of microemulsion. Colloids Surf, 1981, 3: 391-392.

[4] Solans C, Izquierdo P, Nolla J, et al. Nano-emulsions. Curr Opin Colloid Interface Sci, 2005, 10: 102-110.

实验二十六　油-表面活性剂水溶液的界面张力曲线

一、实验目的

1. 掌握旋转液滴法测定油-表面活性剂水溶液界面张力的原理。
2. 掌握旋转滴界面张力仪测定油-表面活性剂水溶液界面张力的方法。

二、实验原理

界面张力（interfacial tension，IFT）是在液-液界面上或其切面上垂直作用于单位长度上的使界面收缩的力（$mN \cdot m^{-1}$）。在两个互不相溶的液-液体系中，加入表面活性剂，能使液-液界面张力降低。表面活性剂分子在油-水（这里所谓油，是指与水或水溶液不互相溶解的液体）两相界面上的吸附，直接影响着 IFT 的大小，与表面活性剂水溶液的表面张力类似，油-表面活性剂水溶液的 IFT 也随表面活性剂浓度增大而下降[1-2]。

与表面张力一样，IFT 的测定方法包括 Wilhelmy 吊片法、Du Noüy 环法、滴体积法、滴外形法和旋转液滴法等[1-5]。而旋转液滴法可测定小于 $10^{-2}mN \cdot m^{-1}$ 的 IFT，是目前测定 IFT 尤其是超低 IFT 的通用方法。

本实验利用旋转液滴法测定油-表面活性剂水溶液的 IFT。在样品管中装满高密度相，然后在高密度相中注入一滴低密度相（液滴），将其置于旋转液滴仪中，样品管在发动机的带动下以角速度 ω 转动，在离心力、重力和界面张力的作用下液滴位于样品管的中心轴线上，并且被拉伸变形，形成圆柱形液滴，如图 1 所示。

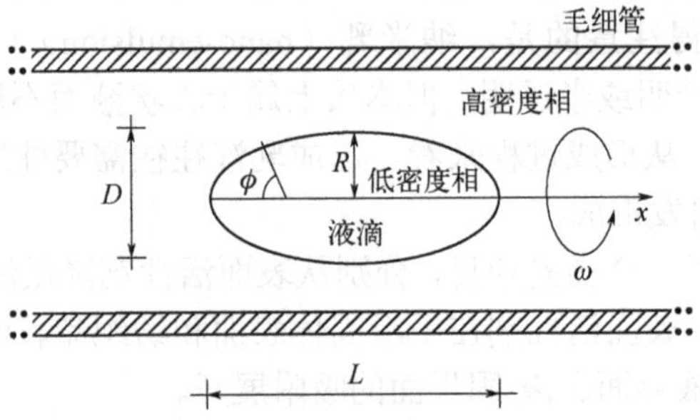

图 1　旋转液滴法测定界面张力

界面张力可根据式（1）计算：

$$\mathrm{IFT} = \frac{\omega^2 \Delta\rho r^3}{4} \tag{1}$$

式中，IFT 是界面张力，$mN \cdot m^{-1}$；ω 是角速度，$r \cdot min^{-1}$；$\Delta\rho$ 是两相密度差，$g \cdot cm^{-3}$；r 是液滴短轴半径，cm。

本实验采用 SVT20N 型旋转滴界面张力仪测定庚烷-十二烷基硫酸钠水溶液的界面张力。在液滴变化过程中，SVT20N 型旋转滴界面张力仪软件控制系统会一直追踪液滴的形状并拟合出其轮廓，利用杨-拉普拉斯（Young-Laplace）方程［式（2）］算出界面张力值。

$$\mathrm{IFT}\left(\frac{1}{R_1}+\frac{1}{R_2}\right)=\frac{\Delta\rho}{2}R^2(x)\omega^2 \tag{2}$$

式中，R_1、R_2 分别为曲面在正交方向上的两个曲率半径。

三、实验仪器和试剂

SVT20N 型旋转滴界面张力仪，量筒，烧杯，镊子，洗瓶，温度计。

十二烷基硫酸钠（SDS），庚烷，二次蒸馏水（电导率 $7.8\times10^{-7}S \cdot cm^{-1}$，美国 Millipore Synergy UV 二次蒸馏水系统）。

四、实验步骤

（一）溶液的配制

精确配制一系列不同浓度的 SDS 水溶液：$1\times10^{-4}mol \cdot L^{-1}$、$5\times10^{-4}mol \cdot L^{-1}$、$7.5\times10^{-4}mol \cdot L^{-1}$、$1\times10^{-3}mol \cdot L^{-1}$、$2.5\times10^{-3}mol \cdot L^{-1}$、$5\times10^{-3}mol \cdot L^{-1}$、$1\times10^{-2}mol \cdot L^{-1}$、$5\times10^{-2}mol \cdot L^{-1}$、$1\times10^{-1}mol \cdot L^{-1}$。将上述样品置在恒温水浴中在（25±1.0）℃下恒温，由稀到浓逐一测定庚烷-SDS 水溶液的界面张力 IFT。

（二）界面张力的测定

1．打开计算机，开启 SVT20N 型旋转液滴界面张力仪，直到自检程序完成（背景灯熄灭后再等待 10min）后才可运行系统软件。

2．打开恒温槽，设置温度；打开 SVT20 软件。

3．测量前校正：

（1）放样品　旋钮打到“open”，顺时针拧掉右边盖子，水平放入样品管（使标样白棒在中间），旋钮打到“close”，装上右边盖子。

（2）参数设置　选择“Calibrate”模式，放大倍数（Vertical Scale）为 0，输入样品密度 phase1 和标准白棒密度 phase2，转速为 $4000r \cdot min^{-1}$，重复次数设为 30 次，标准白棒直径 1.203mm。

（3）调整转速　“Device Control”→“Rotation Speed”，每次升高 200～$300r \cdot min^{-1}$，直到 $4000r \cdot min^{-1}$，点击“Apply”。

（4）标准白棒测量　在屏幕上选择标准白棒的范围，确定液滴上下边界，等待边框颜色变化后，点击框中间确定。点击，放大倍数自动显示，点击“Apply”校正（即确定实际放大倍数）。

4. 样品测定。用待测液润洗样品管，将样品管注入样品溶液，并注入约0.5μL庚烷，迅速将样品管安装到界面张力仪上；参照第（3）步中进行参数设置，其中phase2为油相密度；选择“Profile Fit”，根据杨-拉普拉斯方程计算界面张力，记录该值。

5. 更换样品，按照第3和第4步重复操作，继续测量，每个浓度点测量三次，取平均值。

6. 实验完毕，关闭仪器，关闭计算机。

五、数据记录与处理

（一）数据记录

室温：__________ 大气压：__________ 实验温度：__________

序号	浓度 c/(mol·L^{-1})	IFT/(mN·m^{-1})			
		1	2	3	平均值
1					
2					
3					
…					

（二）数据处理

作IFT-lg$c$曲线，并求取该体系中SDS的临界胶束浓度CMC和IFT_{CMC}。

六、思考题

1. 无机盐对油-表面活性剂水溶液界面张力的影响如何？
2. 如何获得超低界面张力？
3. 还有什么方法能够测定油-表面活性剂水溶液界面张力？

七、参考文献

[1] 颜肖慈, 罗明道. 界面化学. 北京: 化学工业出版社, 2004.

[2] 崔正刚. 表面活性剂、胶体与界面化学基础. 北京: 化学工业出版社, 2013.

[3] 北京大学化学系胶体化学教研室. 胶体与界面化学实验. 北京: 北京大学出版社, 1993.

[4] Cinteza O, Dudau M. Synergism in mixed monolayers of alkylpolyglucoside and alkylsorbitan surfactants at liquid/liquid interface. J Surfactans Deterg, 2003, 6: 259-264.

[5] Gurkov T D, Dimitrova D T, Marinova K G, et al. Ionic surfactants on fluid interfaces: Determination of the adsorption; Role of the salt and the type of the hydrophobic phase. Colloids Surf A, 2005, 261: 29-38.

实验二十七　乳状液的制备、类型鉴别和粒度分析

一、实验目的

1. 掌握乳状液的制备、类型鉴别和粒度分析的基本方法。
2. 理解乳状液稳定性（DLVO）理论。

二、实验原理

乳状液是一种或一种以上液体以液珠的形式均匀地分散于另一种和它互不相溶的液体中形成的热力学不稳定体系。以液珠形式存在的一个相称为分散相，另一相称为连续相。油和水两个液相形成的简单乳状液有两种类型：水包油型（O/W）乳状液和油包水型（W/O）乳状液，如图 1 所示。

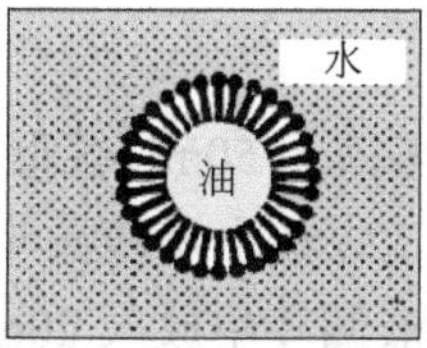

(a) 水包油型(O/W)

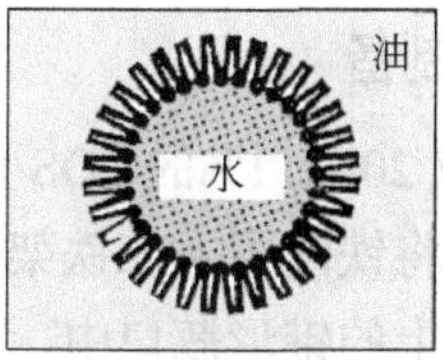

(b) 油包水型(W/O)

图 1　简单乳状液的结构类型

液滴分散法是鉴别乳状液类型最简单的方法。将 1～2 滴乳状液分别滴加到用于制备乳状液的水相和油相中，如果液滴在水相中分散而在油相中不分散，则乳状液为 O/W 型，反之则为 W/O 型。也可以通过电导率法鉴别乳状液的类型，乳状液的电导率接近于其连续相的电导率，而油的电导率显著低于水的电导率，因此如果乳状液的电导率接近于水相的电导率，则乳状液为 O/W 型，反之则为 W/O 型[1-2]。更复杂的乳状液还可以有 W/O/W 和 O/W/O 型结构。

制备乳状液的主要方法是借助搅拌、超声或高速均质等方法[1-5]使油水两相充分混合，最终使一相以液珠的形式分散在另一相中。乳状液的液滴大小一般为 0.1～10μm 甚至几十微米，外观呈乳白色，可利用沉降分析以及借助纳米粒度仪、光学显微镜、超景深光学显微镜等仪器观察和测定乳状液的液滴大小。乳状液是热力学不稳定体系，导致其不稳定的因素包括沉降、絮凝、聚结以及 Ostwald 陈化[6]。可以通过 Lifshitz-Slyozov-Wagner 方程[7-8]验证乳液液滴尺寸变化是否由 Ostwald 陈化所致。

本实验以不同类型的表面活性剂为乳化剂制备乳状液，通过液滴分散法判断乳状液类型，利用纳米粒度仪对乳状液进行粒度分析，并观察乳状液的沉降和絮凝现象。

三、实验仪器和试剂

zetaPALS 型 zeta 电位及纳米粒度分析仪，分析天平，电磁搅拌器（带转子），铁架台，铁圈，滴液漏斗，锥形瓶，比色皿，烧杯，移液管，等等。

十二烷基硫酸钠（SDS），OP 乳化剂，甲苯（分析纯，国药集团化学试剂有限公司），氯化钙，去离子水，（电导率 $7.8\times10^{-7}S\cdot cm^{-1}$，美国 Millipore Synergy UV 二次蒸馏水系统）。

四、实验步骤

（一）溶液的配制

配制 1%（质量分数，下同）的 SDS 水溶液、1%的 OP 乳化剂水溶液和 10%的 $CaCl_2$ 水溶液各 50mL，留存备用。

（二）乳状液的制备

1. 用移液管移取 20mL 1%的 SDS 水溶液于 50mL 锥形瓶中，放入一个转子，置于电磁搅拌器上。将铁圈固定在铁架台上，放上滴液漏斗，使滴液漏斗的出口伸入置于电磁搅拌器上的锥形瓶口中，滴液漏斗中放入 20mL 甲苯。开动电磁搅拌器，在高速搅拌状态下慢慢滴加甲苯，观察体系颜色和黏度的变化。甲苯滴加结束后继续搅拌 10min，即得到以 SDS 为乳化剂的乳状液 A。

2. 改用 1%的 OP 乳化剂水溶液，按照步骤 1，得到乳状液 B。

（三）乳状液的类型鉴别

取两只 50mL 小烧杯，一个放入约 20mL 去离子水，另一个放入约 20mL 甲苯。向两个烧杯中分别滴几滴乳状液 A，轻轻摇动烧杯，观察分散情况。若乳液在水中分散，在油中不分散，即为水包油（O/W）型乳状液，反之为油包水（W/O）型乳状液。对于乳状液 B 采用同样方法进行类型鉴别。

（四）乳状液的不稳定性

1. 沉降：将制备的乳状液放置半小时，观察分层现象。

2. 絮凝和聚结（破乳）：将乳状液 A 和乳状液 B 分别一分为二，分别向其中一份中加入 2mL 1%的 $CaCl_2$ 水溶液，轻轻摇动，混合均匀，放置过夜，观察现象并解释。

（五）乳状液的粒度分析

使用 zetaPALS 型 zeta 电位及粒度分析仪对乳状液 A 和乳状液 B 进行粒度分析。具体步骤参见“实验二十五”。

五、数据记录与处理

1．数据记录

室温：__________ 大气压：__________ 实验温度：__________

记录实验现象。

2．数据处理

（1）判断乳状液的类型。

（2）分析乳状液的稳定性。

（3）绘制乳状液的粒度柱状分布图。

六、思考题

1．乳化剂类型有哪些？

2．表面活性剂作为乳化剂，其对乳状液的稳定作用的原理是什么？

3．破乳的方法有哪些？

4．选择破乳剂应遵循什么原则？

七、参考文献

[1] 颜肖慈, 罗明道. 界面化学. 北京: 化学工业出版社, 2004.

[2] 崔正刚. 表面活性剂、胶体与界面化学基础. 北京: 化学工业出版社, 2013.

[3] 张太亮, 鲁红升, 全红平, 等. 表面及胶体化学实验. 北京: 化学工业出版社, 2011.

[4] Binks B P, Rodrigues J A, Frith W J. Synergistic interaction in emulsions stabilized by a mixture of silica nanoparticles and cationic surfactant. Langmuir, 2007, 23: 3626-3636.

[5] Trujillo-Cayado L A, Alfaro M C, Garcia M C, et al. Physical stability of *N,N*-dimethyldecanamide/α-pinene-in water emulsions as influenced by surfactant concentration. Colloids Surf B, 2017, 149: 154-161.

[6] Takahashi Y, Koizumi N, Kondo Y. Active demulsification of photoresponsive emulsions using cationic-anionic surfactant mixtures. Langmuir, 2016, 32: 683-688.

[7] Lifshitz I M, Slyozov V V. The kinetics of precipitation from supersaturated solid solutions. J Phys Chem Solids. 1961, 19: 35-50.

[8] Wagner C. Theorie der alterung von niederschlägen durch umlösen (Ostwald-reifung). Z Elektrochem, Ber Bunsenges Physik Chem, 1961, 65: 581-591.

实验二十八　微乳的制备、性质及其拟三元相图

一、实验目的

1．掌握微乳的制备方法。

2．理解微乳的性质和拟三元相图的意义。

二、实验原理

微乳是两种不互溶液体形成的热力学稳定的、各向同性的、外观透明或半透明的分散体系，微观上由表面活性剂界面膜所稳定的一种或两种液体的微滴构成。与乳状液类似，微乳也分为水包油（O/W）型或油包水（W/O）型，此外还有双连续相型（bicontinuous, B.C.型）[1-4]。

微乳体系是多组分体系，研究微乳体系中平衡共存的相数及其组成和相边界等相行为的最方便有效的工具是相图。等温等压下，三组分体系的相行为可用平面三角形来表示，即三元相图。对于三组分以上的微乳体系，可以采用变量合并法，使实际独立变量不超过三个，仍然用三角相图来表示其相行为。这样的相图称为拟三元相图，如图1所示[1-4]。

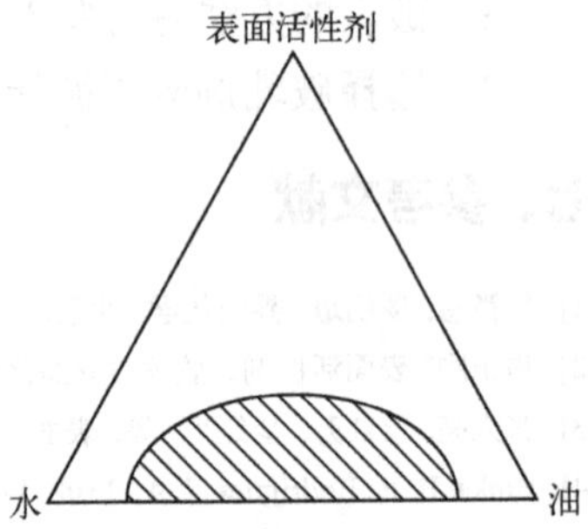

图1　水-油-表面活性剂形成的微乳体系的拟三元相图

三、实验仪器和试剂

SHZ-82 型恒温水浴器，DDS-11A 电导率仪，分析天平，电磁搅拌器（带转子），超声波清洗器，烧杯，酸式滴定管，等等。

十六烷基三甲基溴化铵（CTAB），十二烷基硫酸钠（SDS），正辛醇，正丁醇，正辛烷，氯化钠，二次蒸馏水（电导率 $7.8\times10^{-7}S\cdot cm^{-1}$，美国 Millipore Synergy UV 二次蒸馏水系统）。

四、实验步骤

（一）CTAB-正辛醇-正辛烷-水的拟三元相图[5]

1．复合乳化剂 EM 的制备：称取 0.5g CTAB 和 0.75g 正辛醇于烧杯中，在电磁搅拌器上混合均匀，放置备用。

2．将复合乳化剂 EM 视为一个组分，将 EM 与正辛烷（O）按不同的质量比

混合均匀，质量比分别为9∶1、8∶2、7∶3、6∶4、5∶5、4∶6、3∶7、2∶8、1∶9。超声乳化10min后，置于恒温水浴[(25±1)℃]中恒定30min。

3. 用酸式滴定管逐滴加入蒸馏水（W），并不断搅拌，当体系由浑浊变为澄清时即为微乳液的形成点，记录此时蒸馏水的加入量。继续滴加蒸馏水，当体系由澄清再次变回浑浊时即为微乳液的消失点，记录此时蒸馏水的加入量。

4. 利用目测观察法判断微乳液的形成，根据复合乳化剂EM、正辛烷O、水W三种组分的含量绘制微乳体系的拟三元相图。

（二）SDS-正丁醇-正辛烷-水的拟三元相图[6]

1. 复合乳化剂EM的制备：SDS和正丁醇按照质量比1∶4混合（K_m=4）用作复合乳化剂EM。

2. 将EM与正辛烷（O）按不同的质量比混合均匀，质量比分别为9.5∶0.5、9∶1、8.5∶1.5、8∶2、7.5∶2.5、7∶3、6.5∶3.5、6∶4、5.5∶4.5、5∶5、4.5∶5.5、4∶6、3.5∶6.5、3∶7、2.5∶7.5、2∶8、1.5∶8.5、1∶9和0.5∶9.5。超声乳化10min后，置于恒温水浴[(25±1)℃]中恒定30min。

3. 用酸式滴定管逐滴加入蒸馏水（W），并不断搅拌，当体系由浑浊变为澄清时即为微乳液的形成点，记录此时蒸馏水的加入量。继续滴加蒸馏水，当体系由澄清再次变回浑浊时即为微乳液的消失点，记录此时蒸馏水的加入量。

4. 利用目测观察法判断微乳液的形成，根据复合乳化剂（EM）、正辛烷（O）、水（W）三种组分的含量绘制微乳体系的拟三元相图。

（三）SDS-正丁醇-正辛烷-水微乳结构

按照EM（SDS与正丁醇）∶正辛烷=9.5∶0.5（质量比）配制混合样10g于三口烧瓶内，25℃恒温、磁动力搅拌，用酸式滴定管逐滴加入蒸馏水（W），并测量体系的电导率（κ）。按照体系中滴加水的质量分数（F_W）对应κ记录数据，并且作F_W-κ图。注意：开始滴加水时，注意观察体系是否澄清；澄清区域和浑浊区域的水量和电导率数据记录有所区分；滴加水的后期，注意观察体系是否澄清；水量数据记录尽可能致密，建议逐滴记录。

五、数据记录与处理

1. 数据记录（CTAB-正辛醇-正辛烷-水体系）。

室温：__________ 大气压：__________ 实验温度：__________

序号	复合乳化剂和正辛烷质量比	复合乳化剂质量/g	正辛烷质量/g	水的质量/g	复合乳化剂质量分数/%	正辛烷质量分数/%	水的质量分数/%
1	9∶1						
2	8∶2						

续表

序号	复合乳化剂和正辛烷质量比	复合乳化剂质量/g	正辛烷质量/g	水的质量/g	复合乳化剂质量分数/%	正辛烷质量分数/%	水的质量分数/%
3	7∶3						
4	6∶4						
5	5∶5						
6	4∶6						
7	3∶7						
8	2∶8						
9	1∶9						

2．数据记录（SDS-正丁醇-正辛烷-水体系）。

室温：__________　大气压：__________　实验温度：__________

序号	复合乳化剂和正辛烷质量比	复合乳化剂质量/g	正辛烷质量/g	水的质量/g	复合乳化剂质量分数/%	正辛烷质量分数/%	水的质量分数/%
1	9.5∶0.5						
2	9∶1						
3	8.5∶1.5						
4	8∶2						
5	7.5∶2.5						
6	7∶3						
7	6.5∶3.5						
8	6∶4						
9	5.5∶4.5						
10	5∶5						
11	4.5∶5.5						
12	4∶6						
13	3.5∶6.5						
14	3∶7						
15	2.5∶7.5						
16	2∶8						
17	1.5∶8.5						
18	1∶9						
19	0.5∶9.5						

3．根据复合乳化剂、正辛烷、水三种组分的含量绘制两个微乳体系的拟三元相图。

4．按照滴加水的质量分数（F_W）对应 κ 记录数据，并且作 F_W-κ 图。分析图中 W/O、B.C.和 O/W 所对应的 F_W 区域。

六、思考题

1．微乳液的制备方法有哪些？
2．微乳液的形成机理是什么？
3．本实验中 CTAB、SDS 和正辛醇的作用分别是什么？
4．微乳液拟三元相图的作用是什么？
5．比较微乳液、乳状液和胶束溶液的异同。

七、参考文献

[1] 颜肖慈, 罗明道. 界面化学. 北京: 化学工业出版社, 2004.

[2] 崔正刚. 表面活性剂、胶体与界面化学基础. 北京: 化学工业出版社, 2013.

[3] Binks B P. Relationship between microemulsion phase-behavior and microemulsion type in systems containing nonionic surfactant. Langmuir, 1993, 9: 25-28.

[4] Sripriya R, Raja K M, Santhosh G, et al. The effect of structure of oil phase, surfactant and co-surfactant on the physicochemical and electrochemical properties of bicontinuous microemulsion. J Colloid Interface Sci, 2007, 314: 712-717.

[5] 严冰, 李华锋, 李静, 等. 微乳液体系拟三元相图及其微观结构的研究. 能源化工, 2016, 37: 60-64.

[6] 庞振, 夏剑忠, 胡英. 微乳液相行为和结构的研究: I. 氯化钠/水/十二烷基硫酸钠/正丁醇/正辛烷系统. 化学学报, 1990, 48: 1085-1089.

实验二十九　无表面活性剂微乳的制备、性质及其拟三元相图

一、实验目的

1. 理解无表面活性剂微乳的概念并掌握无表面活性剂微乳的制备方法。
2. 理解无表面活性剂微乳的性质和拟三元相图的意义。

二、实验原理

在希腊和其他地中海国家常见的酒精饮料乌佐酒（Ouzo）中加水时，溶解在 Ouzo 中的茴香油会自发成核，形成许多小液滴。这些小液滴会散射光，使饮料呈现乳白色。当将水加到两亲性溶剂（如乙醇）和非极性相（例如茴香油）的二元溶液中时，对于特定的组分，会形成相对稳定的液滴分散体，这种亚稳态液-液分散体的形成过程被称为“Ouzo 效应”[1-2]。在三元相图中，在临界点附近的两相区域称为 ouzo 区。当乙醇过量并形成单相区域时，我们称之为 pre-Ouzo 区。通过动态光散射表明在 pre-Ouzo 区存在大量的聚集体，这与微乳类似，但在 pre-Ouzo 区不存在表面活性剂[3]。这说明在没有传统表面活性剂的情况下，微乳也可以在两种不混溶的液体（极性相和非极性相）和两亲性溶剂（amphi-solvent）的三元体系中形成，这种微乳被称为“无表面活性剂微乳”（surfactant-free microemulsions，SFME）[4]。在 SFME 体系中确定了与含表面活性剂微乳体系（SBME）类似的 O/W、B.C.和 W/O 型亚结构，如图 1 所示。

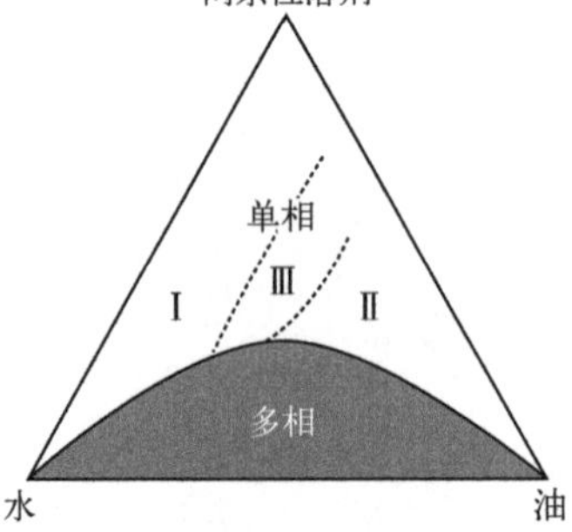

图 1　无表面活性剂微乳的拟三元相图
Ⅰ为 W/O 型亚结构区，Ⅲ为 B.C. 型亚结构区，Ⅱ为 O/W 型亚结构区

所谓的两亲性溶剂[4-6]不是表面活性剂而是一种两亲性物质，即一种完全或者部分与水和油相混溶的溶剂，它既不能在体积较大的溶液中形成胶束也不能在水-油界面处形成有序薄膜，即它不具有经典表面活性剂的功能。但两亲性溶剂在 SFME 形成中起着至关重要的作用，比较常见的两亲性溶剂为短链醇（乙醇、丙醇和丁醇）、二甲基亚砜（DMSO）、丙酮、四氢糠醇（THFA）和 *N,N*-二甲基甲酰胺（DMF）等。目前关于 SFME 的形成机理仍然没有一个被广泛接受的解释，综合文献[7]表

明，主要有两个方面的解释：①SFME 的形成与组分之间氢键作用有关；②水化力与混合熵的平衡。

三、实验仪器和试剂

CS501 型超级恒温水浴器，DDS-11A 电导率仪，分析天平，电磁搅拌器（带转子），超声波清洗器，烧杯，等等。

溴化钠水溶液，甲基橙水溶液，正辛醇，无水乙醇，二次蒸馏水（电导率 $7.8\times10^{-7}S \cdot cm^{-1}$，美国 Millipore Synergy UV 二次蒸馏水系统）。

四、实验步骤

（一）乙醇-水-正辛醇三元相图

将正辛醇和水按不同的质量比混合，质量比分别为 9∶1、8∶2、7∶3、6∶4、5∶5、4∶6、3∶7、2∶8、1∶9，置于恒温水浴［(25.0±0.1)℃］中恒定 30min。

在磁力搅拌下缓慢滴加预先恒温［(25.0±0.1)℃］的乙醇，当体系由浑浊变为澄清时即为微乳液的形成点，记录此时乙醇的加入量。继续滴加乙醇，当体系由澄清再次变回浑浊时即为微乳液的消失点，记录此时乙醇的加入量。

利用目测观察法判断微乳液的形成，根据正辛醇、乙醇、水三种组分的含量绘制 SFME 体系的拟三元相图。

（二）SFME 类型确认（电导率法）

为了增强体系的导电性，用 $5.0\times10^{-4}mol \cdot L^{-1}$ 溴化钠(NaBr)水溶液代替二次蒸馏水。正辛醇和乙醇按照 $m_{正辛醇}:m_{乙醇}=0.4285$ 的比例混合，加入夹套烧瓶中，往夹套烧瓶外侧通入（25.0±0.1）℃恒温槽的水来恒温。在磁力搅拌下逐滴加入上述配制好的 NaBr 水溶液，待电导率数值稳定下来记录电导率值 κ 与对应 NaBr 水溶液的质量分数 f_w，依据 κ 随 f_w 的变化曲线判断 SFME 的类型。

（三）SFME 类型确认（探针法）

以 $9.6\times10^{-5}mol \cdot L^{-1}$ 的甲基橙（MO）水溶液代替二次蒸馏水，正辛醇和乙醇按照 $m_{正辛醇}:m_{乙醇}=0.4285$ 的比例混合，加入夹套烧瓶中，往夹套烧瓶外侧通入（25.0±0.1）℃恒温槽的水来恒温。在磁力搅拌下逐滴加入上述配制好的 MO 水溶液，配制一系列 SFME 样品，在 25℃测定样品中甲基橙的紫外最大吸收波长 λ_{max}。绘制甲基橙最大吸收波长 λ_{max} 随 MO 水溶液质量分数 f_w 的变化曲线，并判断 SFME 的类型。

五、数据记录与处理

（一）数据记录

室温：__________ 大气压：__________ 实验温度：__________

序号	正辛醇和水的质量比	正辛醇的质量/g	水的质量/g	乙醇的质量/g	乙醇质量分数/%	正辛醇质量分数/%	水的质量分数/%
1	9∶1						
2	8∶2						
3	7∶3						
4	6∶4						
5	5∶5						
6	4∶6						
7	3∶7						
8	2∶8						
9	1∶9						

（二）数据处理

根据正辛醇、乙醇、水三种组分的含量绘制 SFME 体系的拟三元相图；绘制电导率值 κ 与对应 NaBr 水溶液的质量分数 f_w、λ_{max} 随 MO 水溶液质量分数 f_w 的变化曲线。

六、思考题

1．无表面活性剂微乳的结构和性质如何？

2．无表面活性剂微乳液的形成机理是什么？

3．比较含表面活性剂微乳与不含表面活性剂微乳的异同。

七、参考文献

[1] Klossek M L, Touraud D, Kunz W, et al. Eco-solvents-cluster-formation, surfactantless microemulsions and facilitated hydrotropy. Phys Chem Chem Phys, 2013, 15 (26): 10971-10977.

[2] Marcus J, Klossek M L, Touraud D, et al. Nano-droplet formation in fragrance tinctures. Flavour Fragrance J, 2013, 28 (5): 294-299.

[3] Diat O, Klossek M L, Touraud D, et al. Octanol-rich and water-rich domains in dynamic equilibrium in the pre-ouzo region of ternary systems containing a hydrotrope. J Appl Crystallogr, 2013, 46: 1665-1669.

[4] Hou W G, Xu J. Surfactant-free microemulsions. Curr Opin Colloid Interface Sci, 2016, 25: 67-74.

[5] Ni P, Hou WG, et al. A novel surfactant-free microemulsion system: *N,N*-dimethyl formamide/furaldehyde/H_2O. Chin J Chem, 2008, 26 (7): 1335-1338.

[6] Ni P, Hou W G. A novel surfactant-free microemulsion system: Ethanol/furaldehyde/H_2O. Chin J Chem, 2008, 26 (11): 1985-1990.

[7] Thomas N, Klossek M, Tobias L, et al. How to explain microemulsions formed by solvent mixtures without conventional surfactants. Proc Natl Acad Sci USA, 2016, 113 (16): 4260-4265.

实验三十　盐度扫描法测定微乳液的相转变

一、实验目的

1．理解微乳液相转变的原理以及了解下相微乳液（Ⅰ型）、中相微乳液（Ⅲ型）和上相微乳液（Ⅱ型）。

2．掌握盐度扫描法测定微乳液的相转变。

二、实验原理

典型的微乳体系有三种类型，如图 1（a）所示。第一种微乳体系为下相微乳液和过量油相共存，称为 Winsor Ⅰ型；第二种微乳体系为上相微乳液和过量水相共存，称为 Winsor Ⅱ型；第三种微乳体系出现三相区，为中相微乳液与过量水相和过量油相共存，称为 Winsor Ⅲ型。对于含有等体积油和水的特殊微乳体系称为“最佳体系”，相应的参数称为“最佳参数”，如最佳盐度、最佳温度等[1-3]。

表面活性剂在油/水两相中的不均匀分布决定了微乳液的类型，因此通过改变盐度、温度、表面活性剂亲水基或亲油基结构、助表面活性剂结构以及油的结构，均可以改变表面活性剂在油/水两相中的分布，从而改变微乳液的类型[1-3]。

本实验采用盐度扫描法对离子型表面活性剂的微乳体系实施相转变的测定[4-5]。随着盐浓度的增加，微乳体系发生从Ⅰ型经过Ⅲ型到Ⅱ型的连续相转变，其相图变化如图 1（b）所示，图中 S^* 即为最佳盐度。

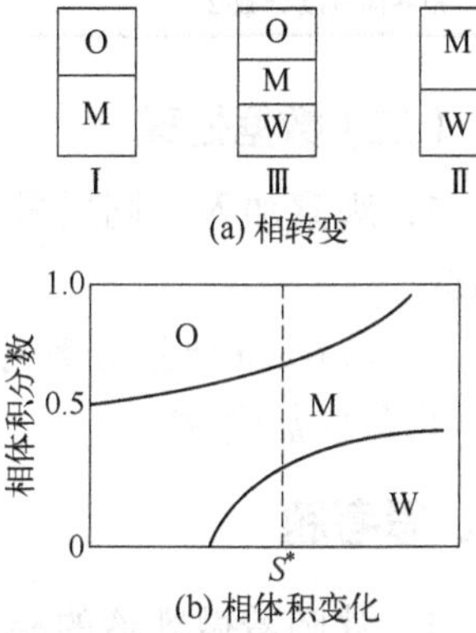

图 1　盐度变化导致的微乳液Ⅰ→Ⅲ→Ⅱ相转变和相体积变化

三、实验仪器和试剂

SHZ-82 型恒温水浴器，烧杯，具塞刻度试管，移液管，等等。

重烷基苯磺酸钠/仲丁醇/脂肪醇聚氧乙烯醚磺酸钠混合液，正辛烷，NaCl 水溶液（质量分数分别为 2.0%、4.5%、5.0%、5.5%、8.0%）。

四、实验步骤

1．向 5 支 10mL 具塞刻度试管中分别加入 1.98mL 重烷基苯磺酸钠/仲丁醇/脂肪醇聚氧乙烯醚磺酸钠混合液（乳化体系）、2.5mL 正辛烷和 1.25mL NaCl 水溶液（质量分数分别为2.0%、4.5%、5.0%、5.5%、8.0%），盖上塞子，混合均匀（谨防漏出）。

2．将具塞刻度试管放入（45±1）℃恒温水浴中，直至体系变透明，观察体系分成几相，读出总体积和相界面所对应的体积数，并观察表面活性剂溶于哪一相。

五、数据记录与处理

（一）数据记录

室温：__________ 大气压：__________ 实验温度：__________

序号	1	2	3	4	5
NaCl 质量分数/%					
总体积/mL					
界面 1/mL					
界面 2/mL					
相界面刻度分数 1					
相界面刻度分数 2					

（二）数据处理

1．观察加入不同质量分数 NaCl 水溶液的微乳液体系的两相→三相→两相变化。

2．以 NaCl 质量分数为横坐标，各相相界面刻度分数为纵坐标，绘制相态图，并求出最佳盐度 S^*。

六、思考题

1．伴随着微乳液的相转变，微乳体系的物理化学性质发生什么变化？这些变化对微乳体系的应用有何指导意义？

2．非离子型表面活性剂的微乳体系如何实施相转变？会发生怎样的相转变？

3．对处于最佳状态的微乳体系，其相应的物理化学性质的具体表现如何？

七、参考文献

[1] 颜肖慈，罗明道. 界面化学. 北京：化学工业出版社，2004.

[2] 崔正刚. 表面活性剂、胶体与界面化学基础. 北京：化学工业出版社，2013.

[3] Pal N, Saxena N, Mandal A. Phase behavior, solubilization, and phase transition of a microemulsion system stabilized by a novel surfactant synthesized from castor oil. J Chem Eng Data, 2017, 62: 1278-1291.

[4] Abe M, Yamazaki T, Ogino K, et al. Phase-behavior and physicochemical properties of sodium octyl sulfate/*n*-decane/1-hexanol/aqueous $AlCl_3$middle-phase microemulsion. Langmuir, 1992, 8: 833-837.

[5] Aarra M G, Hoiland H, Skauge A. Phase behavior and salt partitioning in two-and three-phase anionic surfactant microemulsion systems: Part Ⅱ, partitioning of salt. J Colloid Interface Sci, 1999, 215: 216-225.

实验三十一　表面活性剂对水在平滑固体表面接触角的影响

一、实验目的

1．掌握躺滴法测定接触角的原理。

2．学会 OCA 40 型光学接触角测量仪的使用。

二、实验原理

当一滴液体滴在固体表面上时，如果液体不能在固体表面上铺展，则会以液滴形式附着在固体表面，形成接触角，如图 1 表示。以气、液、固三相接触点为起点，沿气-液界面（γ_{gl} 方向）和固-液界面（γ_{sl} 方向）作两个切平面，将液体包在其中，这两个切平面之间的夹角即为接触角，用 θ 表示。θ 的大小反映了液体对固体的润湿程度，$\theta \leqslant 0°$时表示液体在固体表面铺展，即完全润湿；$\theta < 90°$时成为润湿；$90° \leqslant \theta \leqslant 180°$时称为不润湿或沾湿。表面活性剂分子在固-液界面上可以定向吸附，从而影响固体表面的润湿性[1-2]。

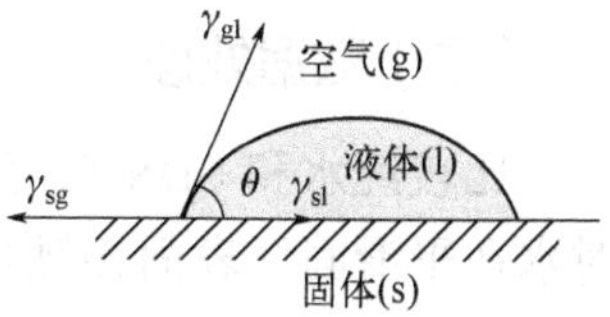

图 1　接触角示意图

液体在固体表面形成接触角 θ 的大小，直接反映了固体表面的可润湿性。生活和自然界中普遍存在这类现象。唐代诗人韦应物在其诗作《咏露珠》中，生动而形象地描述了水滴在荷叶表面的情形：“秋荷一滴露，清夜坠玄天。将来玉盘上，不定始知圆。”江雷院士从接触角的角度不仅揭示了“荷叶表面特殊超疏水性”的原因，并且研究了“水黾水上飞”的界面科学之本质，进而在国际上开创了仿生超浸润研究新领域。

测定接触角的方法分为直接法和间接法。直接法包括躺滴法、气泡法、滑滴法和斜板法；间接法是通过测定液体的表面张力间接求出接触角[1-4]。本实验采用躺滴法测定接触角，即通过 OCA 40 型光学接触角测量仪观察躺滴的外形[5-6]，利用计算机软件处理图像，在三相交界处作切线，再测量得到接触角 θ。

三、实验仪器和试剂

OCA 40 型光学接触角测量仪，聚四氟乙烯片、玻璃片等。

十二烷基硫酸钠（SDS）水溶液，二次蒸馏水（电导率 7.8×10^{-7}S・cm^{-1}，美国 Millipore Synergy UV 二次蒸馏水系统）。

四、实验步骤

按照“实验八”的实验步骤，测定纯水和 SDS 水溶液在聚四氟乙烯片和玻璃片表面的接触角。

五、数据记录与处理

（一）数据记录

序号	样品	接触角 θ/(°)	
		聚四氟乙烯片	玻璃片
1	纯水		
2	SDS 水溶液		

（二）数据处理

比较纯水和 SDS 水溶液在聚四氟乙烯片以及玻璃片表面的接触角，分析 SDS 对水在平滑固体表面接触角的影响。

六、思考题

1．表面活性剂对高能表面和低能表面的润湿性影响的机理是什么？
2．一种表面活性剂对某一固体表面润湿性的影响是否一成不变？
3．导致接触角滞后的原因有哪些？

七、参考文献

[1] 颜肖慈，罗明道. 界面化学. 北京：化学工业出版社，2004.
[2] 崔正刚. 表面活性剂、胶体与界面化学基础. 2 版. 北京：化学工业出版社，2019.
[3] 张太亮，鲁红升，全红平，等. 表面及胶体化学实验. 北京：化学工业出版社，2011.
[4] 北京大学化学系胶体化学教研室. 胶体与界面化学实验. 北京：北京大学出版社，1993.
[5] Bourgesmonnier C, Shanahan M. Influence of evaporation on contact angle. Langmuir, 1995, 11: 2820-2829.
[6] Li Y J, Li X Q, Sun W, et al. Mechanism study on shape evolution and wetting transition of droplets during evaporation on superhydrophobic surfaces. Colloids Surf A, 2017, 518: 283-294.

实验三十二　帆布沉降法测定表面活性剂水溶液的润湿力

一、实验目的

1．了解帆布沉降法测定表面活性剂水溶液润湿力的原理。

2．掌握帆布沉降法的测定方法。

二、实验原理

液体润湿固体表面的能力称为润湿力。对于光滑的固体表面，液体的润湿程度通常可用接触角的大小来衡量。对于固体粉末则用润湿热来表示润湿的程度。对于织物（纺织品）则用液体润湿织物所需要的时间来表征润湿程度。最常用的是纱带沉降法、帆布沉降法以及爬布法[1-2]。

由于润湿在洗涤去污中非常重要，本实验介绍纺织品润湿性的测定方法——帆布沉降法[3]。该法的原理是：一定规格和大小的帆布浸入液体中，在液体未浸透帆布前，由于浮力的作用，帆布将悬浮在液体中；一定时间后帆布被浸透，其密度大于液体的密度而下沉。显然不同液体对帆布润湿力的大小将表现在沉降时间的长短上，沉降时间越短，则润湿力越强，所以沉降时间可作为润湿力的比较标准。

三、实验仪器和试剂

SHZ-82 型恒温水浴器，分析天平，烧杯，21 支 3 股×21 支 4 股的标准细帆布，秒表，等等。

十二烷基硫酸钠（SDS），二次蒸馏水（电导率 7.8×10^{-7}S $\cdot$ cm^{-1}，美国 Millipore Synergy UV 二次蒸馏水系统）。

四、实验步骤

（一）实验装置的准备

1．将标准细帆布剪成直径约为 35mm 的圆片，每块经感量为 1/1000g 的天平称量，质量应在 0.38～0.39g 之间。

2．取鱼钩一只：质量在 20～40mg 之间，也可用同质量的细钢针制成鱼钩状使用。

3．用直径为 2mm 的镀锌铁丝弯制成如图 1 中所示的铁丝架。将鱼钩的一端缚以丝线，丝线的末端打一个小圈，套入铁丝架中心处。

（二）润湿力的测定

1．量取 1000mL 二次蒸馏水于大烧杯中，置于恒温水浴［（20±1）℃］中。将鱼钩尖端钩入帆布圈距边 2～3mm 处，然后将铁丝架搁在烧杯边上，使帆布圈浸浮于试液中，其顶点应在液面下 10～20mm 处，如图 1 所示。立即开启秒表，至帆布圈沉至烧杯底部时，停表，记下沉降所需要的时间。如果帆布圈在 0.5h 后仍不沉降，也结束实验，记沉降时间为>0.5h。

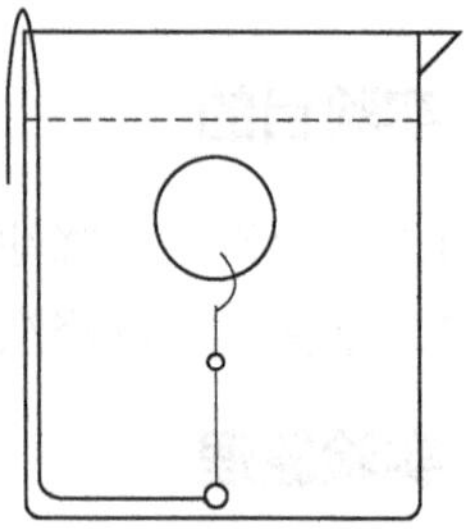

图 1　帆布沉降法测定润湿力

2．从上述 1000mL 二次蒸馏水中取 30～50mL 至小烧杯中，称取 0.30g 十二烷基硫酸钠（SDS）加入其中，溶解完全后，将 SDS 溶液加入 1000mL 大烧杯中，搅拌均匀。按照步骤 1 测定 $0.30g \cdot L^{-1}$ 的 SDS 溶液对帆布的润湿力，记录沉降时间。测定三次，取平均值。

3．从上述 $0.30g \cdot L^{-1}$ 的 SDS 溶液中取 30～50mL 至小烧杯中，称取 0.25g SDS 加入其中，溶解完全后，将其加入 1000mL 大烧杯中，搅拌均匀。按照步骤 1 测定 $0.55g \cdot L^{-1}$ 的 SDS 溶液对帆布的润湿力，记录沉降时间。测定三次，取平均值。

4．从上述 $0.55g \cdot L^{-1}$ 的 SDS 溶液中取 30～50mL 至小烧杯中，称取 0.20g SDS 加入其中，溶解完全后，将其加入 1000mL 大烧杯中，搅拌均匀。按照步骤 1 测定 $0.75g \cdot L^{-1}$ 的 SDS 溶液对帆布的润湿力，记录沉降时间。测定三次，取平均值。

五、数据记录

室温：__________　大气压：__________　实验温度：__________

序号	样品	沉降时间/s			
		1	2	3	平均值
1					
2					
3					
4					

六、思考题

1．表征表面活性剂的润湿力时是否要固定表面活性剂浓度？

2．表面活性剂结构与其润湿性能之间的关系如何？

3．为什么阳离子型表面活性剂通常不用作洗涤剂？

七、参考文献

[1] 颜肖慈, 罗明道. 界面化学. 北京: 化学工业出版社, 2004.

[2] 崔正刚. 表面活性剂、胶体与界面化学基础. 2 版. 北京: 化学工业出版社, 2019.

[3] GB/T 11983—2008. 表面活性剂 润湿力的测定 浸没法.

V 胶体分散体系

胶体分散体系是指分散相粒子直径在1～1000nm之间的高分散系统。分散相可以是由许多原子或分子（通常10^3～10^6个）组成的有相界面的粒子，也可以是没有相界面的大分子或胶束，前者称之为溶胶，后者为高分子溶液或由表面活性剂自组装形成的胶束溶液（缔合胶体）。此两类胶体体系是胶体化学的经典研究对象。

1．溶胶的分散相粒子很小，且分散相与分散介质间有很大的相界面、很高的界面能，是一种热力学不稳定系统。溶胶的多相性、高分散性和热力学不稳定性特征决定了它有许多不同于真溶液和粗分散系统的性质。

2．高分子溶液其分散相质点具有胶体颗粒的大小尺度，因此具有一些胶体分散体系的性质，如扩散慢、不能透过半透膜等，所以也被称为胶体。但高分子溶液本质上是真溶液，即是均相、热力学稳定体系，与热力学不稳定的胶体分散体系在性质上有很大的不同。为了区别人们将溶胶称为憎液胶体，而将高分子溶液称为亲液胶体（没有相界面，分散相以分子形式溶解，亲和力较强）。

3．缔合胶体的分散相是由表面活性剂自组装缔合形成的。通常以水作为分散介质，胶束中表面活性剂的疏水基团聚集在一起形成疏水内核，亲水头基向外构成胶束的外壳，分散相与分散介质之间有很好的亲和性，是一类均相的热力学稳定系统。

与界面化学类似，胶体化学也是与生产实际联系非常紧密的学科。人们在生产实践过程中，早就发现并运用诸多胶体化学的现象、性质和规律。如牛奶、豆浆、豆腐、化妆品、血液、油墨、涂料、各种乳液、泡沫、烟雾和污水等，均涉及胶体分散体系。豆腐的生产和制作过程是最具代表性的实例之一。“卤水点豆腐”

正是体现和利用“高价金属离子导致蛋白质亲水胶体聚沉”性质和规律的经典范例之一，这是我国劳动人民在两千多年前的创造和发明。

本章分别从溶胶和缔合胶体两个方面设计安排相关实验 11 个，内容涉及溶胶的制备、光学性能、动力学性能、zeta 电位、稳定性和蠕虫状胶束（缔合胶体）的制备、流变性能及相关影响因素（浓度、温度、反离子、疏水链长等），旨在通过实验加强对胶体分散体系的认识和相关理论的掌握。

实验三十三　化学凝聚法制备碘化银/银纳米水溶胶

一、实验目的

1. 掌握化学凝聚法制备碘化银（AgI）纳米水溶胶的基本原理。
2. 掌握化学凝聚法制备银（Ag）纳米水溶胶的基本原理。
3. 了解 AgI 纳米水溶胶和 Ag 纳米水溶胶的光学性质及布朗运动。

二、实验原理

溶胶是胶体分散系统的组成之一，是将纳米尺寸的固体颗粒（1～1000nm）分散在液体介质中所形成的多相体系，若颗粒尺寸再大（>1000nm）则称之为悬浮液。由于分散相粒子很小，且分散相与分散介质间有很大的相界面、很高的界面能，因而溶胶属于热力学不稳定系统。溶胶的多相性、高分散性和热力学不稳定性特征决定了它有许多不同于真溶液和粗分散系统的性质，如光的散射、布朗运动等。

溶胶的制备方法主要分为两种：分散法和凝聚法。分散法是通过物理作用将大块固体分割到胶体尺寸大小，是一种自上而下的方法，主要包括研磨法、超声分散法、胶溶法等。凝聚法是指通过物理或化学作用，使小分子或离子聚集成胶体尺寸大小，是一种自下而上的方法，主要包括化学反应法和更换介质法。凝聚法的基本原理是形成分子分散的过饱和溶液，控制条件，使不溶物在生长为胶体质点大小时从溶液中析出。相较于分散法，凝聚法不仅能耗小，而且制得的胶体分散度高。

凡是能生成不溶物的复分解反应、水解反应以及氧化还原反应等皆可应用化学反应法制备相应的溶胶，适量电解质的存在有助于所制备溶胶的稳定性。以碘化银（AgI）纳米水溶胶的制备为例，通过 KI 和 $AgNO_3$ 的复分解反应即可制得 AgI 溶胶，制备过程中通常采用 KI 或 $AgNO_3$ 过量的方式以获得稳定的溶胶。

$$KI+AgNO_3 \longrightarrow KNO_3+AgI(s)$$

除了用无机电解质作为稳定剂之外，表面活性剂也是一种常用的稳定剂。Ag 纳米水溶胶的制备通常采用还原法。首先通过复分解反应制得卤化银溶胶，然后再通过化学或光还原手段将其还原为银单质，控制适当的条件即可获得 Ag 纳米水溶胶。

$$R-\overset{|}{\underset{|}{N}}{}^{\oplus}-Br^{\ominus} + AgNO_3 \longrightarrow AgBr\,(s) + R-\overset{|}{\underset{|}{N}}{}^{\oplus}-NO_3^{\ominus}$$

$$AgBr\,(s) \xrightarrow{\text{还原}} Ag\,(s)$$

如果所用的卤化物为含有长疏水尾链的有机季铵盐，所制得的溶胶体系稳定性更强[1]。此外，由于 Ag 纳米水溶胶的表面等离子共振吸收（surface plasmon resonance，SPR），导致 Ag 纳米水溶胶在紫外可见区具有最大吸收波长。这为研究 Ag 纳米水溶胶生成的动力学反应提供了极大的帮助。

三、实验仪器和试剂

紫外可见分光光度计（TU-1901，北京普析通用仪器有限公司），VHX-1000C 光学显微镜［基恩士（香港）有限公司］，分析天平（ML54T，MettlerToledo），Ika 磁力搅拌器，激光笔，凹形载玻片。滴定管，烧杯，锥形瓶，移液管，比色皿，等等。

碘化钾（KI），硝酸银（$AgNO_3$），十六烷基三甲基溴化铵（CTAB），十二烷基三甲基溴化铵（DTAB），硼氢化钠，二次蒸馏水（电导率 $7.8\times10^{-7}S\cdot cm^{-1}$，美国 Millipore Synergy UV 二次蒸馏水系统）。

四、实验步骤

（一）AgI 纳米水溶胶制备

1．分别在两个锥形瓶中准确移取 5mL $0.01mol\cdot L^{-1}$ 的 KI 溶液和 5mL $0.01mol\cdot L^{-1}$ 的 $AgNO_3$ 溶液；

2．用滴定管向 5mL $0.01mol\cdot L^{-1}$ 的 KI 溶液中准确滴加 4.5mL $0.01mol\cdot L^{-1}$ 的 $AgNO_3$ 溶液，边滴加边搅拌，注意观察记录实验现象；

3．用滴定管向 5mL $0.01mol\cdot L^{-1}$ 的 $AgNO_3$ 溶液中准确滴加 4.5mL $0.01mol\cdot L^{-1}$ 的 KI 溶液，边滴加边搅拌，注意观察记录实验现象。

（二）Ag 纳米水溶胶制备

1．分别将 10mmol CTAB 和 10mmol DTAB 溶解于 50mL 二次蒸馏水中，加热溶解；

2．称量两份 25mmol $AgNO_3$ 固体，分别加入上述 CTAB 和 DTAB 水溶液中，加热至 70～80℃，搅拌 0.5h，溶液变为亮黄色；

3．将 5mL 的 $15mol\cdot L^{-1}$ 硼氢化钠水溶液迅速加入以上两份溶液，剧烈搅拌，溶液颜色迅速由黄色变为黑色，在 70～80℃恒温条件下继续搅拌 3～5h，得到黑色的纳米 Ag 溶胶；

4．在反应过程中每隔一段时间取少量反应液，用二次蒸馏水稀释 1000 倍，测量紫外可见吸收光谱监测 Ag 纳米水溶胶的生成。

（三）AgI 纳米水溶胶和 Ag 纳米水溶胶的光学性质

当一束光线通过胶体溶液时，在与光线射入方向相垂直的方向可以观察到一个发亮的光柱，这种乳光效应被称作丁达尔（Tyndall）现象。

丁达尔现象的观察非常简单：将所制备的 AgI 纳米水溶胶和 Ag 纳米水溶胶分别装在试管内，用激光笔从观察者前方横向照射样品，观察样品中的光柱强弱。

（四）AgI 纳米水溶胶和 Ag 纳米水溶胶的布朗运动观察

1. 在一个干净的凹形载玻片上滴几滴制备好的 AgI 纳米水溶胶或 Ag 纳米水溶胶（注意：滴加的溶胶应该稀释到合适的倍数才利于观察）；

2. 盖上盖玻片，注意应避免有气泡；

3. 然后将其放到显微镜下进行观察，可以看到溶胶质点所发出的散射光点在不停地做布朗运动。

五、数据记录与处理

1. 详细记录实验中所观察到的现象，并根据所学知识对其作出合理解释。

2. 作出 Ag 纳米水溶胶的紫外可见吸收光谱图，指出最大吸收峰的位置。

3. 作出 AgI 纳米水溶胶和 Ag 纳米水溶胶的胶团结构示意图。

六、思考题

1. 在制备 AgI 纳米水溶胶时，为什么所用 KI 和 $AgNO_3$ 的物质的量是不相等的？如果二者相等可能会发生什么现象？

2. 在制备 Ag 纳米水溶胶时，当 $AgNO_3$ 加入 CTAB 水溶液中后，溶液由无色变为了亮黄色，为什么？

3. 实验中所制备的 AgI 纳米水溶胶和 Ag 纳米水溶胶的稳定剂分别是什么？

4. 举例说明生活中的丁达尔现象。

七、参考文献

[1] He S, Wang B, Chen H, et al. High-concentration silver colloid stabilized by a cationic gemini surfactant. Colloids Surf A, 2013, 429: 98-105.

实验三十四　溶胶-凝胶法制备纳米二氧化硅溶胶

一、实验目的

1．掌握 Stöber 溶胶-凝胶法制备纳米二氧化硅（SiO_2）水溶胶的基本原理。

2．熟悉 SiO_2 溶胶固含量的测量方法。

3．熟悉 SiO_2 形貌和结构的表征方法。

二、实验原理

纳米二氧化硅具有粒径小、比表面积大、表面吸附力强、表面能高、化学纯度高、分散性能好等优异性能。纳米二氧化硅（SiO_2）的制备方法主要分为物理法和化学法。物理法工艺简单，但粉碎设备一般需要较大动力，能耗大，并且产品易受污染易带入杂质，粉料特性难以控制，制粉效率低且粒径分布较宽。与物理法相比较，化学法可制得纯净且粒径分布均匀的超细 SiO_2 颗粒。化学法包括化学气相沉积法、离子交换法、沉淀法、溶胶-凝胶法和乳液法等。

溶胶-凝胶法由于其自身独有的特点，成为当今最重要的一种制备 SiO_2 材料的方法。溶胶-凝胶法是以无机盐或金属醇盐为前驱物，经水解缩聚过程逐渐凝胶化，然后经过陈化、干燥等处理，得到所需的材料。该方法最早源于 19 世纪中叶，人们发现正硅酸四乙酯（TEOS）在酸性条件下会产生玻璃态的 SiO_2，到 20 世纪五六十年代，Roy 等发现用此法制备的物质可获得很高的化学均匀性。Stöber 等人发现用氨作为 TEOS 水解反应的催化剂可以控制 SiO_2 粒子的形状和粒径[1]。在碱催化条件下，小半径的 OH^- 直接发动亲核进攻完成水解反应，随着烷氧基的除去，硅原子上的正电性增加，而且空间因素更加有利，亲核进攻变得更为容易。因此，在碱催化条件下 TEOS 的水解较为完全。水解单体中含更多的 Si—OH 基团，这些水解产物以一定量的核为中心进行多维方向缩合，形成球形粒子。采用 Stöber 溶胶-凝胶法制备 SiO_2 溶胶主要分为如下两步。

第一步：水解反应

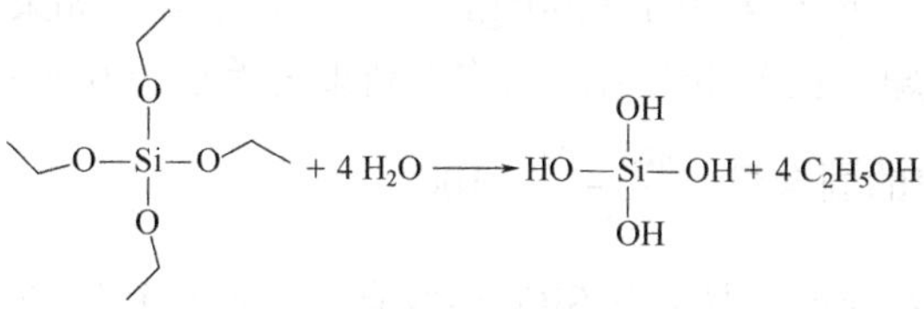

第二步：缩合反应

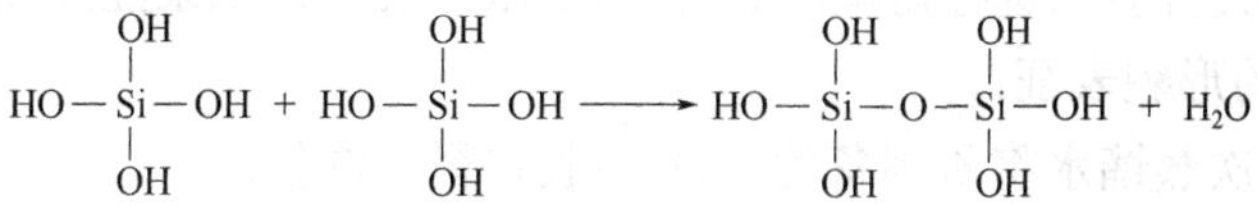

三、实验仪器和试剂

S-4800扫描电子显微镜（SEM，日本日立株式会社），JEM-2100透射电子显微镜（TEM，日本电子株式会社），FALA2000104傅里叶红外光谱仪（FT-IR，美国Boman公司），IKA RW20数显搅拌器，HWS12型电热恒温水浴锅（上海一恒仪器厂），分析天平，离心机（上海安亭科技仪器厂）。三颈瓶，锥形瓶，回流冷凝管，温度计，铜网，等等。

正硅酸四乙酯（TEOS，99%，百灵威科技），无水乙醇，氨水（质量分数25%），二次蒸馏水（电导率$7.8\times10^{-7}S\cdot cm^{-1}$，美国Millipore Synergy UV二次蒸馏水系统）。

四、实验步骤

1．搭建实验装置并进行调试。在500mL三颈瓶上分别安装搅拌器、回流冷凝管（注意进水口与出水口的正确连接）、温度计（注意控制温度计的位置），并用电热恒温水浴锅为反应提供温度控制。

2．用量筒分别量取250mL无水乙醇和15mL TEOS依次加入烧瓶内，升温至50℃，继续搅拌10min，使溶液充分混合均匀。

3．用量筒量取15mL氨水和15mL二次蒸馏水，在烧杯中混合均匀后，一次性加入500mL烧瓶内。反应在50℃恒温水浴、$400r\cdot min^{-1}$条件下继续反应4h。

4．反应结束后，通过离心分离出SiO_2颗粒，用二次蒸馏水洗涤、离心3次，得到浓缩的SiO_2溶胶。

5．采用恒重法测量所得SiO_2溶胶的固含量。

（1）取一干净的表面皿，质量为m_0，称量1g SiO_2溶胶，记录其质量为m_1；

（2）将盛有SiO_2溶胶的表面皿放入105℃恒温干燥箱干燥2h，取出放到干燥器内自然冷却后称重，记为m_2；

（3）将上述盛有SiO_2溶胶的表面皿放入105℃恒温箱继续干燥1h，取出放到干燥器内自然冷却后称重，记为m_3；

（4）如果m_3和m_2相差小于0.005g，即可停止干燥。如果m_3和m_2相差大于0.005g，则继续干燥，直至相邻两次的称量结果之差小于0.005g；

（5）SiO_2溶胶的固含量$=\dfrac{m_3-m_0}{m_1}\times100\%$。

6．SiO_2的红外表征：取部分SiO_2溶胶真空干燥后获得SiO_2固体粉末，采用KBr压片法对其官能团进行傅里叶红外（FT-IR）表征，记录红外图谱。

7．SiO_2的形貌表征：

（1）用二次蒸馏水将所制备的SiO_2溶胶稀释100倍；

（2）滴一滴稀释后的溶胶于铜网上，自然风干（注意防尘保护）；

（3）将制好的 SiO_2 样品拿到电镜室进行 SEM 和 TEM 观察，拍照并保存其照片。

五、数据记录与处理

1．计算所制备的 SiO_2 溶胶的固含量。

2．记录 SiO_2 的傅里叶红外光谱，指出其表面的特征官能团位置。

3．描述 SEM 和 TEM 所观察到的 SiO_2 纳米颗粒的形貌结构，并统计其粒径大小及分布。

六、思考题

1．Stöber 溶胶-凝胶法制备 SiO_2 纳米溶胶的催化剂是什么？是否有其他替代品？

2．Stöber 溶胶-凝胶法制备 SiO_2 纳米溶胶的实验过程需要注意哪些方面？

3．通过控制哪些实验条件有望获得单分散的纳米 SiO_2 颗粒？

4．采用 Stöber 溶胶-凝胶法制备的 SiO_2 纳米溶胶，其表面可能带什么电荷？

七、参考文献

[1] Stöber W, Fink A, Bohn E. Controlled growth of monodisperse silica spheres in the micron size range. J Colloid Interface Sci, 1968, 26: 62-69.

实验三十五　溶剂替换法制备松香/硫溶胶

一、实验目的

1．掌握溶剂替换法制备溶胶的基本原理。

2．了解松香/硫溶胶的制备方法和基本特性。

二、实验原理

溶剂替换法是制备溶胶的一种经典方法，属于物理凝聚范畴[1]。这种方法主要是利用同一种物质在不同溶剂中溶解度相差悬殊的特性，使溶解于良溶剂的溶质在加入不良溶剂后，由于其溶解度的急剧下降，从而导致其以胶体粒子大小从溶液中析出，形成溶胶。相对于化学凝聚法，该方法操作简便，但得到的胶体粒子往往较大，且很难控制其分布。

三、实验仪器和试剂

VHX-1000C 光学显微镜［基恩士（香港）有限公司］，分析天平（ML54T，MettlerToledo），IKA 磁力搅拌器，激光笔。滴定管，烧杯，锥形瓶，移液管，酒精灯，等等。

硫黄，乙醇，松香，二次蒸馏水（电导率 $7.8\times10^{-7}S\cdot cm^{-1}$，美国 Millipore Synergy UV 二次蒸馏水系统）。

四、实验步骤

（一）硫溶胶的制备

1．取少量硫黄放入玻璃试管内，然后加入 5mL 乙醇，酒精灯加热至沸腾，搅拌使硫黄充分溶解。

2. 趁热将上层清液用滴管逐滴加入盛有 20mL 二次蒸馏水的烧杯中，并辅以磁力搅拌器快速搅拌。注意观察记录实验现象。

（二）松香溶胶的制备

1．以乙醇为溶剂，配制 2%的松香溶液（质量分数）。

2. 用滴管将松香的乙醇溶液逐滴滴加到盛有 50mL 二次蒸馏水的烧杯内，并辅以磁力搅拌器快速搅拌。

3．注意观察记录实验现象。如果发现有较大的质点，需将溶胶再过滤一次，然后观察所得的结果。

（三）硫/松香溶胶的光学性质观察

1．将所制备的硫溶胶或者松香溶胶分别在试管内用二次蒸馏水稀释 10、100、1000 倍。

2．用激光笔从观察者前方横向照射样品，观察不同浓度下样品中的光柱强弱。

（四）硫/松香溶胶的布朗运动观察

1．在一个干净的凹形载玻片上滴几滴制备好的硫溶胶或者松香溶胶（注意，滴加的溶胶应该稀释到合适的倍数才利于观察）；

2．盖上盖玻片，注意应避免有气泡；

3．然后将其放到显微镜下进行观察，可以看到溶胶质点所发出的散射光点在不停地做布朗运动。

五、数据记录与处理

详细记录实验中所观察到的现象，并根据所学知识对其给出合理解释。

六、思考题

1．松香和硫黄的不良溶剂是什么？良溶剂是什么？

2．溶剂替换法制备溶胶的缺点是什么？如何克服？

3．除了溶剂替换法外，硫溶胶还可以采用什么方法制备？

七、参考文献

[1] 北京大学化学系胶体化学教研室. 胶体与界面化学实验. 北京: 北京大学出版社, 1993.

实验三十六　胶体粒子 zeta 电位的测定

一、实验目的

1. 掌握 zeta 电位的定义及测量原理、方法。
2. 了解胶体粒子表面带电的原因。
3. 了解电解质对胶体粒子 zeta 电位的影响。

二、实验原理

溶胶是一种热力学不稳定体系，但有些溶胶却可以在相当长的一段时间内稳定存在。根据 DLVO 理论[1]可知，胶体粒子带电、溶剂化作用和布朗运动是溶胶得以稳定存在的三个重要原因。

胶体粒子之所以带电主要有以下两个原因。①离子吸附：胶体粒子从溶液中选择性吸附某种离子而带电，如通过化学凝聚法制得的溶胶，即通过有选择性的离子吸附而使溶胶带电。②解离：胶体粒子表面上的分子在溶液中发生解离而使其带电，如羧酸基团解离，放出一个质子，自身带负电（—COOH→—COO^-+H^+），或者离子交换，例如 Ca^{2+}交换 COOH 或 COONa 中的 H^+或 Na^+。处在溶液中的带电胶体粒子，由于静电吸引力的作用，必然要吸引等电荷量的、与胶体粒子表面所带电荷符号相反的离子在其周围的介质中分布。因此，胶体粒子表面和介质之间就形成了电位差。

为了研究溶胶中反离子在分散介质中的分布规律以及由此导致的界面电势随距离的变化规律，人们提出了双电层理论。从早期的 Helmholtz 平行板电容器模型到 Gouy-Chapman 双电层模型，再到 Stern 扩散双电层模型，逐渐演变完善。

图 1 所示为 Stern 扩散双电层模型，在距吸附界面 AA'面 δ 处划一个平面 HH'，称为 Stern 面，区域 $AA'HH'$称为 Stern 层。假设界面因吸附阴离子而带负电，则在 Stern 层中，除吸附的阴离子以外还有一部分反离子（例如 Na^+）因静电作用而吸附于该层，称为特性吸附，被吸附的反离子称为束缚反离子。Stern 模型的核心是吸附于 Stern 层中的反离子不可能是无限的，其浓度（吸附量）与体相中的反离子浓度之间符合朗缪尔（Langmuir）吸附公式。φ_0 为热力学电势，反映了固体表面与溶液本体间的电势差。φ_δ 为 Stern 面上的电势，或叫扩散层电势，反映了 Stern 面与溶液本体间的电位差。在静电力的作用下，紧密层中的束缚反离子将随带电界面一起运动。界面移动的速度取决于滑动面与介质间的电位差，即 zeta 电势。

zeta 电位的高低反映了胶体粒子的带电程度。zeta 电位越高，表明胶体粒子带电越多，其滑动面与溶液本体间的电势差越大，扩散层也越厚。当溶液中电解质的浓度逐渐增大时，介质中反离子的浓度逐渐加大，将压缩扩散双电层使其变薄，把更多的反离子挤进滑动面以内，从而中和胶体粒子固体表面电荷，导致 zeta 电位在数值上变小。如图 2 所示，当电解质浓度足够大时（c_4），可使 zeta 电位降至零。此时相应的状态称之为等电态。处于等电态的胶体粒子不带电，极易发生聚沉。

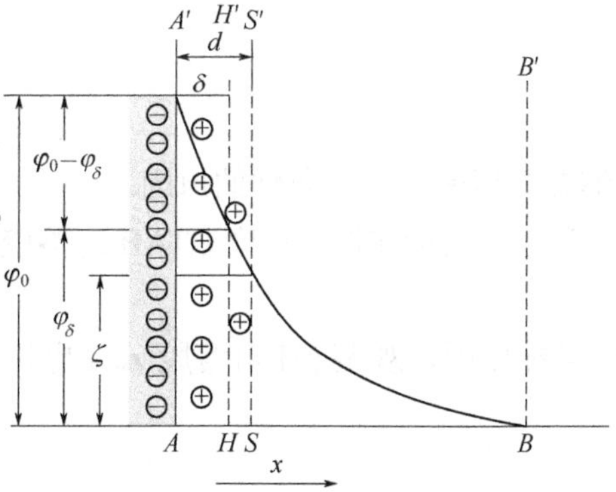

图 1　Stern 扩散双电层模型

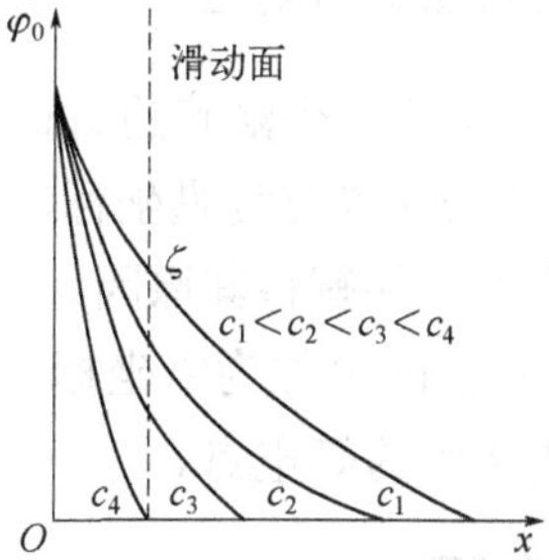

图 2　电解质浓度对 zeta 电位的影响

三、实验仪器和试剂

zetaPALS 型 zeta 电位及纳米粒度分析仪（美国布鲁克海文公司），分析天平（ML54T，MettlerToledo），IKA 磁力搅拌器，钯电极，容量瓶，烧杯，移液管，比色皿，等等。

纳米二氧化硅溶胶（实验三十四所制），纳米碘化银溶胶（实验三十三所制），纳米银溶胶（实验三十三所制），硫溶胶（实验三十五所制），松香溶胶（实验三十五所制），十六烷基三甲基溴化铵（CTAB），盐酸，氢氧化钠，二次蒸馏水（电导率 7.8×10^{-7}S • cm^{-1}，美国 Millipore Synergy UV 二次蒸馏水系统）。

四、实验步骤

（一）待测样品的准备

1．利用二次蒸馏水作为溶剂，分别将纳米二氧化硅溶胶、纳米碘化银溶胶、纳米银溶胶、硫溶胶和松香溶胶稀释至质量分数为 0.5%。

2．以质量分数为 0.5%的纳米二氧化硅溶胶为溶剂，分别配制 1×10^{-6}mol • L^{-1}、5×10^{-6}mol • L^{-1}、1×10^{-5}mol • L^{-1}、4×10^{-5}mol • L^{-1}、8×10^{-5}mol • L^{-1}、1×10^{-4}mol • L^{-1}、

2×10^{-4}mol·L^{-1}、5×10^{-4}mol·L^{-1}、1×10^{-3}mol·L^{-1} CTAB 溶液。

3．用盐酸和氢氧化钠调节质量分数为 0.5%的纳米二氧化硅溶胶的 pH 值，使其覆盖 pH=2～13 的范围。

4．重复步骤 2.、3．分别以纳米碘化银溶胶、纳米银溶胶、硫溶胶和松香溶胶为溶剂配制对应的 CTAB 溶液。

（二）zeta 电位的测定

按照“实验十四”的 zeta 电位测定步骤，测定步骤（一）所制备的待测样品的 zeta 电位。

五、数据记录与处理

1．记录每一个溶胶的 zeta 电位，解释其所带电荷正负性的原因。

2．以 zeta 电位为纵坐标、CTAB 浓度为横坐标作图，观察 CTAB 对溶胶 zeta 电位的影响，并解释其原因。

3．以 zeta 电位为纵坐标、pH 为横坐标作图，观察 pH 对溶胶 zeta 电位的影响，给出溶胶的等电点。

六、思考题

1．胶体粒子带电的原因有哪些？

2．zeta 电位指的是什么与什么之间的电位差？

3．电解质影响胶体粒子 zeta 电位的工作原理是什么？

七、参考文献

[1] 崔正刚. 表面活性剂、胶体与界面化学基础. 2 版. 北京：化学工业出版社, 2019.

实验三十七　大豆蛋白水溶胶的制备和性质

一、实验目的

1．学习大豆蛋白水溶胶的制备方法。

2．理解大豆蛋白水溶胶的性质。

3．掌握影响亲液溶胶的稳定性的因素。

二、实验原理

蛋白质属于高分子物质，水溶性蛋白质与水形成的分散体系，具有部分胶体体系的典型特征，是典型的亲液溶胶。

蛋白质的分子量较大，由于二级、三级甚至是四级结构的原因，溶于水中的蛋白质分子肽链自我卷曲，其尺寸大多在胶体粒子尺度范畴内。而丁达尔（Tyndall）现象是胶体体系最常见的光学性质之一。

当胶体粒子尺度小于可见光波长（400～760nm）时，通过胶体的入射光会发生明显的散射现象，在与入射光垂直的方向上，可以观察到散射光的明亮光柱，称为丁达尔现象。产生丁达尔现象的根本原因是胶体粒子对光的散射。散射光的强度（I）可以通过瑞利（Rayleigh）散射公式［式（1）］计算。

$$I=\frac{24\pi^2A^2\nu V^2}{\lambda^4}\times\left(\frac{n_1^{\ 2}-n_2^{\ 2}}{n_1^{\ 2}+2n_2^{\ 2}}\right)^2 \tag{1}$$

式中，A 为入射光的振幅；λ 为入射光波长；ν 为单位体积分散体系中能够散射光的粒子数；V 为每个粒子体积；n_1 为分散相折射率；n_2 为分散介质折射率。白光中蓝、紫光由于波长 λ 短而散射效应强，橙、红光由于波长 λ 长而透过效应好。

从化学结构上看，蛋白质是众多氨基酸彼此间以酰胺键链接而成。有部分氨基酸分子结构内带有不止一个氨基和（或）羧基，蛋白质肽链端头分别各有一个氨基和羧基。因此，蛋白质分子往往带有电荷，从而具有 zeta 电位；此外，蛋白质带电性质和表观带电量往往随溶液的 pH 变化而改变，表现出典型的两性离子特征，具有 pI 现象。

根据胶体体系的动力学性质可知，布朗运动使得溶胶分散相质点不易沉降，而具有一定的动力稳定性，但是引力作用又倾向于胶体粒子之间的聚集；对带电胶体体系而言，带有相同符号电荷的胶体粒子之间由于静电斥力的存在而不易聚结，从而提高了胶体的稳定性。但是，带电粒子对电解质是十分敏感的，在电解质作用下胶体质点因聚结而下沉的现象称为聚沉。

适量的电解质对溶胶起稳定剂作用，但是如果电解质加入过多，尤其是含高价反离子的电解质的加入，往往会使溶胶发生聚沉。主要是因为：①电解质的浓度或价数增加都会压缩双电层的扩散层厚度，使斥力势能降低；②若加入的反离子发生特性吸附时，Stern 层内的反离子数量增加，使胶体粒子带电量降低。使溶胶发生明显聚沉所需电解质的最小浓度，称之为该电解质的聚沉值。某电解质的聚沉值越小，表明其聚沉能力越强，因此，将聚沉值的倒数定义为聚沉能力。

影响聚沉的主要因素有反离子的价数、离子的大小及同号离子的作用等。一般来说，反离子价数越高，聚沉能力越强，聚沉值越小，聚沉值大致与反离子价数的 6 次方成反比，该规则成为舒尔策-哈代价数规则[1-2]。

在实践中，我国人民很早就获得了天然蛋白质亲液胶体制备和加工的经验，豆腐的制作过程正是一个典型的实例[3-5]。现代科学证明：煮熟的大豆中，蛋白质的吸收率只有约 65%，而制成豆腐后，蛋白质的吸收率可高达 94%左右。现如今，豆腐已经成为大家喜闻乐见的中国传统美食之一。

豆腐的制作过程大致是：大豆浸泡→磨浆→过滤→煮浆→点浆→压制成型。经过滤得到的液体，就是大豆蛋白胶体；要将大豆蛋白胶体制作成豆腐，还需要点浆这一关键步骤，其主要机制是利用无机盐或酸聚沉大豆蛋白。据《本草纲目》记载：“以盐卤汁或山矾叶或酸浆醋淀”。盐卤汁的主要成分是含有 $MgCl_2$ 和 $CaCl_2$ 的 NaCl 水溶液，也有用石膏（$CaSO_4$）水溶液，这两种方法西汉时就已经使用，并一直沿用至今。这是我国劳动人民在生产实践中特有的创造和发明。

三、实验仪器和试剂

家用破壁机，电热水浴锅，zeta 电位及粒度分析仪（zetaPALS，美国布鲁克海文公司），pH 计，电子天平，移液枪，水抽真空泵，豆腐模具，氙灯光源。烧杯、烧瓶、电热套、温度计、玻璃棒、量筒和布氏漏斗等。

氯化钠、氯化钙、氯化铝、氢氧化钠和磷酸，400 目滤布和滤纸，市售大豆。二次蒸馏水（电导率 $7.8\times10^{-7}S\cdot cm^{-1}$，美国 Millipore Synergy UV 二次蒸馏水系统）。

四、实验步骤

（一）大豆蛋白胶体制备

1．磨浆（分散法）：将 30g 大豆放入破壁机中，并且加入 1000mL 二次蒸馏水，开动破壁机开始制备豆浆。一部分制成生豆浆，另一部分利用破壁机加热功能制成熟豆浆。

2．过滤：搭好抽滤装置，布氏漏斗内铺上 400 目滤布，启动水泵开始抽滤。收集滤出的滤液，即为大豆蛋白胶体。

（二）电学性质及粒径表征

1．打开 zeta 电位及粒度分析程序，将过滤后的熟豆浆稀释 10 倍后加入比色皿中，插入样品槽，进入程序后，设置溶胶粒子形状为球形（实验前教师通过电镜证实），分散介质选择水，开始测量。

2．打开 zeta 电位程序，将已经稀释 10 倍的过滤后的熟豆浆加入比色皿 1/3 高度处，赶走气泡，将钯电极插入溶液，再将钯电极插入仪器内的插口中。将比色皿放入样品槽中，进入程序，设置溶胶粒子形状为球形，分散介质选择水，开始测量。

3．改变 pH，参照“实验十四”所述的方法测定大豆蛋白水溶胶的 pI。

（三）光学性质表征

将氙灯光源置于装有稀释 10 倍的熟豆浆的烧杯一侧照射，在烧杯侧面垂直于入射光的方向观察丁达尔现象并用手机拍照。

（四）大豆蛋白胶体的聚沉

1．配制 $0.05mol \cdot L^{-1}$ 的 NaCl、$CaCl_2$ 和 $AlCl_3$ 备用。

2．以 $CaCl_2$ 为聚沉剂，分别在 25℃、45℃、65℃、85℃和 100℃条件下，以移液枪少量滴加 $CaCl_2$ 溶液，观察胶体是否聚沉、并记录聚沉值。

3．温度固定为 80℃，分别测定 NaCl、$CaCl_2$ 和 $AlCl_3$ 下大豆蛋白胶体的聚沉值。

4．温度固定为 25℃，测定原始生/熟大豆蛋白胶体的 pH；以稀盐酸调节大豆蛋白胶体的 pH 同时观察聚沉现象；另外，再以稀 NaOH 溶液调节大豆蛋白胶体的 pH，同时观察聚沉现象。

（五）制作豆腐

将聚沉的大豆蛋白胶体放入事先铺有滤布的模具，增加压力并开始计时，分别在 1min、5min 和 10min 后，观察所得豆腐的形貌。

五、数据记录与处理

1．测定各种无机盐电解质对大豆蛋白溶胶的聚沉值，并比较它们的聚沉能力强弱。

2．不同角度观察丁达尔现象并用手机拍照。

3．记录不同 pH 条件下大豆蛋白溶胶的聚沉并获得最大聚沉所对应的 pH。

4．观察模压时间对所得豆腐的性状的影响

六、思考题

1．基于滤浆所得大豆蛋白溶胶 pH 的数值，推测大豆蛋白胶体粒子表面的带电性质。

2．分析实验中所得 $AlCl_3$ 聚沉能力最强的原因？

3．溶胶能够稳定存在一定时间的原因是什么？

4．查阅文献，收集和了解中国豆腐中的南/北豆腐、老豆腐/嫩豆腐、豆干、腐竹等大豆蛋白制品的制作流程，分析其中涉及的胶体体系的性质。

七、参考文献

[1] Tadros T F. Encyclopedia of Colloid and Interface Science. New York: Springer, 2013.
[2] 陈宗淇, 王光信, 徐桂英. 胶体与界面化学.北京: 高等教育出版社, 2001.
[3] 高海燕, 董玉明, 杜佳琼, 等. 黄豆蛋白胶体的制备和聚沉. 大学化学, 2023, 38(1): 180-186.
[4] 王锦娟, 薛亮, 焦桓. 以“豆腐制作”畅谈胶体知识与水凝胶的前沿应用. 化学教育, 2021, 42(17): 1-4.
[5] 杨坚. 我国古代的豆腐及豆腐制品加工研究. 中国农史, 1999, 18(2): 74-81.

实验三十八　表面活性剂蠕虫状胶束的制备

一、实验目的

1．掌握由表面活性剂分子自组装形成蠕虫状胶束的机理。

2．了解蠕虫状胶束水溶液的表观特征。

二、实验原理

表面活性剂是一种由亲水头基和疏水尾基构成的两亲化合物。在体系中加入少量的表面活性剂就可以极大地改变其物理化学性质。随着水溶液中表面活性剂分子浓度的增大，在范德瓦耳斯力作用下这些分子开始自组装，形成球形胶束、棒状胶束（图 1）、囊泡、层状相、海绵相等多种有序分子聚集体。

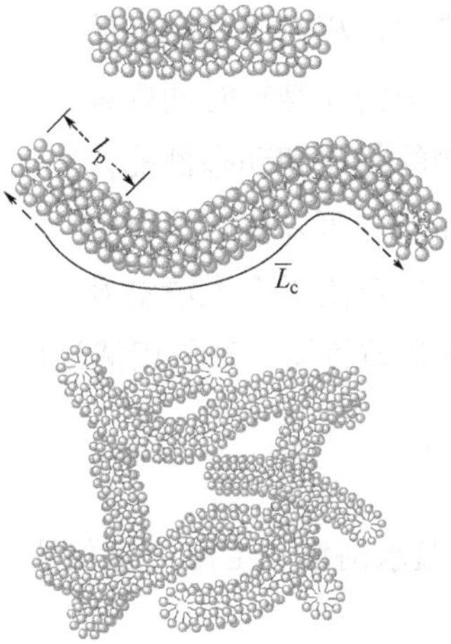

图 1　表面活性剂自组装形成的短棒状胶束、蠕虫状胶束和三维网络结构示意图

在一定条件下，刚性的短棒状胶束（rodlike micelle）继续沿非轴向一维增长可形成长的柔性棒状或柱状胶束，即蠕虫状胶束（wormlike micelles，图 1），也称线状胶束（threadlike micelles）、巨胶束（giant micelles），其直径通常为几纳米，持续长度（persistent length，l_p）为几十到几百纳米，轮廓长度（contour length，$\overline{L}_c$）则可以达到几微米[1]。在有利的温度、浓度、反离子等环境中，当表面活性剂浓度达到临界交叠浓度（c^*），即稀溶液区（dilute solution）与亚浓溶液区（semi-dilute solution）的交点[2]，蠕虫状胶束开始相互缠绕，形成瞬时三维网络结构（transient network），从而赋予体系宏观上类似于聚合物溶液的黏弹性。但聚合

物是通过单体之间较强的共价键作用（100～900kJ·mol^{-1}）紧密相连的，具有固定的分子量和分子量分布，其流变学性能通常为剪切不可逆，即在高剪切速率下其分子链被打断后，溶液黏度无法恢复；而蠕虫状胶束是通过较弱的分子间非共价键作用（<40kJ·mol^{-1}）聚集在一起的，在微观层面上它是一种动态平衡体系，一些游离的表面活性剂分子不断地参与到胶束组装中，又有一些表面活性剂分子不断地从胶束聚集体中解聚出来，聚集体的尺寸和尺寸分布随着体系的温度、浓度、组分的种类以及剪切流场等因素的变化而变化。由于这种动态平衡体系赋予的黏弹性是剪切可逆的，因此，蠕虫状胶束也被称为“活聚合物（living polymers）”或“平衡聚合物（equilibrium polymers）”[1-2]。蠕虫状胶束的破裂-重构主要有两种动力学过程，即可逆的单胶束断裂［uni-micellar scission，图 2（a）］和双胶束尾端互换［bimolecular end interchange，图 2（b）］[3]。

蠕虫状胶束是胶体与软物质的重要研究方向之一，在基础研究方面，它是一种平衡聚合物或活聚合物模型，相对于其存在的周期而言，无论是长时间内还是短时间内都具有一种不同于聚合物的静态和动态性能；在工业等实际应用方面，它可以取代聚合物作为流变学改性剂，可广泛用于个人清洁及护理、摩擦减阻、固体颗粒输运、油气田清洁压裂液等诸多领域。

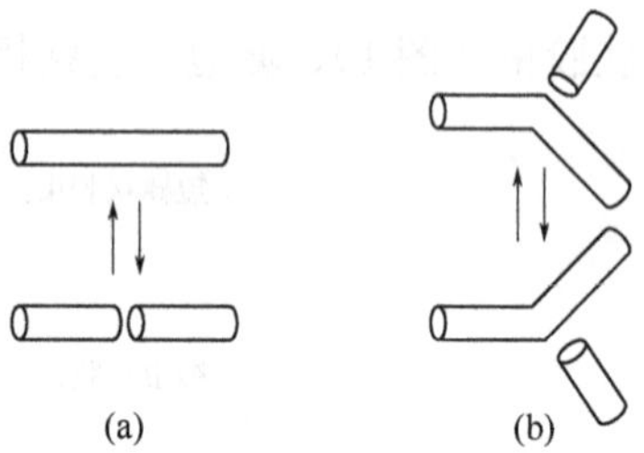

图 2　胶束解聚与重组的动力学过程

三、实验仪器和试剂

HWS12 型电热恒温水浴锅（上海一恒仪器厂），分析天平（ML54T，Mettler Toledo），激光笔。

玻璃试管，容量瓶，移液管，烧杯，等等。

十二烷基硫酸酯钠盐（SDS，99.0%，Aldrich 产品），十六烷基三甲基溴化铵（CTAB，99.0%，Aldrich 产品），棕榈酰胺丙基-*N*,*N*-二甲基叔胺，氯化钠，水杨酸钠，水杨酸，二次蒸馏水（电导率 7.8×10^{-7}S·cm^{-1}，美国 Millipore Synergy UV 二次蒸馏水系统）。

四、实验步骤

（一）阴离子蠕虫状胶束体系的制备

1．准确配制 0.2mol·L^{-1} 的 SDS 水溶液；

2．分别在 6 支 25mL 玻璃试管中移取 20.0mL 0.2mol·L^{-1} 的 SDS 水溶液，编号为 SDS-0、SDS-1、SDS-2、SDS-3、SDS-4、SDS-5；

3．分别准确称量 0.05g、0.10g、0.20g、0.30g、0.40g 氯化钠固体，依次加入 1～5 号试管内；

4．振荡混合均匀，使其充分溶解，放入 25℃恒温水浴槽内，观察试管内溶液的表观现象，尤其是流动性。

（二）阳离子蠕虫状胶束体系的制备

1．准确配制 0.1mol·L^{-1} 的 CTAB 水溶液；

2．分别在 11 支 25mL 玻璃试管中移取 20.0mL 0.1mol·L^{-1} 的 CTAB 水溶液，编号为 CTAB-0、CTAB-1……CTAB-10；

3．分别准确称量 0.04g、0.08g、0.12g、0.16g、0.20g 水杨酸钠固体，依次加入 1～5 号试管内；

4．分别准确称量 0.04g、0.08g、0.12g、0.16g、0.20g 氯化钠固体，依次加入 6～10 号试管内；

5．振荡混合均匀，使其充分溶解，放入 25℃恒温水浴槽内，观察试管内溶液的表观现象，尤其是流动性。

（三）原位制备蠕虫状胶束体系

1．在 25mL 试管内准确称量 0.68g（2mmol）棕榈酰胺丙基二甲基胺，加入 20mL 二次蒸馏水，充分混合，编号为 c-1；

2．在 25mL 试管内准确称量 0.28g（2mmol）水杨酸，加入 20mL 二次蒸馏水，混合均匀，编号为 c-2；

3．在 25mL 试管内准确称量 0.28g（2mmol）水杨酸、0.68g（2mmol）棕榈酰胺丙基二甲基胺，加入 20mL 二次蒸馏水，编号为 c-3；

4．将三支试管充分振荡，放入 25℃恒温水浴槽内，观察试管内溶液的表观现象，尤其是流动性。

（四）胶束溶液的丁达尔现象

由于表面活性剂分子自组装形成的聚集体正好处于纳米尺寸，非常有利于丁达尔现象的发生。因此，可以借助简单直观的丁达尔现象快速判断胶束溶液中聚集体尺寸的相对大小。

1．用激光笔从观察者目视方向的垂直方向依次照射各支试管内的样品，观察样品中光柱的强弱。

2．结合观察到的表观流动性，判断不同溶液中胶束聚集体的大小。

五、数据记录与处理

1．数据记录

室温：__________ 大气压：__________ 实验温度：__________

序号	表面活性剂	浓度	添加剂	浓度	是否有黏性
1					
2					
3					
…					

2．对所制备的蠕虫状胶束体系进行观察，分别描述各自的实验现象。

3．对比所制备的蠕虫状胶束体系的流动性，预判它们的黏度大小顺序。

六、思考题

1．表面活性剂分子能够自组装形成蠕虫状胶束的动力来源哪里？

2．由蠕虫状胶束相互缠绕形成的三维网络结构可以使水溶液的黏度急剧增大，表现出类似聚合物水溶液的黏弹性，二者有哪些不同之处？

3．影响蠕虫状胶束形成的因素有哪些？

4．通过观察胶束溶液的丁达尔现象来判断体系中聚集体的大小的依据是什么？

七、参考文献

[1] Magid L J. The surfactant-polyelectrolyte analogy. J Phys Chem B, 1998, 102: 4064-4074.

[2] Cates M E, Candau S J. Statics and dynamics of worm-like surfactant micelles. J Phys Condes Matter, 1990, 2: 6869-6892.

[3] Turner M S, Cates M E. Linear viscoelasticity of living polymers: A quantitative probe of chemical relaxation times. Langmuir, 1991, 7: 1590-1594.

实验三十九　蠕虫状胶束的流变学性能

一、实验目的

1．掌握由表面活性剂分子自组装形成的蠕虫状胶束的基本流变特征。

2．了解 DHR-2 型流变仪的使用。

二、实验原理

由于蠕虫状胶束溶液具有类似聚合物的黏弹性，其流变性能已然成为蠕虫状胶束体系的首要研究目标。通过对胶束溶液的稳态流变性能评价可以对其内部的胶束结构进行初步判定。在稳态流变中（图 1），低黏度的蠕虫状胶束溶液具有类似牛顿流体的行为，即黏度受剪切速率的影响不大。随着体系的黏弹性增加，其在低剪切速率下仍然具有牛顿流体行为，表现出具有黏度平台，将该平台外推至零剪切速率处可以近似地得到零剪切黏度（η_0）。在高剪切速率区，在增加的应力下网络状结构被破坏，体系结构单元的排列与剪切方向一致，蠕虫状胶束得到规则的定向重排，内摩擦阻力减小，故易流动，表观黏度变小，即剪切稀释行为开始出现。

在溶液中蠕虫状胶束以一种平衡构象状态存在于网络状结构中，在动态流变中，为了使流体的结构不受到破坏，给样品施加的是小幅正弦剪切，这样在动态剪切过程中测得的应力是受瞬时胶束重排或者胶束弛豫（relaxation）控制的。胶束经历弛豫过程后，新的平衡重新形成。通常黏弹性的蠕虫状胶束体系处于固态物质与黏性流体两个极端之间，它不仅具有良好的增黏能力，同时具有较强的黏弹性。如图 2 所示，在低振荡剪切频率（ω）下，耗能模量（G''）>储能模量（G'），

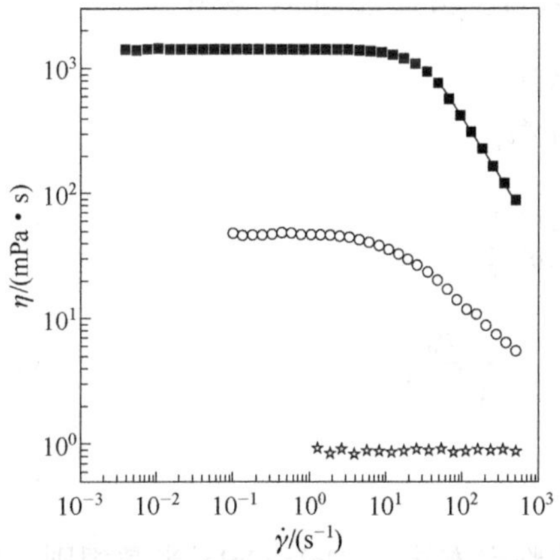

图 1　蠕虫状胶束体系的稳态流变曲线

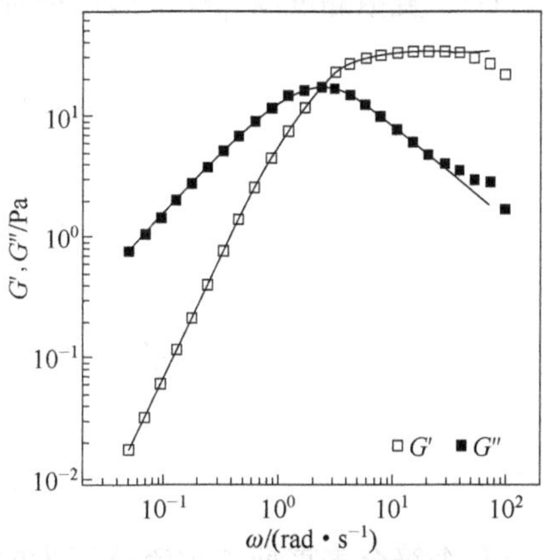

图 2　蠕虫状胶束体系的动态流变曲线

溶液表现出黏性行为；在高振荡剪切频率下，$G''<G'$，溶液表现出弹性行为。换言之，蠕虫状胶束体系是一种黏弹性流体。上述动态流变行为也常作为蠕虫状胶束存在的重要判据之一。

G'在高振荡剪切频率时近似呈一平台，此时的模量值被称为平台模量 G_0（plateau modulus）。此外，G_0 也可以通过式（1）[1-2]求得：

$$G_0 = \frac{\eta_0}{\tau_R} \tag{1}$$

式中，G_0 为平台模量；η_0 为零剪切黏度；τ_R 为弛豫时间，在数值上等于 G'-ω 曲线与 G''-ω 曲线相交点对应振荡频率的倒数。

在给定温度（T）下，G_0 是一个与缠绕点密度（ν）相关的量，即

$$G_0 = \nu kT \tag{2}$$

式中，k 是玻尔兹曼（Boltzmann）常数，T 是绝对温度。显然，缠绕点的密度与表面活性剂浓度相关，因此，宏观上 G_0 的大小主要由表面活性剂的浓度决定[3]。

由于蠕虫状胶束体系具有与聚合物溶液相似的黏弹性，但又具有聚合物所不具备的可逆破坏-重构特性，因此，Cates 小组[1]结合了聚合物溶液的蠕动模型和蠕虫状胶束的可逆破坏-重构特性，建立了“活”聚合物模型，即爬行（reptation）模型，用来描述蠕虫状胶束体系在亚浓溶液区的黏弹性行为。在这个模型中，需要同时考虑两个时间尺度即：胶束沿着轮廓线呈曲线扩散的蠕动时间 τ_{rep} 和胶束的破坏-重构时间 τ_b。当 $\tau_b >> \tau_{rep}$ 时，蠕虫状胶束的应力松弛主要由蠕动过程控制，表现为聚合物行为，其弛豫时间 $\tau_R=\tau_{rep}$；当 $\tau_b << \tau_{rep}$ 时，蠕虫状胶束在蠕动弛豫之前已有可逆破坏-重构发生，体系表现出具有单一弛豫时间的麦克斯韦尔（Maxwell）流体行为，即理想的线性流变行为。对于麦克斯韦尔流体，其 G'、G''、复数黏度$|\eta^*|$和 τ_R 通常符合式（3）、式（4）、式（5）和式（6）。

$$G'(\omega) = \frac{\omega^2 \tau_R^2 G_0}{1+\omega^2 \tau_R^2} \tag{3}$$

$$G''(\omega) = \frac{\omega \tau_R G_0}{1+\omega^2 \tau_R^2} \tag{4}$$

$$|\eta^*| = \frac{(G'^2 + G''^2)^{1/2}}{\omega} = \frac{\eta_0}{\sqrt{1+\omega^2 \tau_R^2}} \tag{5}$$

$$\tau_R = (\tau_{rep} \tau_b)^{1/2} \tag{6}$$

是否符合麦克斯韦尔流体行为的另一种判定方法是 Cole-Cole 半圆规则，它要求 G'与 G''符合式（7）。

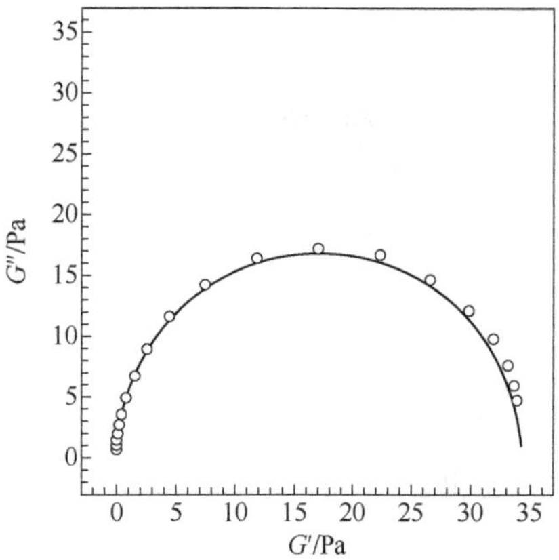

图 3　蠕虫状胶束体系的 Cole-Cole 曲线

$$G''^2 + \left(G' - \frac{G_0}{2}\right)^2 = \left(\frac{G_0}{2}\right)^2 \qquad (7)$$

以 G' 为横坐标、G'' 为纵坐标作图，理想的 Cole-Cole 曲线应该为图 3 所示的半圆形。但在实际的研究过程中，很多体系在高剪切频率下的流变行为将开始偏离麦克斯韦尔模型。此时，Rouse 模式或者“呼吸（breathing）”模式[2]成为主要的行为模式，具体表现为在高剪切频率下 G'' 脱离聚合物的蠕变模型行为，随剪切频率增加不单调下降，而是表现出上升行为。

除上述蠕虫状胶束体系的经典流变学行为外，有时也会出现一些较为特殊的流变学行为，如剪切增稠（shear-thickening）[4]、剪切带行为（shear banding）[5]、胶束支化（micellar branching）[6]和凝胶化（gelling）[7]现象等。

溶液体系的流变学性能通常需要借助流变仪测量。目前常用的流变仪主要分为旋转流变仪、毛细管流变仪、转矩流变仪、拉伸流变仪和界面流变仪。DHR-2 型流变仪是美国 TA 公司生产的一种旋转流变仪，采用发动机带动夹具给样品施加应力，同时用光学解码器测量产生的应变或转速，配有 Peltier 同心圆筒温控系统（图 4）和同心圆筒测量夹具（图 5），适合于低浓度聚合物溶液、涂料、食品、乳制品、表面活性剂溶液等低黏度样品的测试。

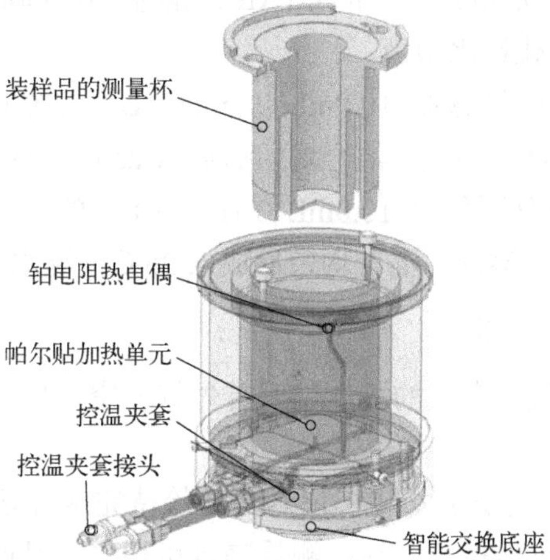

图 4　Peltier 同心圆筒温控系统结构图

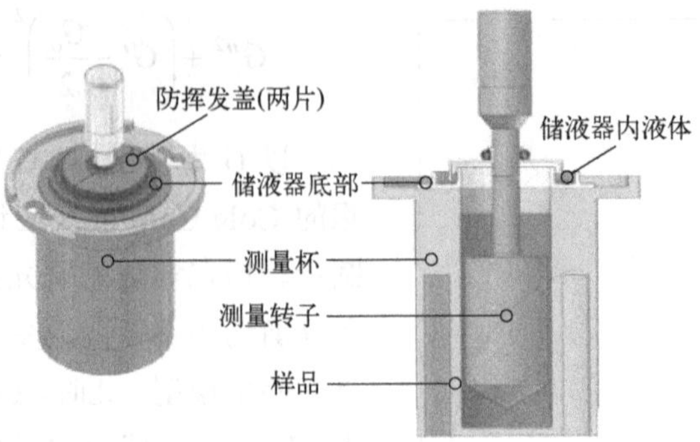

图 5 同心圆筒测量夹具结构图

三、实验仪器和试剂

DHR-2 型旋转流变仪（美国 TA 公司），HWS12 型电热恒温水浴锅（上海一恒仪器厂），分析天平（ML54T，MettlerToledo）。

玻璃试管，容量瓶，移液管，烧杯，等等。

十六烷基三甲基溴化铵（CTAB，99.0%，Aldrich 产品），水杨酸钠，氯化钠，二次蒸馏水（电导率 $7.8\times10^{-7}S\cdot cm^{-1}$，美国 Millipore Synergy UV 二次蒸馏水系统）。

四、实验步骤

（一）样品的准备

1．分别准确配制 $0.1mol\cdot L^{-1}$ 的 CTAB 水溶液、$0.1mol\cdot L^{-1}$ 的水杨酸钠水溶液和 $0.1mol\cdot L^{-1}$ 的氯化钠水溶液；

2．在玻璃试管内分别移取 10.0mL $0.1mol\cdot L^{-1}$ 的 CTAB 水溶液和 10.0mL $0.1mol\cdot L^{-1}$ 的水杨酸钠水溶液，混合均匀后放入 25℃恒温水浴槽内待测；

3．在玻璃试管内分别移取 10.0mL $0.1mol\cdot L^{-1}$ 的 CTAB 水溶液和 10.0mL $0.1mol\cdot L^{-1}$ 的氯化钠水溶液，混合均匀后放入 25℃恒温水浴槽内待测。

（二）稳态流变的测量

1．按照 DHR-2 型流变仪的操作说明首先打开空气压缩机，待气压稳定后打开流变仪主机预热。

2．将所用测量夹具正确安装在仪器上，等待完成连接后，按照操作说明对仪器进行夹具修正和仪器校正（注：测量夹具可根据样品的多少及表观黏度大小选择，视具体情况而定，可请教实验指导教师）。

3．双击桌面上的 TRIOS 图标，链接相应的仪器，进入测量程序操作界面

（图 6）设置参数。点击左侧窗口中的“Experiments”创建文件，进入“Sample”下拉菜单，在“Name”中输入文件保存名，在“Operator”输入操作者等信息。

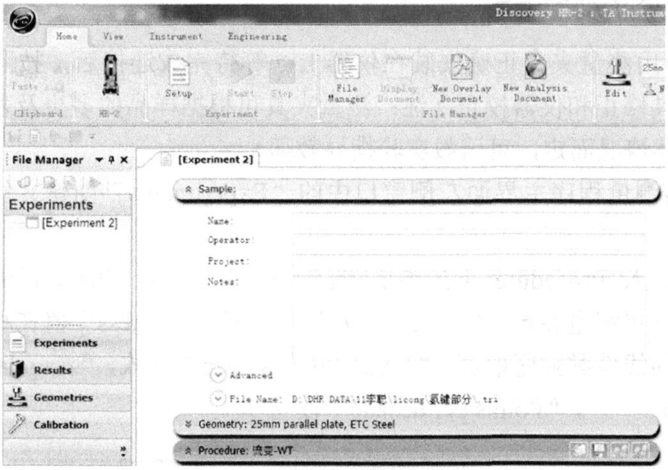

图 6　DHR-2 流变仪测量程序操作界面

4．点击进入“Procedure”下拉菜单（图 7），依次选择“Flow”和“Ramp”测量程序，设置测量参数：“Temperature”为 25℃，“Duration”为 600s，“Mode”为 Log，“Initial shear rate”为 $0.001s^{-1}$，“Final shear rate”为 $500s^{-1}$，点击“Sampling interval”右侧的下拉菜单，选择“Number of points”，设置为 30。

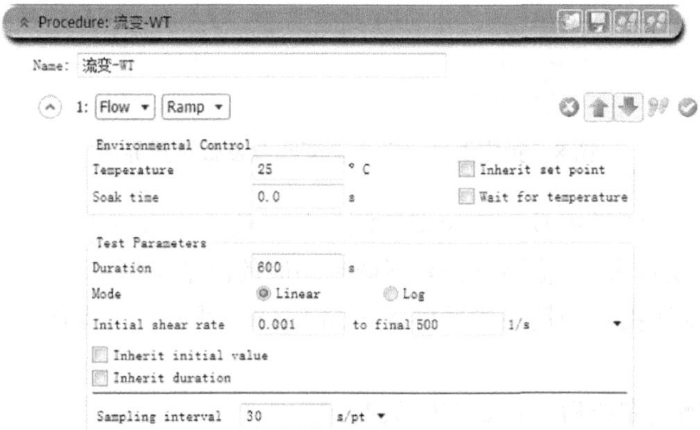

图 7　指定温度下稳态流变测量参数设置界面

5．根据所选测量夹具正确装填待测样品（平板或锥板夹具用样量较小，同心圆筒用样量较大），将平板、或锥板、或转子下降到相应的测量位置。

6．样品到达指定测量温度后继续恒温 5min，然后点击操作界面上的“Start”开始测量。

7．样品测量完成后，升起平板、或锥板、或转子，清洗测量夹具。

8．记录实验数据，依次关闭软件程序、流变仪主机、空气压缩机。

（三）动态流变的测量

1．将所用测量夹具正确安装在仪器上，等待完成连接后，按照操作说明对仪器进行夹具修正和仪器校正（注：测量夹具可根据样品的多少及表观黏度大小选择，视具体情况而定，可请教实验指导教师）。

2．点击测量程序主界面左侧窗口中的“Experiments”创建文件，输入文件参数。

3．点击进入“Procedure”下拉菜单（图 8），依次选择“Oscillation”和“Frequency”测量程序，设置测量参数：“Temperature”为 25℃，“Stress”值在相同浓度样品稳态流变中的线性黏弹区取值，“Logarithmic sweep”模式，“Angular frequency”为 0.1～100rad • s^{-1}，“Points per decade”设为 5。

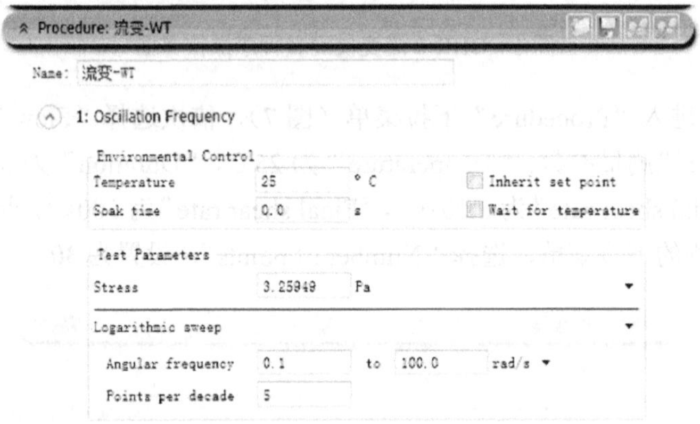

图 8　指定温度下动态流变测量参数设置界面

4．根据所选测量夹具正确装填待测样品（注：平板或锥板夹具用样量较小，同心圆筒用样量较大），将测量夹具下降到相应的测量位置。

5．样品到达指定测量温度后继续恒温 5min，然后点击操作界面上的“Start”开始测量。

6．样品测量完成后，记录实验数据。

7．升起测量夹具，清洗。依次关闭软件程序、流变仪主机、空气压缩机。

注：零剪切黏度较小（<1000mPa•s）的样品无需进行动态流变实验。

（四）蠕虫状胶束的剪切可逆性

1．选定一个样品，在完成稳态流变实验后不要升起测量夹具。除了文件名外，保持所有设置参数不变。

2．等待 3min 后，再次点击操作界面上的“Start”键，开始同一样品的第二次稳态流变测量。

3．样品测量完成后，记录实验数据。

4．升起测量夹具，清洗。依次关闭软件程序、流变仪主机、空气压缩机。

5．对比两次测量所获得的稳态流变曲线。

五、数据记录与处理

1．数据记录：

室温：__________　大气压：__________　实验温度：__________

剪切速率/(s^{-1})	黏度/(mPa・s)	剪切振荡频率 ω/(rad・s^{-1})	储能模量 G'/Pa	耗能模量 G''/Pa
…				

2．根据实验数据画出黏度-剪切速率的稳态流变曲线，指出其零剪切黏度。

3．根据实验数据画出储能模量/耗能模量-剪切振荡频率的动态流变曲线，给出所研究体系的平台模量值、储能模量与耗能模量相交的临界剪切振荡频率。

4．根据储能模量与耗能模量作出 Cole-Cole 图，判断该体系是否符合典型的 Maxwell 流体行为。

5．计算蠕虫状胶束体系的弛豫时间。

六、思考题

1．在低剪切速率下，蠕虫状胶束体系的黏度几乎不随剪切速率增大而改变，表现出牛顿流体行为，为什么？在高剪切速率下，蠕虫状胶束体系的黏度随着剪切速率的增大而下降，表现出剪切变稀的流体行为，为什么？

2．弛豫时间反映的是蠕虫状胶束的什么性质？

3．蠕虫状胶束在高剪切力下体系的黏度将变小，当停止剪切后，体系的黏度又可快速恢复原来的黏度，为什么？

4．当对同一样品进行固定剪切速率下的黏度测试时，第一次测量值和第二次测量值往往不能完全重合的原因可能是什么？

七、参考文献

[1] Cates M E. Reptation of living polymers: Dynamics of entangled polymers in the presence of reversible chain-scission reactions. Macromolecules, 1987, 20: 289-2296.

[2] Granek R, Cates M E. Stress relaxation in living polymers: Results from a poisson renewal model. J Chem Phys, 1992, 96: 4758-4767.

[3] Hoffmann H. Fascinating phenomena in surfactant chemistry. Adv Mater, 1994, 6: 116-129.

[4] Oda R, Panizza P, Schmutz M, et al. Direct evidence of the shear-induced structure of wormlike micelles: Gemini surfactant 12-2-12. Langmuir, 1997, 13: 6407-6412.

[5] Rehage H, Hoffmann H. Viscoelastic surfactant solutions: Model systems for rheological research. Mol Phys, 1991, 74: 933-973.

[6] Porte G, Gomati R, Elhaitamy O, et al. Morphological transformations of the primary surfactant structures in brine rich mixtures of ternary-systems. J Phys Chem, 1986, 90: 5746-5751.

[7] Hoffmann H, Ebert G. Surfactants, micelles and fascinating phenomena. Angew Chem Int Edit, 1988, 27: 902-912.

实验四十　表面活性剂浓度对蠕虫状胶束体系流变性能的影响

一、实验目的

1．掌握表面活性剂浓度对蠕虫状胶束体系流变性能的影响规律及原理。

2．了解蠕虫状胶束的流变学参数与表面活性剂浓度间的标度关系。

二、实验原理

作为一种两亲性分子，随着浓度的增大表面活性剂可以在水溶液自组装形成各种聚集体结构。在一定的物理化学条件下，随着表面活性剂浓度逐渐增大，球形胶束开始不断增长，形成长的线状胶束。当浓度大于某一临界浓度时，这些线状胶束相互缠绕构成了立体三维网络结构，从而赋予体系较高的黏弹性。这与通常的表面活性剂球形胶束溶液的流变学性质截然不同，为区别于常规表面活性剂，Hoffmann等又常将此类表面活性剂称为黏弹性表面活性剂（viscoelastic surfactants）[1]。由此可见，表面活性剂的浓度对蠕虫状胶束体系的流变性能的影响是至关重要的。

沿着稳态流变曲线的牛顿平台反向外推至零剪切速率就可以得到体系的零剪切黏度（η_0，图 1）。将不同浓度体系的 η_0 和浓度作双对数坐标图，即可获得如图 2 所示的结果。可以清晰地看到，η_0-c 曲线被清晰地分成了几块截然不同的变化区域，第一个转折点所对应的浓度就是该体系的临界交叠浓度（critical overlapping concentration，c^*）[2]，第二个转折点的出现主要是由于蠕虫状胶束的支化，或是体系中胶束聚集体的相转变[2]。

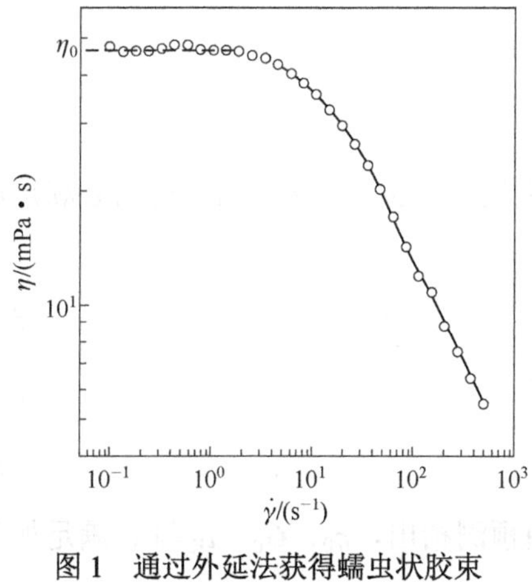

图 1　通过外延法获得蠕虫状胶束体系零剪切黏度示意图

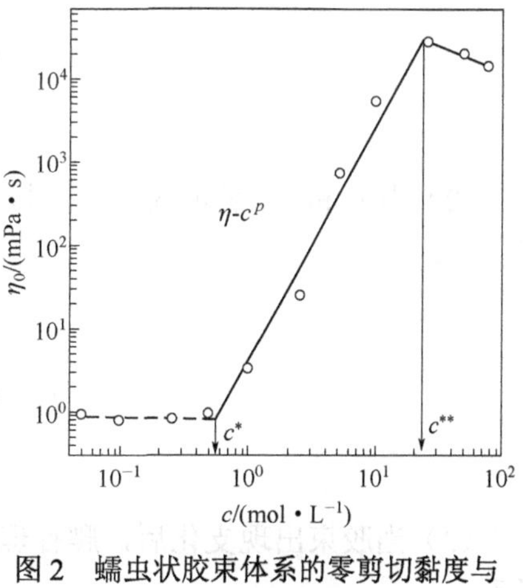

图 2　蠕虫状胶束体系的零剪切黏度与浓度关系图

当表面活性剂的$c<c^*$时，表面活性剂在体系以球形聚集体为主，通常表现为牛顿流体行为，即体系的剪切黏度（η）不随剪切速率（$\dot{\gamma}$）或剪切应力（σ）的改变而变化。该区域称之为稀溶液区，胶束的平均长度随c的增大按简单幂律方式增加，幂指数为1/2，并且溶液的η_0与c呈线性关系，满足爱因斯坦（Einstein）黏度方程[1-2]：

$$\eta_0 = \eta_S(1+Kc) \quad (1)$$

式中，η_0为溶液的零剪切黏度；η_S为纯溶剂的黏度；c为表面活性剂浓度；K为常数。

当表面活性剂的$c^{**}>c>c^*$时，称之为亚浓溶液区。此时溶液中形成的柔性棒状胶束已经足够长，以至于它们之间可以相互缠绕形成动态立体三维网络结构，从而赋予体系极大的黏弹性。η_0随c的增大按照幂律呈指数增长，p为幂指数。一些理论模型预测了随c继续增加，η_0、G_0（平台模量）、τ_R（弛豫时间）与c的标度关系[3]（图3），大体可分为以下三种情况。

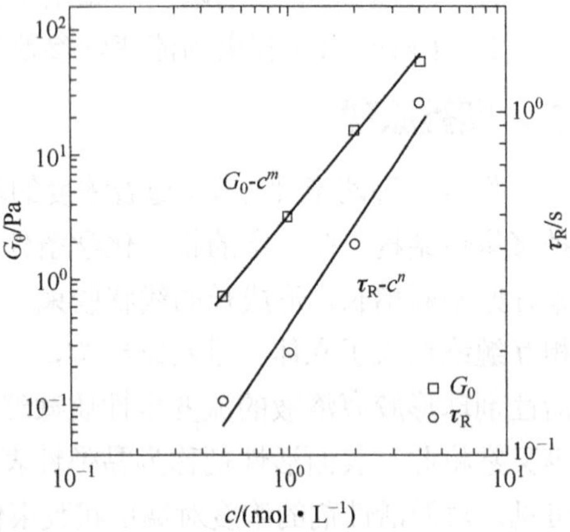

图3 蠕虫状胶束体系的平台模量和弛豫时间与浓度关系图

（1）当胶束的破坏-重构时间τ_b和胶束沿轮廓线呈曲线扩散的蠕动时间τ_{rep}满足$\tau_b<<\tau_{rep}$时，爬行理论模型预测指出，η_0、G_0、τ_R与c满足如下关系：

$$\eta_0 \sim c^{7/2} \quad (2)$$

$$G_0 \sim c^{9/4} \quad (3)$$

$$\tau_R \sim c^{5/4} \quad (4)$$

（2）当τ_b和τ_{rep}满足$\tau_b>>\tau_{rep}$时，理论模型预测指出，η_0、G_0、τ_R与c满足如下关系：

$$\eta_0 \sim c^{21/4} \quad (5)$$

$$G_0 \sim c^{9/4} \quad (6)$$

$$\tau_R \sim c^3 \quad (7)$$

（3）当胶束出现支化后，爬行理论模型预测指出，η_0、G_0、τ_R与c满足如下关系：

$$\eta_0 \sim c^{5/2} \tag{8}$$

$$G_0 \sim c^{9/4} \tag{9}$$

$$\tau_R \sim c^{1/4} \tag{10}$$

上述结果是根据蠕虫状胶束网络结构状态、所满足条件的不同，通过动力学模型推导得出的。根据具体蠕虫状胶束体系的组成，溶液可满足不同的规律。偏离模型的行为主要分为两种类型，即盐效应和表面活性剂浓度效应。

当表面活性剂的 $c>c^{**}$时，体系的流变参数（η_0 和 τ_R）将不再继续单一呈幂指数性地增加，而是表现出下降的趋势，即 c^{**}时体系流变学参数表现出最大值现象[2]。目前，多数报道认为这种最大值的出现是由支化胶束的形成或是胶束结构的转变引起的，需要根据具体体系具体研究。

三、实验仪器和试剂

DHR-2 型流变仪（美国 TA 公司），HWS12 型电热恒温水浴锅（上海一恒仪器厂），分析天平（ML54T，Mettler Toledo）。玻璃试管，容量瓶，移液管，烧杯，等等。

十六烷基三甲基溴化铵（CTAB，99.0%，Aldrich 产品），水杨酸钠，氯化钠，二次蒸馏水（电导率 7.8×10^{-7}S • cm^{-1}，美国 Millipore Synergy UV 二次蒸馏水系统）。

四、实验步骤

（一）样品的准备

1．准确配制 0.05mol • L^{-1} 的水杨酸钠溶液。

2．以 0.05mol • L^{-1} 的水杨酸钠溶液为溶剂，分别配制 0.001mol • L^{-1}、0.002mol • L^{-1}、0.004mol • L^{-1}、0.006mol • L^{-1}、0.008mol • L^{-1}、0.010mol • L^{-1}、0.020mol • L^{-1}、0.040mol • L^{-1}、0.060mol • L^{-1}、0.080mol • L^{-1}、和 0.100mol • L^{-1} 的 CTAB 溶液，混合均匀后放入 25℃恒温水浴槽内待测。

（二）稳态流变的测量

1．按照 DHR-2 型流变仪的操作说明首先打开空气压缩机，待气压稳定后打开流变仪主机预热。

2．将所用测量夹具正确安装在仪器上，等待完成连接后，按照操作说明对仪器进行夹具修正和仪器校正。

3．进入稳态流变测量程序，设置测量参数（参见“实验三十九”）：测量温度为 25℃；每个样品采集数据 30 个，log 指数分布；剪切速率从 0.001～500s^{-1}

指数增加（对于黏度较小的溶液可将起始剪切速率适当调大）。

4．根据所选测量夹具正确装填待测样品，将测量夹具下降到相应位置。

5．样品到达指定测量温度后继续恒温 5min，然后点击操作界面上的“Start”开始测量。

6．样品测量完成后，记录实验数据。

7．升起测量夹具，清洗。依次关闭软件程序、流变仪主机、空气压缩机。

（三）动态流变的测量

1．点击测量程序主界面左侧窗口中的“Experiments”创建文件，输入文件参数。

2．进入动态流变测量程序，设置测量参数（参见“实验三十九”）：测量温度为 25℃，“Stress”值在相同浓度样品稳态流变中的线性黏弹区取值，“Angular frequency”为 0.1～100 rad • s^{-1}，“Points per decade”设为 5，log 指数分布。

3．根据所选测量夹具正确装填待测样品，将测量夹具下降到相应的测量位置。

4．样品到达指定测量温度后继续恒温 5min，然后点击操作界面上的“Start”开始测量。

5．样品测量完成后，记录实验数据。

6．升起测量夹具，清洗。依次关闭软件程序、流变仪主机、空气压缩机。

五、数据记录与处理

1．根据实验数据画出不同浓度下 CTAB-水杨酸钠体系的稳态流变曲线和动态流变曲线。

2．计算出不同浓度下 CTAB-水杨酸钠体系的零剪切黏度 η_0、弛豫时间 τ_R 和平台模量 G_0。

室温：________ 大气压：________ 实验温度：________

样品浓度	零剪切黏度 η_0/(mPa • s)	弛豫时间 τ_R/s	平台模量 G_0/Pa
…			

3．绘制 CTAB-水杨酸钠体系的 η_0-c 曲线，指出其临界交叠浓度 c^* 和亚浓溶液区 η_0 与 c 的标度关系。

4．绘制 CTAB-水杨酸钠体系的 G_0-c 曲线和 τ_R-c 曲线，指出亚浓溶液区 G_0 和 τ_R 与 c 的标度关系。

六、思考题

1．如何获得蠕虫状胶束体系的零剪切黏度 η_0 和平台模量 G_0？

2．在实际的研究过程中经常发现 η_0 和 τ_R 与 c 的标度关系会出现偏离理论模型的情况，这是什么原因引起的？G_0 与 c 的标度关系也会有这种现象出现吗？为什么？

3．随着表面活性剂浓度的增大，蠕虫状胶束体系的零剪切黏度 η_0 一定会出现最大值现象吗？最大值的出现与哪些因素有关？

七、参考文献

[1] Hoffmann H. Viscoelastic surfactant solutions// Herb C A, Prud'homme R K. Structure and Flow in Surfactant Solutions. Washingdon, DC: American Chemical Society, 1994.

[2] Zana R, Kaler E W. Giant Micelles: Properties and Applications. Boca Raton: CRC Press, 2007.

[3] Cates M E, Candau S J. Statics and dynamics of worm-like surfactant micelles. J Phys Condes Matter, 1990, 2: 6869-6892.

实验四十一　疏水链长对蠕虫状胶束体系流变性能的影响

一、实验目的

掌握表面活性剂分子疏水链长对蠕虫状胶束体系流变性能影响的基本规律和机理。

二、实验原理

表面活性剂具有两个最基本的性质：①在表面或界面吸附，形成吸附膜；②在溶液体相内聚集，形成有序聚集体。它们均与水中的氢键结构重新排列相关。表面活性剂溶于水后，其疏水尾基周围也可形成整齐的“冰山”（iceberg）结构[1]，但这一“整齐结构”会随着疏水尾基的相互靠拢、缔合而遭到破坏。因此，表面活性剂形成聚集体的过程是由比较有序到比较无序的过程，该过程是熵增加而焓变化不大的过程，所以该过程是吉布斯自由能降低的自发过程，表面活性剂聚集体的形成过程是一种典型的自组装过程。而这种自组装的根本动力就是表面活性剂分子疏水尾链的疏水缔合作用。

作为表面活性剂聚集体的一种，蠕虫状胶束同样也是由表面活性剂分子尾基的疏水作用驱动形成的，而非化学键结合的。因此，表面活性剂尾基的结构对蠕虫状胶束的形成和体系的流变性能有着显著的影响。通常疏水尾链越长，表面活性剂分子的疏水作用越强；临界胶束浓度越小，越有利于胶束的纵向生长；蠕虫状胶束的临界交叠浓度越小，越易形成高黏弹性的蠕虫状胶束三维网络结构。

三、实验仪器和试剂

DHR-2 型流变仪（美国 TA 公司），HWS12 型电热恒温水浴锅（上海一恒仪器厂），分析天平（ML54T，MettlerToledo）。

玻璃试管，容量瓶，移液管，烧杯，等等。

十六烷基三甲基溴化铵（CTAB，99.0%，Aldrich 产品），十四烷基三甲基溴化铵（TTAB，99.0%，Aldrich 产品），十二烷基三甲基溴化铵（DTAB，99.0%，Aldrich 产品），水杨酸钠，二次蒸馏水（电导率 7.8×10^{-7}S・cm^{-1}，美国 Millipore Synergy UV 二次蒸馏水系统）。

四、实验步骤

（一）样品的准备

1．准确配制 0.05mol・L^{-1} 的水杨酸钠溶液。

2．以 0.05mol・L^{-1} 的水杨酸钠溶液为溶剂，分别配制 0.001mol・L^{-1}、0.002mol・L^{-1}、0.004mol・L^{-1}、0.006mol・L^{-1}、0.008mol・L^{-1}、0.010．0.020mol・L^{-1}、0.040mol・L^{-1}、0.060mol・L^{-1}、0.080mol・L^{-1} 和 0.100mol・L^{-1} 的 CTAB、TTAB 和 DTAB 溶液，混合均匀后放入 25℃恒温水浴槽内待测。

（二）稳态流变

1．按照 DHR-2 型流变仪的操作说明开机、预热。

2．将所用测量夹具正确安装在仪器上，等待完成连接后，按照操作说明对仪器进行夹具修正和仪器校正。

3．进入稳态流变测量程序，设置测量参数（参见“实验三十九”）：测量温度为 25℃；每个样品采集数据 30 个，log 指数分布；剪切速率从 0.001～500s^{-1} 指数增加（注：对于黏度较小的溶液可将起始剪切速率适当调大）。

4．根据所选测量夹具正确装填待测样品，将测量夹具下降到相应位置。

5．样品到达指定测量温度后继续恒温 5min，然后点击操作界面上的“Start”开始测量。

6．样品测量完成后，记录实验数据。

7．升起测量夹具，清洗。依次关闭软件程序、流变仪主机、空气压缩机。

（三）动态流变

1．点击测量程序主界面左侧窗口中的“Experiments”创建文件，输入文件参数。

2．进入动态流变测量程序，设置测量参数（参见“实验三十九”）：测量温度为 25℃，“Stress”值在相同浓度样品稳态流变中的线性黏弹区取值，“Angular frequency”为 0.1～100rad・s^{-1}，“Points per decade”设为 5，log 指数分布。

3．根据所选测量夹具正确装填待测样品，将测量夹具下降到相应的测量位置。

4．样品到达指定测量温度后继续恒温 5min，然后点击操作界面上的“Start”开始测量。

5．样品测量完成后，记录实验数据。

6．升起测量夹具，清洗。依次关闭软件程序、流变仪主机、空气压缩机。

五、数据记录与处理

1. 根据实验数据画出不同浓度下 DTAB-水杨酸钠、TTAB-水杨酸钠和 CTAB-水杨酸钠体系的稳态流变曲线。

2．计算出不同浓度下 DTAB-水杨酸钠、TTAB-水杨酸钠和 CTAB-水杨酸钠体系的零剪切黏度 η_0，记录表中。

室温：________ 大气压：________ 实验温度：________

样品浓度	零剪切黏度 η_0/(mPa·s)		
	DTAB-水杨酸钠	TTAB-水杨酸钠	CTAB-水杨酸钠
…			

3. 分别绘制 DTAB-水杨酸钠、TTAB-水杨酸钠和 CTAB-水杨酸钠体系的 η_0-c 曲线，指出各自的临界交叠浓度 c^*和亚浓溶液区 η_0 与 c 的标度关系。

4. 验证蠕虫状胶束体系的临界交叠浓度 c^*与表面活性剂分子疏水链长间是否存在线性关联。

5. 在表面活性剂浓度相同的条件下，比较 DTAB-水杨酸钠、TTAB-水杨酸钠和 CTAB-水杨酸钠体系的弛豫时间 τ_R 和平台模量 G_0 的大小。

六、思考题

1. 如果表面活性分子的疏水链结构中含有支链，是否有利于蠕虫状胶束的形成？

2. 短碳链表面活性剂分子形成的蠕虫状胶束体系，其稳态流变曲线上的牛顿平台区往往较宽，甚至在整个测量区间均表现出牛顿流体行为，但黏度又较纯溶剂的黏度高出许多，为什么？

七、参考文献

[1] Israelachvili J N, Mitchell D J, Ninham B W. Theory of self-assembly of hydrocarbon amphiphiles into micelles and bilayers. J Chem Soc Faraday Trans, 1976, 72: 1525-1568.

实验四十二　温度对蠕虫状胶束体系流变性能的影响

一、实验目的

1. 掌握温度对蠕虫状胶束体系流变性能的影响规律和机理。
2. 了解蠕虫状胶束体系流体活化能的计算。

二、实验原理

通常，当加热表面活性剂蠕虫状胶束溶液时，蠕虫状链的轮廓长度（$\overline{L}$）会随温度的升高呈指数规律缩短，二者满足如下关系[1]：

$$\overline{L} = c^{1/2}\exp[E_c / 2(kT)] \quad (1)$$

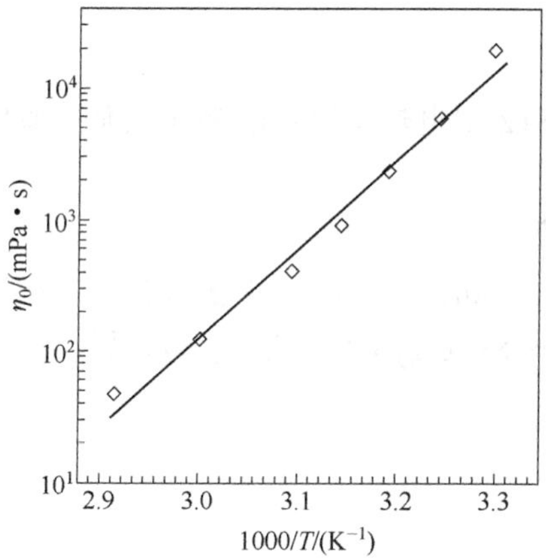

图 1　蠕虫状胶束体系的零剪切黏度 η_0 与 1000/T 的关系

式中，c 为胶束溶液浓度；E_c 为胶束末端能（end cap energy）；k 为玻尔兹曼常数；T 为胶束溶液温度。胶束长度的这种变化，会影响溶液的流变学特性，导致溶液的零剪切黏度 η_0 和弛豫时间 τ_R 随温度升高也呈指数规律衰减（图 1），满足下式[1]：

$$\eta_0 = G_0 A e^{E_a/(RT)} \quad (2)$$

$$\tau_R = A e^{E_a/(RT)} \quad (3)$$

式中，G_0 为平台模量；A 为经验参数；E_a 为胶束的活化能（flow activity energy）；R 为普适气体常量。

因此，对于蠕虫状胶束溶液体系来说，随温度升高而产生黏度弛豫时间减少的现象是一种比较常见的现象。从式（2）和式（3）可知，蠕虫状胶束体系的活化能可以通过 η_0 与温度的函数曲线的斜率值而得到。

但是，在给定温度（T）下，平台模量 G_0 是一个与缠绕点密度（ν）相关的量，而缠绕点的密度与表面活性剂浓度相关，因此，宏观上 G_0 的大小主要由表面活性剂的浓度决定[2]。换言之，对于一个指定的蠕虫状胶束体系，其在不同温度下的平台模量 G_0 是基本保持不变的（图 2），除非蠕虫状胶束变短至无法缠绕。事实上许多报道也证实了这一点。

除此之外，升高温度也可能导致某些蠕虫状胶束体系的表观黏度升高而非降低，表现出最大值现象。这种热刺激增黏体系被称为温度响应（temperature-responsive）体系或热响应（thermoresponsive）体系[3]。通常，构成蠕虫状胶束体系的表面活性剂分子结构中含有乙氧基（EO）等温敏基团，或反离子为羟基萘羧酸、水杨酸等溶解性易受温度影响的组分，通过改变温度引起某一组分的水溶性改变，使胶束结构发生转变，导致聚集体堆积参数发生变化，从而实现体系宏观黏弹性的可控。不同类型的表面活性剂均可以形成温度响应型蠕虫状胶束。

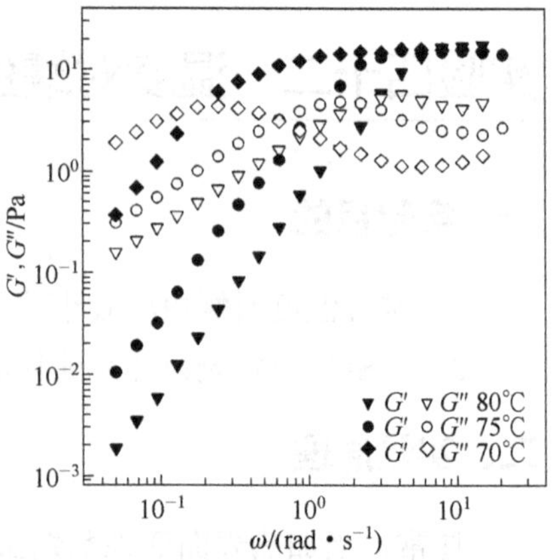

图 2　蠕虫状胶束体系在不同温度下的动态流变曲线

三、实验仪器和试剂

DHR-2 型流变仪（美国 TA 公司），HWS12 型电热恒温水浴锅（上海一恒仪器厂），分析天平（ML54T，Mettler Toledo）。

玻璃试管，容量瓶，移液管，烧杯，等等。

十六烷基三甲基溴化铵（CTAB，99.0%，Aldrich 产品），水杨酸钠，二次蒸馏水（电导率 7.8×10^{-7}S · cm^{-1}，美国 Millipore Synergy UV 二次蒸馏水系统）。

四、实验步骤

（一）样品准备

准确配制 CTAB 与水杨酸钠的二元混合样品，其中 CTAB 和水杨酸钠的浓度为 0.1mol · L^{-1}，混合均匀后将其平均分成 5 份，每份 20mL，分别放入 25℃、30℃、35℃、40℃、45℃恒温水浴槽内恒温待测。

（二）稳态流变

1．按照 DHR-2 型流变仪的操作说明首先打开空气压缩机，待气压稳定后打开流变仪主机预热。

2．将所用测量夹具正确安装在仪器上，等待完成连接后，按照操作说明对仪器进行夹具修正和仪器校正。

3．进入稳态流变测量程序，设置测量参数（参见“实验三十九”）：测量温度依次设置为 25℃、30℃、35℃、40℃和 45℃；每个样品采集数据 30 个，log 指数分布；剪切速率从 0.001～500s^{-1} 指数增加（注：对于黏度较小的溶液可将起始剪切速率适当调大)。

4．根据所选测量夹具正确装填待测样品，将测量夹具下降到相应位置。

5．样品到达指定测量温度后继续恒温 5min，然后点击操作界面上的“Start”开始测量。

6．样品测量完成后，记录实验数据。

7．升起测量夹具，清洗。依次关闭软件程序、流变仪主机、空气压缩机。

(三)动态流变

1．点击测量程序主界面左侧窗口中的“Experiments”创建文件，输入文件参数。

2．进入动态流变测量程序，设置测量参数（参见“实验三十九”）：测量温度依次设置为 25℃、30℃、35℃、40℃和 45℃，“Stress”值在相同浓度样品稳态流变中的线性黏弹区取值，“Angular frequency”为 0.1～100rad • s^{-1}，“Points per decade”设为 5，log 指数分布。

3．根据所选测量夹具正确装填待测样品，将测量夹具下降到相应的测量位置。

4．样品到达指定测量温度后继续恒温 5min，然后点击操作界面上的“Start”开始测量。

5．样品测量完成后，记录实验数据。

6．升起测量夹具，清洗。依次关闭软件程序、流变仪主机、空气压缩机。

五、数据记录与处理

1．根据实验数据画出 0.1mol • L^{-1} CTAB-水杨酸钠体系在不同温度下的稳态流变曲线。

2．根据稳态流变曲线计算出 0.1mol • L^{-1} CTAB-水杨酸钠体系在不同温度下的零剪切黏度 η_0，记录在表中。

3．根据动态流变曲线计算出 0.1mol • L^{-1} CTAB-水杨酸钠体系在不同温度下的弛豫时间 τ_R 和平台模量 G_0，记录在表中。

室温：__________ 大气压：__________ 实验温度：__________

温度 T/K	1000/T/(K^{-1})	零剪切黏度 η_0/(mPa • s)	平台模量 G_0/Pa	弛豫时间 τ_R/s
…				

4．绘制 0.1mol • L^{-1} CTAB-水杨酸钠体系的零剪切黏度 η_0-1000/T 曲线和弛豫时间 τ_R-1000/T 曲线，计算该体系的流体活化能。

六、思考题

1．温度升高为什么会导致蠕虫状胶束体系的零剪切黏度 η_0 下降和弛豫时间 τ_R 减少？为什么平台模量 G_0 却可以保持不变？

2．试推测一下，升高温度将会如何改变蠕虫状胶束体系的临界交叠浓度？

3．蠕虫状胶束的流体活化能是一个什么物理量？与物理化学中所讲的反应活化能一样吗？

七、参考文献

[1] Cates M E, Candau S J. Statics and dynamics of worm-like surfactant micelles. J Phys Condes Matter, 1990, 2: 6869-6892.

[2] Hoffmann H. Fascinating phenomena in surfactant chemistry. Adv Mater, 1994, 6: 116-129.

[3] Greenhillhooper M J, Osullivan T P, Wheeler P A. The aggregation behavior of octadecylphenylalkoxysulfonates. J Colloid Interface Sci, 1988, 124: 77-87.

实验四十三　反离子对蠕虫状胶束体系流变性能的影响

一、实验目的

1．掌握反离子对蠕虫状胶束体系流变性能的影响规律及机理。

2．了解酯化胶束的概念。

二、实验原理

由于离子型表面活性剂头基的静电排斥作用，所以单独的离子型表面活性剂分子较难形成长的蠕虫状胶束。只有通过加入带相反电荷的其他组分，比如各种盐、助水溶物或者相反电荷的表面活性剂，来屏蔽离子头基的静电排斥作用，从而诱使胶束增长。因此，这些带相反电荷的添加剂的结构和性质对胶束增长和溶液的流变性质起重要作用。

无机盐中的反离子通过静电作用吸附在离子型表面活性剂头基的周围，诱使胶束发生球-棒形态转化。对于这种反离子来说，其对胶束的诱导能力主要取决于它们极化能力的强弱，即它们与头基的结合效率或吸附能力。反离子与头基的结合能力越强，诱使胶束发生球-棒状转换所需要的反离子浓度越低。同时，在相同的反离子浓度下，在结合能力强的反离子存在下，胶束增长的长度越长，形成的胶束更加具有柔性。这种结合效率遵循霍夫迈斯特（Hofmeister）顺序规则[1]，即$F^- < Cl^- < Br^- < NO_3^- < ClO_3^-$。对于阴离子型表面活性剂体系来说，由于其反离子为金属阳离子，其离子半径较小，往往需要超过表面活性剂浓度很多倍的量才能使胶束发生球-棒状转化。

含疏水基团的有机反离子比无机反离子具有更强的诱导能力，主要表现为在更低的浓度下便能诱导表面活性剂形成蠕虫状胶束。有机反离子的疏水性和几何结构是决定其诱导能力最主要的两个因素。疏水链具有超过三个以上的—CH_2，反离子就能通过疏水作用促进胶束增长。根据Hassan等的报道[2]，随着反离子疏水性的增强，胶束表面电荷密度降低，表面活性剂头基截面积a能被有效地减小，更重要的一点是，这些疏水性反离子还能增加疏水部分的体积，从而双重地增加堆积参数P，进而诱使胶束的球-棒状形态转化。如图1所示，简单的反离子仅能通过吸附在胶束界面上降低界面的横截面积a，但是它们由于较小的体积不能有效增加表面活性剂的疏水体积V。

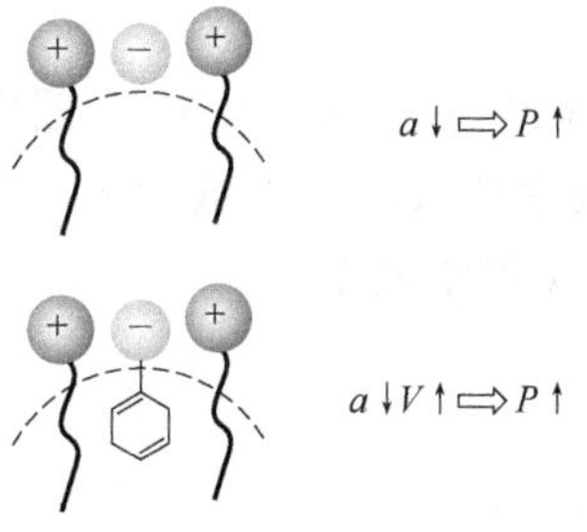

图1　无机反离子与有机反离子对胶束组装的不同贡献

理论认为表面活性剂浓度是决定溶液性质的唯一物理量，但是在固定表面活性剂浓度而改变电解质的浓度时，零剪切黏度 η_0 会出现一个最大值（图 2），可见电解质的浓度也会对溶液的性质有所影响。这主要是因为随着盐浓度的增加，离子头基的电荷逐渐被屏蔽，表面活性剂头基截面积 a 逐渐减少，从而导致胶束界面的自发曲率逐渐降低，从能量角度考虑胶束端盖的形成会受到抑制[4]。此时除了可以通过促使胶束无限增长来实现外，另外一种抑制形成端盖的方法是把圆柱形胶束通过支点连接起来，形成比圆柱形的自发曲率还要低的支化胶束。支化胶束形成的网络上的连接点可以沿着胶束滑移而消除外加的应力，因此这种支化胶束的黏度会降低和弛豫时间会减少。

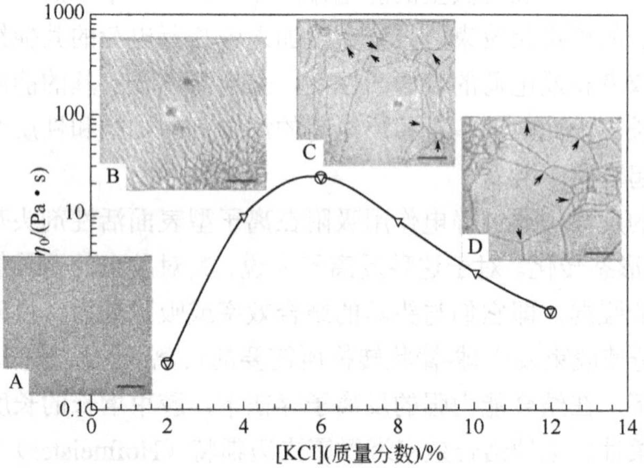

图 2　蠕虫状胶束体系的零剪切黏度 η_0 随 KCl 浓度增大的变化曲线及相应的胶束结构电镜照片[3]

三、实验仪器和试剂

DHR-2 型流变仪（美国 TA 公司），HWS12 型电热恒温水浴锅（上海一恒仪器厂），分析天平（ML54T，Mettler Toledo）。

玻璃试管，容量瓶，移液管，烧杯，等等。

十二烷基硫酸钠（SDS，99.0%，Aldrich 产品），*N*,*N'*-二乙基-*N*,*N*,*N'*,*N'*-四甲基-1,2-二溴化乙二铵（Bola2et），氯化钠，苄基三甲基溴化铵，二次蒸馏水（电导率 $7.8\times10^{-7}S\cdot cm^{-1}$，美国 Millipore Synergy UV 二次蒸馏水系统）。

四、实验步骤

（一）样品的准备

1．准确配制 $0.2mol\cdot L^{-1}$ 的 SDS 溶液。

2．以 0.2mol・L^{-1} 的 SDS 溶液为溶剂，分别配制 0.010mol・L^{-1}、0.025mol・L^{-1}、0.075mol・L^{-1}、0.10mol・L^{-1}、0.15mol・L^{-1}、0.20mol・L^{-1}、0.25mol・L^{-1}、0.30mol・L^{-1}、0.40mol・L^{-1}、0.60mol・L^{-1} 的氯化钠溶液，混合均匀后放入 25℃恒温水浴槽内待测。

3．分别准确移取 20mL 0.2mol・L^{-1} 的 SDS 溶液到 1～3 号三支试管内，然后分别向三支试管内添加等物质的量的氯化钠和苄基三甲基氯化铵，加入 Bola2et，使其浓度为 0.1mol・L^{-1}，混合均匀后放入 25℃恒温水浴槽内待测。

（二）稳态流变

1．按照 DHR-2 型流变仪的操作说明首先打开空气压缩机，待气压稳定后打开流变仪主机预热。

2．将所用测量夹具正确安装在仪器上，等待完成连接后，按照操作说明对仪器进行夹具修正和仪器校正。

3．进入稳态流变测量程序，设置测量参数（参见“实验三十九”）：测量温度为 25℃；每个样品采集数据 30 个，log 指数分布；剪切速率从 0.001～500s^{-1} 指数增加（注：对于黏度较小的溶液可将起始剪切速率适当调大）。

4．根据所选测量夹具正确装填待测样品，将测量夹具下降到相应位置。

5．样品到达指定测量温度后继续恒温 5min，然后点击操作界面上的“Start”开始测量。

6．样品测量完成后，记录实验数据。

7．升起测量夹具，清洗。依次关闭软件程序、流变仪主机、空气压缩机。

五、数据记录与处理

1．根据实验数据画出 SDS-盐二元体系的稳态流变曲线。

2．计算出不同 SDS-盐二元体系的零剪切黏度 η_0。

3．以 SDS-盐二元体系的零剪切黏度 η_0 为纵坐标，以氯化钠浓度为横坐标，绘制蠕虫状胶束体系流变性能的盐度扫描图，观察是否有最大值出现。

4．比较不同结构反离子诱导 SDS 表面活性剂自组装形成黏弹性蠕虫状胶束的能力，解释其中的原因。

六、思考题

1．如果蠕虫状胶束体系的零剪切黏度 η_0 随反离子浓度的变化曲线上出现了最大值，是否就意味着蠕虫状胶束在最大值之后发生了支化？

2．支化胶束的形成为什么可以导致蠕虫状胶束体系表观黏度的下降？

3. 为什么有机反离子比无机反离子可以更加有效地诱导胶束的增长？该规律适用于所有有机反离子吗？

七、参考文献

[1] Oelschlaeger C, Suwita P, Willenbacher N. Effect of counterion binding efficiency on structure and dynamics of wormlike micelles. Langmuir, 2010, 26: 7045-7053.

[2] Croce V, Cosgrove T, Maitland G, et al. Rheology, cryogenic transmission electron spectroscopy, and small-angle neutron scattering of highly viscoelastic wormlike micellar solutions. Langmuir, 2003, 19: 8536-8541.

[3] Zhang Y, Kong W, An P, et al. CO_2/pH-controllable viscoelastic nanostructured fluid based on stearic acid soap and bola-type quaternary ammonium salt. Langmuir, 2016, 32: 2311-2320.

[4] Zana R, Kaler E W. Giant Micelles: Properties and Applications. Boca Raton: CRC Press, 2007.

VI

具有刺激响应的新型表面活性剂和表面活性颗粒

表面活性剂分子具有独特的亲水-亲油结构，能够在溶液表面吸附，从而有效地降低水溶液的表面张力，在气流或搅拌作用下可以形成泡沫；表面活性剂浓度达到其临界胶束浓度（CMC）以上时，能够在溶液体相自组装，形成胶束等表面活性剂有序分子聚集体，从而具有增溶功能；能够在油-水界面发生吸附，降低油-水界面张力，从而具有乳化功能，使油、水两个不能够互相溶解的液相体系形成乳状液；在脂肪醇等极性有机物的协助下，能够形成更加稳定、外观近乎透明的微乳状液。因此，表面活性剂在工农业生产和个人家居洗涤等领域具有广泛的应用，素有“工业味精”之美誉。

在表面活性剂的长期应用实践过程中，愈来愈多的证据表明，当表面活性剂在应用过程中的某个环节结束之后，体系中残留的表面活性剂往往对后续过程产生某些不利干扰。比如，家用洗涤剂使用结束后，富含表面活性剂的洗涤废水，排放至城市生活污水系统，在污水净化过程中会产生明显的泡沫，干扰了污水的处置过程。因此，在表面活性剂使用结束后，人们希望可以能动地关闭表面活性剂的功能；在需要表面活性剂的时候，又能够自主地打开表面活性剂的功能。表面活性剂功能的可逆开关往往是通过环境因素的刺激而实现，因此，对环境因素刺激具有可逆自发响应功能的新型表面活性剂应运而生。英国布里斯托（Bristol）大学 J. Eastoe 教授称这类新型表面活性剂为刺激响应型表面活性剂（stimuli-responsive surfactants）[1]，加拿大女王（Queen's）大学 P. G. Jessop 教授称这类表面活性剂为开关表面活性剂（switchable surfactants）[2]。

开关表面活性剂问世后，引起了广泛的关注，属于表面活性剂科学研究领域中比较前沿的研究热点之一。截至当前，已经报道的开关刺激因素包括：pH[3]、光[4]、氧化-还原[5]、温度[6]、磁[7]、CO_2/N_2[2]、主-客体相互作用[8]和酶[9]等。

pH 开关最为常见，实现开关作用所采用的措施也最为简单，只要交替加入酸或碱，调节溶液的 pH 即可实现表面活性剂的开和关，但是，交替加入酸碱必然会导致体系中有副产物无机盐的产生和累积。光开关不会加入任何化学物质，但是，此类表面活性剂必须具有光响应基团，实现此开关过程必须有合适的光源。氧化-还原开关又分两类：其一为电氧化-还原，在合适的电化学装置和电位下可实现分子结构中含有二茂铁基团表面活性剂的开关；其二为化学氧化-还原，此类表面活性剂必须具有氧化-还原响应的官能团，比较常见的此类官能团有二硫醚和硒醚，显然，这类表面活性剂的开和关必须有氧化剂和还原剂的参与。温度开关主要是利用表面活性剂分子结构中的聚醚基团与水分子之间的分子间氢键在高温下瓦解而在低温下稳定的原理。磁开关不多见，此类表面活性剂分子结构中必须具有磁响应的基团，合成步骤相对复杂。主-客体相互作用实现表面活性剂的开和关，主要是利用表面活性剂与环糊精等有机物形成超分子化合物从而失去表面活性，而在竞争性物质存在时，表面活性剂从超分子化合物中替换并释放，从而实现表面活性的开和关。而 CO_2/N_2 开关，主要是利用长链有机叔胺、胍和脒等碱性有机物，在水溶液中可以与碳酸形成相应的碳酸氢盐，从而表现出阳离子型表面活性剂的特性，而在 N_2 流和加热作用下，上述碳酸氢盐分解从而恢复到没有明显表面活性的长链有机叔胺、胍和脒，实现表面活性剂的暂时性可逆形成和瓦解。在这个过程中，除了辅助加热之外，不会用到和产生对环境有负担的化学物质，因而，CO_2/N_2 开关表面活性剂被认为属于比较绿色的开关表面活性剂品种。

除微乳液之外，由表面活性剂乳化而得的乳状液通常也不够稳定；而由固体颗粒乳化而得的乳状液却十分稳定，此类乳状液通常称作 Pickering 乳液[10]。然而，Pickering 乳液出色的稳定性也是其缺点，比如，使用过程中需要将 Pickering 乳液破乳时，将会比较困难。将 Pickering 乳液中具有乳化作用的颗粒赋予前述开关表面活性剂的开关功能，则可以在环境因素的作用下，将 Pickering 乳液进行破乳和再次乳化，此所谓响应 Pickering 乳液[11]。除了上述乳液、微乳和 Pickering 乳液之外，基于开关表面活性剂的泡沫[12]、蠕虫状胶束[13]、囊泡[14]等表面活性剂聚集体也具有良好的开关效应。

从开关作用机制角度看，开关表面活性剂分子结构中均带有可开关响应的官能团。开关基团作用前后：①显著改变母体分子的性质，使其在“是”与“不是”表面活性剂两种状态间转换[2]；②显著改变母体表面活性剂的亲疏水性，使其在“强”与“弱”表界面活性两种状态之间转换[1]；③显著改变母体表面活性剂的溶解性，使其在“能”与“不能”正常发挥表面活性剂功能之间转换[15-17]。

可见，响应表面活性剂（或表面活性颗粒）及其聚集体不仅极大地拓展了表面活性剂科学的研究对象和范围，使人们有机会进一步系统而彻底地研究该类表面活性物质的性质和功能，从而赋予古老而年轻的表面活性剂更多和更加新颖的应用；而且也可为表面活性剂增强洗涤（surfactant-enhanced washing）废液中回收表面活性剂和污染物提供了可能[15-17]。

这里，针对 pH、CO_2、氧化-还原和光四种开关，选编对上述四种开关具有响应的表面活性剂的制备，并开展性质探索的综合型实验案例，共计 11 个项目以供读者参考使用。

建议读者进一步阅读下列文献，以期拓展。

[1] Brown P, Butts C P, Eastoe J. Stimuli-responsive surfactants. Soft Matter, 2013, 9: 2365-2374.

[2] Liu Y, Jessop P G, Cunningham M, et al. Switchable surfactants. Science, 2006, 313: 958-960.

[3] Wang W, Lu W S, Jiang L. Influence of pH on the aggregation morphology of a novel surfactant with single hydrocarbon chain and multi-amine headgroups. J Phys Chem B, 2008, 112: 1409-1413.

[4] Chevallier E, Monteux C, Lequeux F, et al. Photofoams: Remote control of foam destabilization by exposure to light using an azobenzene surfactant. Langmuir, 2012, 28: 2308-2312.

[5] Tsuchiya K, Orihara Y, Kondo Y, et al. Control of viscoelasticity using redox reaction. J Am Chem Soc, 2004, 126: 12282-12283.

[6] Feng H H, Verstappen N A L, Kuehne A J C, et al. Well-defined temperature-sensitive surfactants for controlled emulsion coalescence. Polym Chem, 2013, 4: 1842-1847.

[7] Brown P, Butts C P, Cheng J, et al. Magnetic emulsions with responsive surfactants. Soft Matter, 2012, 8: 7545-7546.

[8] Wang G, Kang Y, Tang B, et al. Tuning the surface activity of gemini amphiphile by the host-guest interaction of cucurbit[7]uril. Langmuir, 2015, 31: 120-124.

[9] Xu Y, Chen H, Liu X, et al. Enzymatic demulsification of long-chain alkanoylcholine-based oil-in-water emulsions and microemulsions. Colloids Surf A, 2022, 655: 130283.

[10] Pickering S U. Emulsions. J Am Chem Soc, 1907, 91: 2001-2021.

[11] Jiang J, Zhu Y, Cui Z, et al. Switchable Pickering emulsions stabilized by silica nanoparticles hydrophobized in situ with a switchable surfactant. Angew Chem Int Ed, 2013, 125: 12599-12602.

[12] Zhu Y, Jiang J, Cui Z, et al. Responsive aqueous foams stabilized by silica nanoparticles hydrophobised in situ with a switchable surfactant. Soft Matter, 2014, 10: 9739-9745.

[13] Zhang Y, Yang C, Guo S, et al. Tandem triggering of wormlike micelles using CO_2 and redox. Chem Comm, 2016, 52: 12717-12720.

[14] Ikari K, Sakuma Y, Jimbo T, et al. Dynamics of fatty acid vesicles in response to pH stimuli. Soft Matter, 2015, 11: 6327-6334.

[15] Xu Y J, Zhang Y D, Liu X F, et al. Retrieving oil and recycling surfactant in surfactant-enhanced soil washing. ACS Sustain Chem Eng, 2018, 6: 4981-4986.

[16] Wang S Y, Cai S, Liu X F, et al. Reversible CO_2/N_2-tuning Krafft temperature of sodium alkyl sulphonates and a proof-of-concept usage in surfactant-enhanced soil washing. Chem Eng J, 2021, 417: 129316.

[17] Pan J, Sun L, Liu X, et al. Precipitation-dissolution switchable surfactants with the potential of simultaneous retrieving of surfactants and hydrophobic organic contaminants from emulsified and micellar eluents. Chem Eng J, 2023, 458: 141297.

实验四十四 pH 响应表面活性剂（1）

一、实验目的

1．了解 pH 响应表面活性剂的分子结构特点。

2．学习常见 pH 响应表面活性剂的合成方法。

3．学习 pH 响应表面活性剂的性质研究方法。

二、实验原理

pH 响应表面活性剂通常含有酸性（如羧酸）或者碱性（如氨）基团，该类型表面活性剂可以随着 pH 的改变接受或失去质子，导致表面活性剂的亲水-疏水性质可以发生可逆的变化。

2008 年，江龙院士课题组[1]报道了分子结构如图 1 所示的、具有 pH 开关响应性质的表面活性剂（$C_{18}N_3$），该表面活性剂可以通过改变体系的 pH 值实现其表面活性的可逆转换。

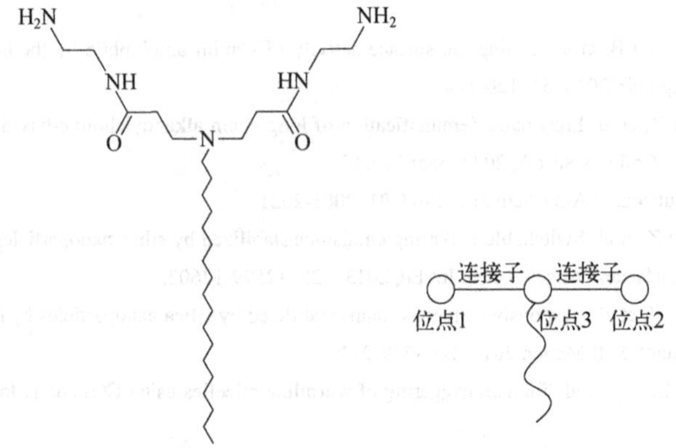

(a) 分子结构　　(b) 示意图

图 1　pH 响应表面活性剂（$C_{18}N_3$）分子结构与示意图

通过透射电镜（TEM）观察：在 pH=2.0 时，$C_{18}N_3$ 可以在水溶液中形成直径 10～20nm 的球状胶束；在 pH=6.8 时，球状胶束转变成 0.6～2.0μm 的囊泡；pH=10.5 时，囊泡则转变成更大尺寸的片状结构（图 2）。

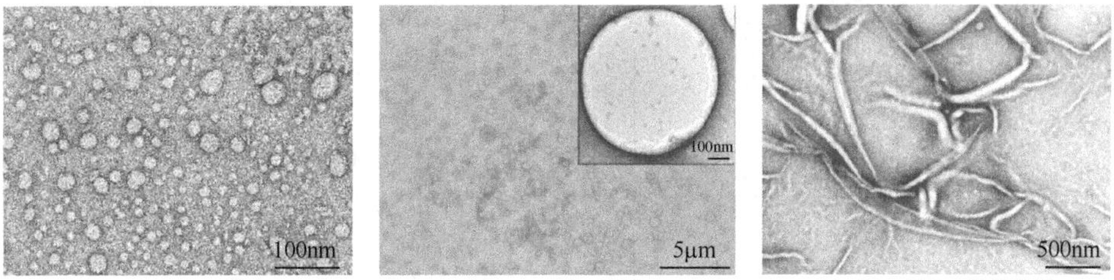

(a) pH = 2.0，胶束　　(b) pH = 6.8，囊泡　　(c) pH = 12.0，片状结构

图 2　不同 pH 条件下，$C_{18}N_3$ 形成的聚集体结构

三、实验仪器和试剂

双波长紫外-可见分光光度计，吊环法表面张力测定装置，pH 计，常规硅胶色谱柱分离装置，减压旋转蒸馏装置，薄层色谱硅胶板，常规有机合成玻璃仪器，磁动力搅拌器，动态激光光散射仪。

十八胺、丙烯酸甲酯、1,2-乙二胺、甲醇、乙醇、氯仿、环己烷、无水氯化钙、氯化钾（KCl）、氢氧化钾（KOH）、氮气（N_2）、甲苯、氨水、氢氧化钠（NaOH）和浓盐酸，二次蒸馏水。

四、实验步骤

（一）$C_{18}N_3$的合成

按照图 3 所示合成路线制备 $C_{18}N_3$。具体步骤如下。将十八胺用乙醇重结晶后，取 16g 溶解于 40mL 甲醇，得到十八胺-甲醇溶液，超声波脱气后装入恒压滴液漏斗，备用；取 12mL 丙烯酸甲酯溶解于 40mL 甲醇，并转入 150mL 三口烧瓶中，超声波脱气，并通 N_2 保护，在室温、磁动力搅拌状态下，逐滴滴加十八胺-甲醇溶液，2～3h 加完，全程 N_2 保护下，继续搅拌反应 24h 后，停止反应。将反应液在 40℃水浴加热，减压旋蒸去除溶剂后，得到无色油状液体。再将此无色油状液体用氯仿溶解后，用 0.1mol · L^{-1} 的 NaOH 溶液洗涤 2 次，收集氯仿层溶液，并且用无水氯化钙干燥后，减压旋蒸去除氯仿，得到无色油状液体。

取上述无色油状液体 11g 溶解于 20mL 甲醇，备用；另取 75g 乙二胺溶解于 100mL 甲醇，转入 250mL 三口烧瓶，机械快速搅拌状态下，小心地将无色油状液体-甲醇溶液加入三口烧瓶，继续反应 24～32h 后停止反应；40℃水浴减压旋蒸去除溶剂甲醇后，用甲苯/甲醇（体积比 9∶1）溶解，恒沸蒸馏去除过量的乙二胺后得到目标粗产物 $C_{18}N_3$。将粗产物用硅胶柱色谱分离，洗脱剂为氯仿/甲醇/氨水（体积比 1∶1∶0.5），得到白色固体粉末。将此白色固体粉末用氯仿和环己烷重结晶精制，得到目标产物纯品 $C_{18}N_3$。

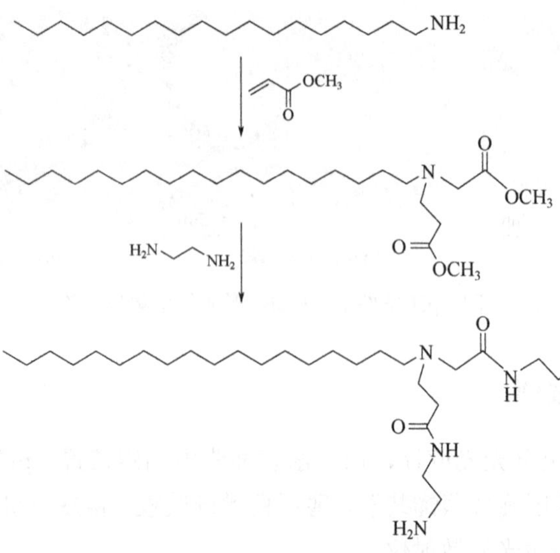

图 3　$C_{18}N_3$ 合成路线示意图

（二）$C_{18}N_3$ 质子化组分分布系数与 pH 的关系

从图 1 可知，$C_{18}N_3$ 分子结构中有三个可质子化部位；由文献[1]可知，$C_{18}N_3$ 的 $pK_{a_1}=10.9$、$pK_{a_2}=10.6$ 和 $pK_{a_3}=6.6$。根据分析化学知识，可以绘制 $C_{18}N_3$ 质子化组分分布系数与 pH 的关系曲线。

（三）不同 pH 条件下 $C_{18}N_3$ 的表面活性

$C_{18}N_3$ 的浓度为 $1mmol \cdot L^{-1}$，外加无机盐 KCl 的浓度固定为 $0.1mol \cdot L^{-1}$，pH 设定为 13 和 2，溶液 pH 分别以 KOH 和浓盐酸调整。以吊环法测定溶液表面张力；以 2mL 溶液置于 15mL 刻度试管中手动振荡观察泡沫性能；以动态激光光散射观察溶液中聚集体的尺寸。将溶液 pH 分别在 13 和 2 之间循环调节，分别观察表面张力、泡沫和聚集体尺寸随 pH 周期性变化而变化的情形；探究上述表界面性质随 pH 周期性调控次数增加而变化的行为。

五、数据记录与处理

1. 基于 $C_{18}N_3$ 质子化组分分布系数与 pH 的关系曲线，解释在 pH 分别为 2 和 13 条件下，$C_{18}N_3$ 表面性质周期性变化的原因。

2. 已知，pH 分别为 2.0、6.8 和 10.5 时，$C_{18}N_3$ 的分子亲水基截面积分别为 $0.6nm^2$、$0.4nm^2$ 和 $0.45nm^2$，查阅相关文献，分别计算上述三种 pH 条件下 $C_{18}N_3$ 的分子堆积参数，并解释图 2 结果。

3. 结合 pH 开关的特点，探索在 pH 分别为 2 和 13 条件下，$C_{18}N_3$ 表面性质周期性变化是否有极限，并解释其原因。

4．完成研究报告 1 份。

六、思考题

1．pH 如何影响表面活性剂的表面活性？

2．具有 pH 响应的基团有哪些？

3．在 pH 交替开关作用下，酸碱中和会有无机盐和水的产生，如何避免这些副产物对开关体系的负面影响？

七、参考文献

[1] Wang W, Lu W S, Jiang L. Influence of pH on the aggregation morphology of a novel surfactant with single hydrocarbon chain and multi-amine headgroups. J Phys Chem B, 2008, 112: 1409-1413.

实验四十五　pH 响应表面活性剂（2）

一、实验目的

1．了解 pH 响应表面活性剂的分子结构特点。
2．学习常见 pH 响应表面活性剂的合成方法。
3．学习 pH 响应表面活性剂的性质研究方法。

二、实验原理

“实验四十四”所述 pH 响应表面活性剂 1 含有碱性氨基，可以随着 pH 的改变进而接受或失去质子，导致表面活性剂的亲水-疏水性质可以发生可逆的变化。鉴于有机酸（如柠檬酸）多为弱酸，其在水溶液中的电离以及电离离子状态也随溶液 pH 改变而改变，因此，将 pH 响应阳离子型表面活性剂与有机弱酸组合可以获得更加丰富的 pH 变化行为。比如，十六酰氨丙基二甲基胺（PMA）和柠檬酸（HCA）的混合体系就是典型例证之一（图 1）[1]。

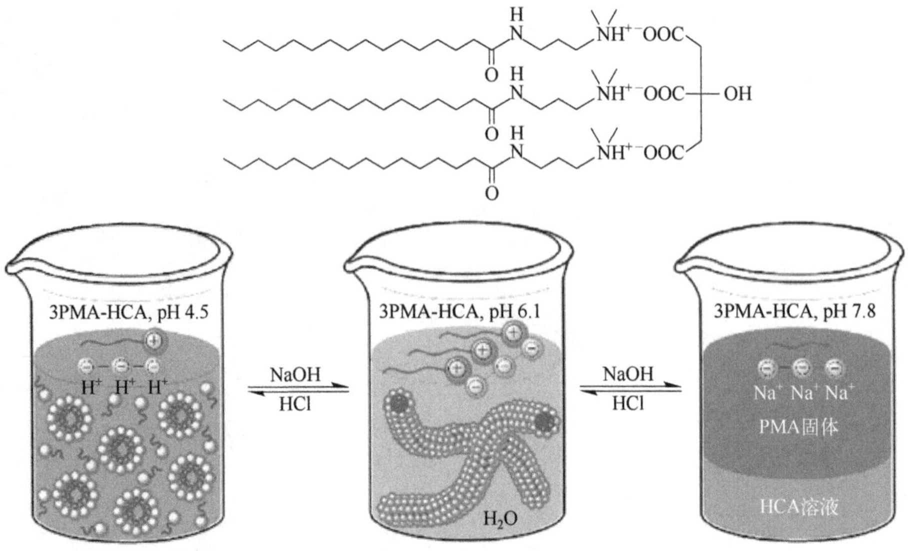

图 1　PMA 和 HCA 混合体系随 pH 变化示意图

对于 0.3mol • L^{-1} 的 PMA 和 0.1mol • L^{-1} 的 HCA 混合体系，当 pH=4.5 时，HCA 以游离酸形式存在，而 PMA 以阳离子型表面活性剂形式存在，溶液呈澄清透明且流动性与水液相当（球状胶束体系）；当 pH=6.1 时，HCA 以三价酸根负离子形式存在，而 PMA 以阳离子形式存在，溶液呈澄清透明，但是黏度很大（蠕虫胶束体系）；当 pH=7.8 时，HCA 以游离酸形式存在，而 PMA 则以全去质子化形式存在，溶液流动性与水液相当，若是以混合体系的黏度为纵轴，溶液 pH 为横轴，可以观察到一“钟形”曲线（图 2）。

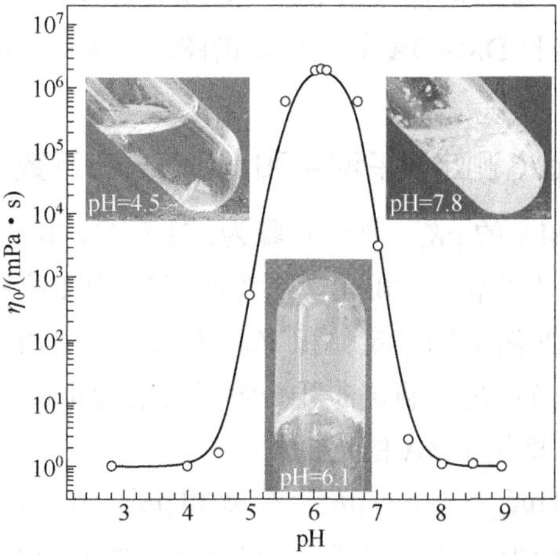

图 2 PMA 和 HCA 混合体系黏度随 pH 变化图

三、实验仪器和试剂

傅里叶变换红外光谱仪，吊环法表面张力测定装置，pH 计，常规有机合成玻璃仪器，磁动力搅拌器，数字熔点仪，薄层色谱硅胶板，动态激光光散射仪。十六酸、柠檬酸、氟化钠、4A 分子筛、*N,N*-二甲基-1,3-丙二胺、丙酮、乙酸乙酯、甲醇、乙醇、氢氧化钾（KOH）、氢氧化钠（NaOH）和浓盐酸，二次蒸馏水。

四、实验步骤

（一）PMA 的合成

按照图 3 所示合成路线制备 PMA。具体步骤如下：将十六酸与 *N,N*-二甲基-1,3-丙二胺（DMPDA）按照摩尔比 1∶1.5 加入三口烧瓶，以氟化钠作为催化剂，将已活化的 4A 分子筛置入反应烧瓶上方的吸水装置内作为吸水剂，于 N_2 氛围下，155℃回流反应 10h，薄层色谱 TLC 监测反应进程，展开剂为 $V_{乙酸乙酯}$∶$V_{甲醇}$=1∶1，直至 TLC 检测反应液中脂肪酸反应完全，停止反应。将反应液稍冷后倒入 5℃左右的 $V_{丙酮}$∶$V_{水}$=15∶1 混合溶剂，按照 10g 粗产物用 100mL 混合溶剂的比例，可

$$CH_3(CH_2)_{14}COOH + NH_2(CH_2)_3N(CH_3)_2 \xrightarrow[155℃]{NaF} CH_3(CH_2)_{14}CONH(CH_2)_3N(CH_3)_2O$$

图 3 PMA 的合成路线

见大量白色固体析出，搅拌、过滤，并重复洗涤滤饼至 TLC 检测不到原料 *N*,*N*-二甲基-1,3-丙二胺为止。将获得的白色固体用丙酮重结晶后 40℃真空干燥得到产物 PMA。

测定 PMA 熔点（参照熔点数据 61.2～61.6℃），用傅里叶变换红外光谱仪分别测定 PMA、十六酸和 DMPDA 的红外光谱图，三者比较判别和解析 PMA 的红外光谱图。

（二）PMA 的 pK_a测定及 PMA 和 HCA 分布系数与 pH 关系曲线

用滴定法测定 PMA 的 pK_a。具体步骤为：30℃时，取 2×10^{-2}mol·L^{-1} 的 PMA 的 $V_{乙醇}$∶$V_{水}$=3∶1 的混合溶液 20mL，用等浓度的 HCl 溶液滴定，并且用 pH 计监测其 pH 值。以 HCl 溶液的滴定体积 V_{HCl} 为横坐标，溶液 pH 值为纵坐标，绘制 pH-V_{HCl} 曲线。等当点是指滴定曲线一阶导数的最小值点，而等当点横坐标值的一半处对应的 pH，即为 PMA 的 pK_a。

另已知，HCA 的 pK_{a_1}=3.13、pK_{a_2}=4.76 和 pK_{a_3}=6.40，根据 PMA 和 HCA 的 pK_a 数据和分析化学知识，计算不同 pH 条件下，PMA 和 HCA 各得（失）质子产物的分布系数并作图。

（三）不同 pH 条件下 PMA-HCA 体系的表面活性和黏度

配制 PMA（浓度设定为 0.3mol·L^{-1}）-HCA（浓度设定为 0.1mol·L^{-1}）混合溶液，pH 在 10 和 2 之间变换，溶液 pH 分别以 KOH 和浓盐酸调整，观察溶液黏度和外观的变化；选定 pH 分别为 3、6 和 9，以上述溶液为母液逐步稀释后以吊环法测定溶液表面张力，绘制 γ-lg$c$ 曲线，确定 PMA-HCA 的临界胶束浓度（CMC）；将 2mL 溶液置于 15mL 刻度试管中手动振荡观察泡沫性能；以动态激光光散射观察溶液中聚集体的尺寸。将溶液 pH 分别在 3、6 和 9 之间循环调节，分别观察表面张力、泡沫和聚集体尺寸随 pH 周期性变化而变化的情形；探究上述表界面性质随 pH 周期性调控次数增加而变化的行为。

五、数据记录与处理

1．基于 PMA、HCA 质子（或去质子）化组分分布系数与 pH 的关系曲线，解释在 pH 分别为 3、6 和 9 条件下，PMA-HCA 表面性质周期性变化的原因。

2．依据 PMA-HCA 体系的 CMC，讨论 PMA-HCA 体系中表面活性组分的可能结构。

3．结合 pH 开关的特点，探索在 pH 周期性的变化条件下，PMA-HCA 表面性质周期性变化是否有极限，并解释其原因。

4．完成研究报告 1 份。

六、思考题

1．蠕虫状胶束体系产生黏度的机制是什么？

2．众所周知，表面活性剂胶束具有对油溶性物质的增溶效应，那么，蠕虫状胶束是否具有增溶效应？增溶后，蠕虫状胶束将发生何种变化？

3．pH 开关过程一般有副产物形成，那么 PMA-HCA 蠕虫状胶束周期性形成的次数是否有极限，并解释其原因。

七、参考文献

[1] Zhang Y, An P, Liu X. Bell-shaped sol-gel-sol conversions in pH-responsive worm-based nanostructured fluid. Soft Matter, 2015, 11: 2080-2084.

实验四十六　沉淀-溶解开关表面活性剂（1）

一、实验目的

1. 了解 pH 响应沉淀-溶解开关表面活性剂的分子结构特点。
2. 学习 pH 响应沉淀-溶解开关表面活性剂的合成方法。
3. 学习 pH 响应沉淀-溶解开关表面活性剂的性质研究方法。

二、实验原理

“实验四十四”和“实验四十五”所述 pH 响应表面活性剂的分子结构中，大多含有 pH 响应基团，比如碱性的氨基，可以随着 pH 的改变进而接受或失去质子，导致表面活性剂的亲水-疏水性质可以发生可逆的变化。考虑到氨基质子化后形成阳离子基团的特点，若是在阴离子型表面活性剂分子结构中嵌插一个氨基，那么，质子化后该表面活性剂分子结构中同时具备带负电荷的阴离子基团和带正电荷的阳离子基团（图 1）[1]。分子内或者是分子间的正负电荷相互作用，将会使质子化前和质子化后两种状态下的表面活性剂性质（比如，水溶性）发生明显改变，由此得到基于溶解性可逆改变的开关型表面活性剂。

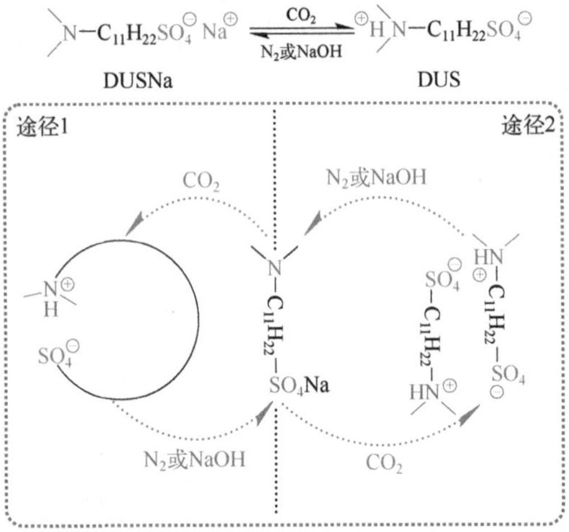

图 1　末端带叔胺基团的烷基硫酸钠（DUSNa）随 pH 变化结构改变过程示意

将 2.0×10^{-2}mol·L^{-1} 的 DUSNa 水溶液（pH=13）和矿物油 D80 按照体积比 1∶1 混合均质后，可以形成乳液［图 2（a）］；向乳液中鼓入 CO_2 后，乳液迅速破乳，出现油水两相分层［图 2（b）］；分别经 N_2 流或 NaOH 处理后，乳液又可恢复［图 2（c）］。

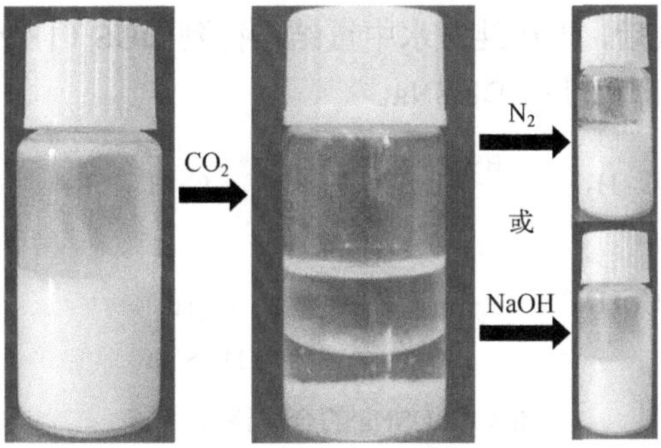

(a) 形成乳液　(b) 通入CO_2后破乳形成油/水两相分离　(c) 经N_2流或NaOH处理后，恢复为乳液

图 2　DUSNa-D80 水乳液结构改变过程

值得注意的是，图 2（b）中油/水两相分离之后，水相中出现白色不溶物；该不溶物可以溶解于碱性水溶液中，加酸处理后，又可从水溶液中析出。经过检测确认，该不溶物为 DUS（图 1）。由此可见，DUSNa 为 pH 诱导的开关表面活性剂，其关闭产物既不溶于水、也不溶于 D80，表现出典型的沉淀-溶解开关表面活性剂特征。

三、实验仪器和试剂

傅里叶变换红外光谱仪（FTIR），表面张力和界面张力测定装置，pH 计，常规有机合成玻璃仪器，磁动力搅拌器，数字熔点仪，硅胶薄层板，高速均质机。

碳酸钠、乙醇、CO_2、矿物油 D80、二氯甲烷、浓盐酸、11-溴-1-十一醇、二甲胺、氢氧化钠、氯磺酸、二次蒸馏水。

四、实验步骤

（一）DUSNa 合成

按照图 3 所示合成路线制备 DUSNa。具体步骤如下：

将 25g 11-溴-1-十一醇溶于 200mL 二氯甲烷，在搅拌下滴加 12.27g 氯磺酸，反应体系温度维持在 25～30℃。氯磺酸滴加完毕后，反应老化 30min；然后加入 21.1g 碳酸钠-150mL 水混合溶液。所得物料中的水分减压蒸除、得到固体残渣；然后用 400mL 热乙醇分散所得固体残渣并保温（70℃）过滤，滤液浓缩后得到 11-溴-十一烷基硫酸钠白色固体（30.9g，得率约 88%）。

将所得 11-溴-十一烷基硫酸钠溶于水（155mL）后滴加至 59.05g 二甲胺水溶液中，升温至 30℃并保温反应 24h。3.85g NaOH 预先溶于 50mL 水的溶液加入反应体系猝灭反应，未反应的二甲胺和溶剂水用减压蒸馏除去，得到白色固体产物。将此白色产物溶于水中，再鼓入 CO_2 直至饱和，体系中出现白色沉淀物，过滤得到沉淀；冷水洗涤三次后，再在纯净水中重结晶得到 DUS（18.2g，得率约 70%）。将 DUS 用 NaOH 中和即可获得 DUSNa。

$$Br\text{-}C_{11}H_{22}OH \xrightarrow{HSO_3Cl} \xrightarrow{Na_2CO_3} Br\text{-}C_{11}H_{22}SO_4Na$$

$$Br\text{-}C_{11}H_{22}SO_4Na \xrightarrow{HN(CH_3)_2} \diagup\!N\!-\!C_{11}H_{22}SO_4^{\ominus} Na^{\oplus}$$
DUSNa

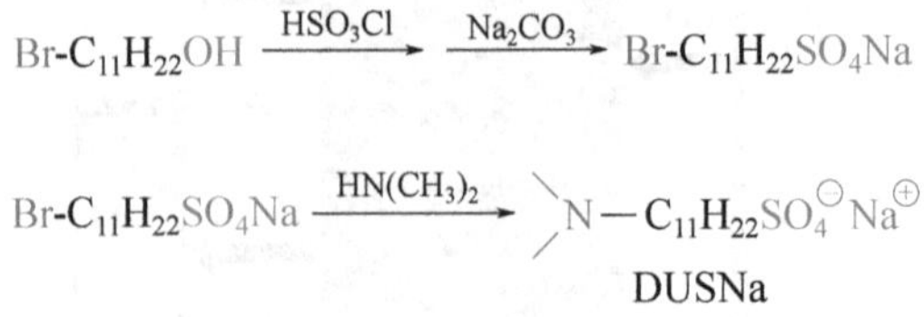

图 3　DUSNa 的合成路线

（二）DUSNa 和 DUS 的 Krafft 温度和表（界）面张力曲线的测定

配制 DUSNa 和 DUS 的水溶液（质量分数为 1%），然后参照"实验十二"之方法，测定 DUSNa 和 DUS 的 Krafft 温度。

分别参照"实验十六"和"实验七"所述方法，测定 DUSNa 和 DUS 的表（界）面张力曲线。

配制 DUSNa 溶液时，先将 DUS 和 NaOH 等物质的量混合后，用 pH=13 的水溶液作为溶剂配制。配制 DUS 溶液时，将 DUS 和水的混合物充分溶解后，用 0.1 μm 滤膜过滤或者离心沉降，除去不溶物。

（三）乳液及其 pH 开关循环

D80 作为油相，按照上述步骤 2 中所述方法配制 2.0×10^{-2} mol·L^{-1} 的 DUSNa 水溶液。将 D80 和 DUSNa 水溶液按照体积比 1∶1 混合，并在高速均质机均质处理（21000r·min^{-1}，1min）得到乳液。分别采用 D80 和 pH=13 的水作为稀释溶剂，观察乳液的稀释现象，并判断所得乳液的类型。

取乳液 10mL，滴加 6mol·L^{-1} 的 HCl 并轻微振摇，观察现象，直至乳液分层，然后高速均质机均质处理（21000r·min^{-1}，1min），观察所得乳液的稳定性；然后再用固体 NaOH 将上述经 HCl 处理过的体系 pH 调整到 pH>11，再用高速均质机均质处理（21000r·min^{-1}，1min），观察所得乳液的稳定性。最后，HCl 和 NaOH 交替处理，观察乳液的破乳→乳化→破乳开关过程。

五、数据记录与处理

1. 采用压片法，测定 DUS 的 FTIR 光谱，并解析。

2. 绘制 DUSNa 和 DUS 的表（界）面张力曲线，并获得临界胶束浓度（CMC）等参数。

3. 结合 pH 开关的特点，探索在 pH 周期性的变化条件下，本实验中乳液开关循环周期性变化是否有极限，并解释其原因。

4. 完成研究报告 1 份。

六、思考题

1．DUS 既不溶于水、也不溶于 D80 的原因可能是什么？

2．如果将图 1 所示 DUS 中的氨基从末端迁移至疏水链的其他位置，其溶解性将如何改变？

七、参考文献

[1] Xu Y J, Zhang Y D, Liu X F, et al. Retrieving oil and recycling surfactant in surfactant-enhanced soil washing. ACS Sustain Chem Eng, 2018, 6: 4981-4986.

实验四十七　沉淀-溶解开关表面活性剂（2）

一、实验目的

1．了解 pH 响应沉淀-溶解开关表面活性剂的分子结构特点。

2．学习 pH 响应沉淀-溶解开关表面活性剂的合成方法。

3．学习 pH 响应沉淀-溶解开关表面活性剂的性质研究方法。

二、实验原理

“实验四十六”所述 pH 触发的沉淀-溶解开关表面活性剂的分子结构中，将对 pH 有响应的叔胺基团置于疏水链的末端。值得思考的问题是：若是将氨基迁移至分子结构的其他位置，是否也可以获得沉淀-溶解开关表面活性剂？在文献调研时，发现图 1 所示氨基酸型表面活性剂 *N*-十二烷基-*N*-丙基磺酸钠（LMPS）[1-4]。从分子结构上看，LMPS 应当具有 pH 响应的可能，其仲胺基团质子化后，将形成类似于十二烷基磺基甜菜碱（SB-12）的结构（LMP）。但是，与 SB-12 相比，LMP 分子结构中 N 上带有两个 H，而 SB-12 中 N 上带有两个甲基，结构上如此微小的差异，有可能导致 LMP 的溶解性与 SB-12 大不相同。因为表面活性剂分子结构的微小差异导致性质大相径庭的实例屡见不鲜，比如十二烷基硫酸钠（SDS）和十二烷基磺酸钠（AS），两者分子结构仅相差一个 O 原子，但是 SDS 的水溶性明显优于 AS[2]。

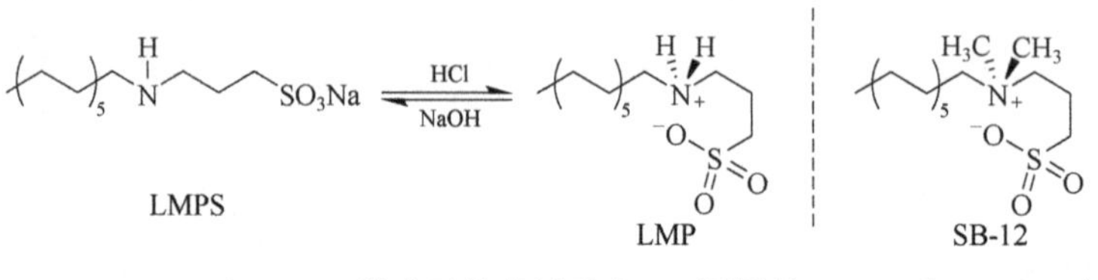

图 1　LMPS、LMP 和 SB-12 的分子结构以及由 pH 诱导的 LMPS 和 LMP 互相转换

三、实验仪器和试剂

傅里叶变换红外光谱仪（FTIR），表面张力和界面张力测定装置，pH 计，常规有机合成玻璃仪器，磁动力搅拌器，硅胶薄层板，高速均质机。

十二烷基胺、1,3-丙磺酸内酯、甲醇、丙酮、氢氧化钠（NaOH）、十四烷、氮气（N_2）、盐酸（HCl）、二次蒸馏水。

四、实验步骤

（一）LMPS 和 LMP 合成

按照图 2 所示合成路线制备 LMPS 和 LMP。具体步骤如下：

将 0.1mol 十二烷基胺溶于 100mL 丙酮，在 N_2 保护下搅拌并滴加预先溶解于丙酮的 1,3-丙磺酸内酯 0.12mol，反应体系温度维持在 35℃，反应时间 12h；反应结束后，停止加热并冷却至室温，过滤得到白色沉淀物 LMP。所得 LMP 用冷丙酮洗涤三次，以除去可能的未反应物等杂质，LMP 的得率约 76%。将 LMP 用 NaOH 在甲醇介质内中和即可获得 LMPS。

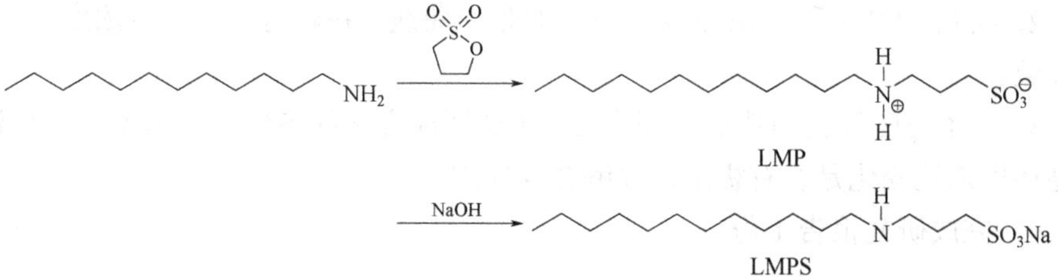

图 2　LMPS 和 LMP 的合成路线

（二）LMPS 和 LMP 的 Krafft 温度以及 pH 的影响

配制 LMPS 和 LMP 的水溶液（质量分数为 1%），然后参照“实验十二”之方法，测定 LMPS 和 LMP 的 Krafft 温度。

配制 LMPS 溶液时，先将 LMP 和 NaOH 等摩尔混合后，测定其 pH；再分别用 NaOH 或 HCl 直接调节 pH，配制得到不同 pH 值（pH 范围 1～14，pH 间隔 0.5）的水溶液（质量分数为 1%）。然后参照“实验十二”之方法，测定不同 pH 条件下的 LMPS 和 LMP 的 Krafft 温度。

（三）LMPS 和 LMP 的表（界）面张力曲线

分别参照“实验十六”和“实验七”所述方法，测定 LMPS 和 LMP 的表（界）面张力曲线，十四烷作为油相。

配制 LMPS 溶液时，先将 LMP 和 NaOH 等摩尔混合后，用 pH=12 的水溶液作为溶剂配制。配制 LMP 溶液时，将 LMP 和水的混合物充分溶解后，用 0.1 μm 滤膜过滤或者离心沉降，除去不溶物。

（四）乳液及其 pH 开关循环

十四烷作为油相，按照上述步骤（三）中所述方法配制 $2.0\times10^{-3}mol\cdot L^{-1}$ 的 LMPS 水溶液。将十四烷和 LMPS 水溶液按照体积比 7∶3 混合，并在高速均质机均质处理（12000r · min^{-1}，1min）后得到乳液。分别采用十四烷和 pH=12 的水作为稀释溶剂，观察乳液的稀释现象，并判断所得乳液的类型。

取乳液 10mL，滴加 6mol · L^{-1} 的 HCl 并轻微振摇，观察现象，直至乳液分层，然后高速均质机均质处理（12000r · min^{-1}，1min），观察所得乳液的稳定性；然后用固体 NaOH 将上述经 HCl 处理过的体系 pH 调整到 pH=12，再用高速均质机均质处理（12000r · min^{-1}，1min），观察所得乳液的稳定性。最后，HCl 和 NaOH 交替处理，观察乳液的破乳-乳化-破乳开关过程。

五、数据记录与处理

1．采用压片法，测定 LMP 的 FTIR 光谱，并解析。

2．绘制 LMPS 和 LMP 的表（界）面张力曲线，并获得临界胶束浓度（CMC）等参数。

3．结合 pH 开关的特点，探索在 pH 周期性变化的条件下，本实验中乳液开关循环周期性变化是否有极限，并解释其原因。

4．完成研究报告 1 份。

六、思考题

1．LMP 既不溶于水、也不溶于十四烷的可能原因是什么？

2．LMP 和 SB-12 溶解性差异的可能原因是什么？

七、参考文献

[1] Pan J, Sun L, Liu X F, et al. Precipitation-dissolution switchable surfactants with the potential of simultaneous retrieving of surfactants and hydrophobic organic contaminants from emulsified and micellar eluents. Chem Eng J, 2023, 458: 141297.

[2] Suga K, Miyashige T, Takada K, et al. Synthesis of fatty acid derivatives of propanesultone and their properties as antistatic agents. Aust J Chem, 1968, 21: 2333-2339.

[3] Parris N, Weil J K, Linfield W M. Soap based detergent formulations: Ⅴ. Amphoteric lime soap dispersing agents. J Am Oil Chem Soc, 1973, 50: 509-512.

[4] Sakai K, Kaji M, Takamatsu Y, et al. Fluorocarbon-hydrocarbon gemini surfactant mixtures in aqueous solution. Colloids Surf A, 2009, 333: 26-31.

实验四十八　CO_2响应表面活性剂

一、实验目的

1．了解 CO_2 响应表面活性剂的分子结构特点。

2．学习 CO_2 响应表面活性剂的性质研究方法。

二、实验原理

2006 年，Jessop 课题组[1]在 *Science* 上首次报道了 CO_2/N_2 响应表面活性剂 *N'*-长链烷基-*N*,*N*-二甲基乙基脒，鼓入 CO_2 后该物质在水的参与下可生成相对应的碳酸氢盐，表现出阳离子型表面活性剂的性质；当向体系中鼓入 N_2 并辅助加热后，该表面活性剂恢复原始的 *N'*-长链烷基-*N*,*N*-二甲基乙基脒状态，失去表面活性剂的功能，反应机理见图 1。

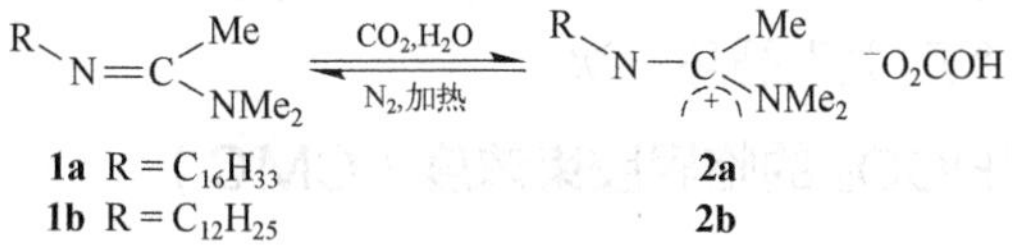

图 1　脒基 CO_2/N_2 响应表面活性剂的反应原理[1]

脒基 CO_2 响应表面活性剂的合成很困难，且得率较低，制备过程成本较高；胍基与 CO_2 作用后形成的产物稳定性太高，使可逆恢复为中性胍的过程所需的条件更为苛刻。自 2011 年起，国内外的科研工作者将目光投向了更为温和、可逆效率更高的叔胺 CO_2 响应表面活性剂。2012 年，Jessop 课题组[2]等研究了一系列不同结构的叔胺 CO_2 响应表面活性剂的 CO_2 响应性能和可逆性能（图 2）。由于叔氨基的碱性较脒基弱，在加热和空气流的温和条件下，叔胺碳酸氢盐即可以恢复为中性叔胺。

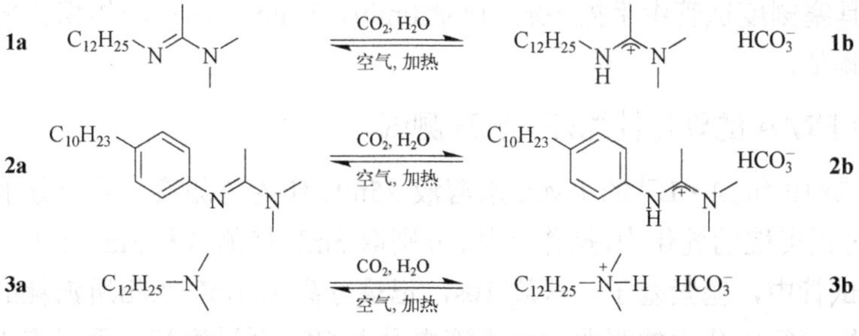

图 2　CO_2 响应表面活性剂的作用机理[2]

三、实验仪器和试剂

吊环法表面张力测定装置，pH 计，电导率仪，OCA40 光学接触角仪，荧光光谱仪，常规有机合成玻璃仪器，磁动力搅拌器。乙醇、芘、正庚烷、十六酰氨丙基二甲基胺（PMA）（参照“实验四十五”方法合成），N_2，CO_2，二次蒸馏水。

四、实验步骤

（一）PMA 合成及其 pK_a 测定

按照“实验四十五”方法合成 PMA 并测定其 pK_a。

（二）PMA 响应性能测定

以 $V_{乙醇}$：$V_{水}$=3：1 的混合溶液作为溶剂，配制 2×10^{-2}mol·L^{-1} 的 PMA 水溶液 20mL。30℃下，控制流量为 60mL·min^{-1} 向溶液中通入 CO_2（叔胺质子化生成相应的碳酸氢盐，即为“开”），随后控制相同流量向体系内通入 N_2（叔胺碳酸氢盐去质子化恢复到叔胺，即为“关”），用电导率仪和 pH 计全程监测溶液的电导率和 pH 值变化，“开-关”循环三次。

（三）$PMAH^+HCO_3^-$的临界胶束浓度（CMC）

用芘的饱和水溶液分别配制一系列浓度的样品溶液，通入 CO_2 气体达饱和，密闭。超声 5min，置于 25℃恒温水浴中恒温 24h 待用。以芘为探针，参照“实验十九”方法测试 $PMAH^+HCO_3^-$的临界胶束浓度。荧光测试条件为：温度（25±0.1）℃，光谱记录范围为 350～500nm，激发波长为 335nm，激发和发射的狭缝宽度分别为 5nm、2.5nm。每个样品重复测量三次，取平均值。

（四）PMA 的泡沫开关性能测试

配制 2×10^{-2}mol·L^{-1} 的 PMA 水溶液 15mL，分为三等份。取 5mL 溶液向其中通入 N_2 至过饱和，5mL 溶液中通入 CO_2 至过饱和（pH 计测量溶液 pH 值），另外 5mL 溶液中通入 CO_2 至过饱和后再通入 N_2 至过饱和（pH 计测量溶液 pH 值）。在 15mL 具塞刻度试管中手摇 10s，记录 0min、5min 时的泡沫体积。平行测量三次，取平均值。

（五）PMA 的乳化性能开关循环测试

配制 2×10^{-2}mol·L^{-1} 的 PMA 水溶液 25mL 作为待测液。采用分水时间法测定 PMA 对正庚烷的乳化力。操作步骤：分别取 3mL 待测液和 3mL 正庚烷于 15mL 具塞刻度试管中，塞紧塞子，涡旋 10s，记录分离出 1mL 水相所消耗的时间 t_1，以时间长短表征乳化力的强弱；向乳液中通入 CO_2 至过饱和，再涡旋 10s 后记录分离出 1mL 水所需要的时间 t_2；再通入 N_2 至过饱和，涡旋 10s 后记录分离出 1mL 水所需要的时间 t_3。每个样品平行测量三次，求取平均值；CO_2→N_2→CO_2 循环三次，观察 t_1、t_2 和 t_3。

（六）润湿性能

分别取 $2\times10^{-2}mol \cdot L^{-1}$ 的 PMA 水溶液三份，每份 5mL。向其中一份溶液中通入 N_2 至过饱和，向第二份溶液中通入 CO_2 至过饱和（pH 计测量溶液 pH 值），第三份溶液中先通入 CO_2 至过饱和后再通入 N_2 至过饱和(pH 计测量溶液 pH 值)，如此获得三种 PMA 水溶液。以标准帆布作为基底，采用躺滴法分别测定上述三种溶液之液滴在标准帆布表面上的静态接触角，并观察其随时间的变化，以二次蒸馏水在帆布表面的接触角作为参照。每个样品平行测量三次，取平均值。

五、数据记录与处理

1．作电导率和通入 CO_2、N_2 时间曲线，结合 PMA 分布系数与 pH 关系图分析和解释电导率实验结果。

2．分析 PMA 水溶液的泡沫、润湿和乳化性质随 CO_2/N_2 开关的变化可逆程度，结合 PMA 的 pK_a 数据分析和解释原因。

3．完成研究报告 1 份。

六、思考题

1．为什么表面活性剂的 CO_2 响应过程本质上属于 pH 响应？

2．具有 CO_2 响应的基团有哪些？其共性特征是什么？

3．CO_2/N_2 开关过程有哪些明显的缺陷？

七、参考文献

[1] Liu Y X, Jessop P G, Cunningham M, et al. Switchable surfactants. Science, 2006, 313: 958-960.

[2] Scott L M, Robert T, Harjani J R, et al. Designing the head group of CO_2-triggered switchable surfactants. RSC Adv, 2012, 2: 4925-4931.

实验四十九 CO_2/N_2响应微乳液

一、实验目的

1．学习 CO_2/N_2 响应型微乳液的制备方法。

2．了解微乳状液在 CO_2/N_2 开关作用下可逆变化的表征方法。

二、实验原理

1943 年，Schulman 等[1]首次报道了在大量皂（阴离子型表面活性剂）和醇、胺（助表面活性剂）存在下原本互不相溶的油、水两相可以自发形成透明均相体系的现象，并指出其形成基本条件为：①较高的皂/水比；②体系内存在醇、脂肪酸、胺或其他非离子两亲性物质。1959 年，Schulman 等[2]首次将上述体系命名为"微乳状液"或"微乳液"，并给出了完整的定义，即微乳是一种由水、油、表面活性剂、助表面活性剂自发形成的透明、各向同性、热力学稳定的分散体系。

目前认为，微乳的形成机理主要有：瞬时负界面张力理论[3]、双重膜理论[4]、R 比理论[5]和胶束增溶理论[3]。相图法是微乳液研究中最简单、最直观和最经典的方法。相图可以比较直观地给出制备微乳关键条件——水、油、表面活性剂、助表面活性剂的品种及配比。目前，绘制相图的方法主要有 Schulman 法和 Shah 法。Schulman 法是油、水（或溶液）、表面活性剂预先混合均匀，然后向体系内滴加助表面活性剂（醇、脂肪酸、胺等），得到体系均一、澄清透明（形成微乳）时各组分合适的配比范围；Shah 法则是油、表面活性剂、助表面活性剂预先混合均匀，然后向体系内滴加水（或溶液），得到体系均一、澄清透明（形成微乳）时各组分合适的配比范围。相比而言，Schulman 法更加适合制备水包油（O/W）型微乳液，Shah 法更适合制备油包水（W/O）型微乳液。

以开关表面活性剂为主表面活性剂的微乳具有相应的开关响应性。2012 年，Klee 等[6]报道了一种基于磁性室温离子液体（MRTIL）的磁响应型微乳液。2014 年，Brown 等[7]报道一种 CO_2 响应型微乳液，以反应型离子液体 1-甲基-3-丁基咪唑三唑盐[bmim][tria123]为极性相、环己烷为油相（非极性相）、氯化 1-十六烷基-3-甲基咪唑为表面活性剂、正癸醇为助表面活性剂制备了 CO_2 响应型微乳液。利用杂环三唑 tria123 在室温下与 CO_2 快速反应（化学吸附）、通入 N_2 使产物完全分解的原理，制备了可逆的 CO_2 响应型微乳液，成功地实现了微乳液-普通乳液的可逆转换（图 1）。

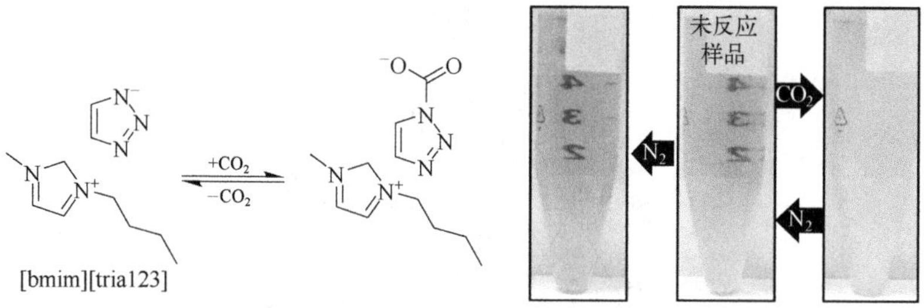

(a) [bmim][tria123]对CO_2的吸附/脱附　　(b) 鼓入CO_2/N_2后微乳液的变化

图 1　可逆的 CO_2 响应型微乳液

借助于长链叔胺，普通阴离子型表面活性剂十二烷基硫酸钠也可以变成 CO_2/N_2 开关表面活性剂，由此可以制备 CO_2/N_2 开关响应的微乳[8]，在 CO_2/N_2 开关作用下，可以实现微乳→破乳→微乳可逆转变。

三、实验仪器和试剂

激光光散射仪，恒温振荡水浴装置，电导率仪。

N,*N*-二甲基-*N*-十二烷基叔胺（$C_{12}A$），十二烷基硫酸钠（SDS），亚甲基蓝，N_2，CO_2，二次蒸馏水，正庚烷，正丁醇。

四、实验步骤

（一）微乳液相图的绘制以及乳液类型判别

室温下，以 SDS 为表面活性剂、正丁醇为助表面活性剂、正庚烷为油相、二次蒸馏水为水相和 $C_{12}A$ 制备微乳液。严格控制 $C_{12}A$ 与 SDS 物质的量相等。此外，胺类物质具有一定两亲性，$C_{12}A$ 可以作为助表面活性剂。

室温下，测得 $0.5mol \cdot L^{-1}$ SDS 水溶液密度为 $1.018g \cdot cm^{-3}$，因此 SDS 水溶液中 $m(H_2O):m(SDS)=6.06:1$；加入与 SDS 等物质的量的 $C_{12}A$ 后，得到的乳化剂 EM 中 $m(H_2O):m(SDS):m(C_{12}A)=6.06:1.00:0.74$。用 Schulman 法绘制 EM-正庚烷-正丁醇体系的拟三元相图（图 2）。

在拟三元相图的微乳区域内，取一系列的物料比例配制微乳液，分别滴入水、正庚烷中：若在水中分散且在正庚烷中不分散，则为 O/W 型微乳液；若在正庚烷中分散且在水中不分散，则为 W/O 型微乳液；若在水、正庚烷中均分散，则为双连续型微乳液。为便于观察实验现象，可以在微乳液中预先滴加少量的亚甲基蓝指示剂染色。

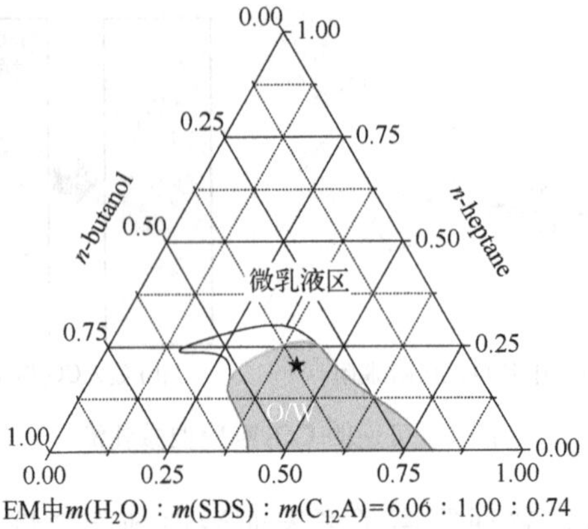

图 2　乳化剂 EM（SDS+C12A+H_2O）-正丁醇（*n*-butanol）-正庚烷（*n*-heptane）微乳拟三元相图

（二）微乳液的 CO_2 开关响应性能

选择图 2 中“五星点”位置的微乳为开关试验样品，具体组成为：0.5mol・L^{-1} SDS 水溶液 38.16%（质量分数，下同）、$C_{12}A$ 4.00%、正庚烷 20.56%和正丁醇 37.28%。

采用图 3 所示实验装置，取 15mL 微乳液置于具塞刻度试管中，控制循环水浴温度为（25.0± 0.1）℃，循环冷却液［水-乙醇（2∶1，体积比）］温度为−2～0℃，用自制毛细管以 15mL・min^{-1} 的流量通入 CO_2 30min，随后将样品取出并迅速密封，室温静置 3h 或置于 50℃水浴中 30min 以实现微乳液破乳、相分离（“关”）；控制循环水浴温度为（50.0±0.1）℃，循环冷却液（水∶乙醇=2∶1，体积比）温度为−2～0℃，连续通入 N_2（流量为 15mL・min^{-1}）4h，以实现微乳液的复原（“开”）。上述“关”→“开”过程重复 3 次，用激光光散射仪测量原始微乳和 N_2 复原微乳的粒径。

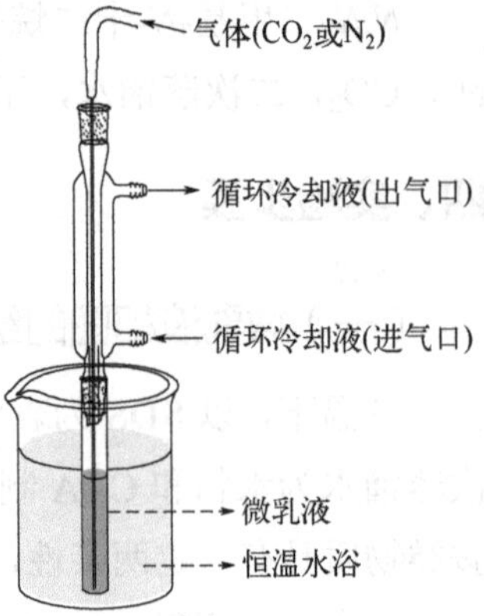

图 3　微乳液开关响应性能测试实验装置图

五、数据记录与处理

1．根据实验结果绘制微乳液 EM（SDS+$C_{12}A$+H_2O）-正丁醇-正庚烷微乳拟三元相图。

2．观察微乳在 CO_2/N_2 开关作用下相行为的变化现象，结合激光光散射结果讨论该微乳的可逆变化行为，分析微乳的破乳-复原的可能原因，讨论实验误差来源和可采取的必要措施。

3．完成研究报告 1 份。

六、思考题

1．制备开关可逆响应的微乳需要开关表面活性剂，查阅文献，还有哪些可能用作制备开关可逆响应微乳的开关表面活性剂？

2．影响开关微乳可逆程度的因素有哪些？

3．开关微乳的潜在应用领域有哪些？

七、参考文献

[1] Hoar T P, Schulman J H. Transparent water-in-oil dispersions: The oleopathic hydro-micelle. Nature, 1943, 152: 102-103.

[2] Schulman J H, Stoeckenius W, Prince L M. Mechanism of formation and structure of micro emulsions by electron microscopy. J Phys Chem, 1959, 63: 1677-1680.

[3] Shinoda K, Kunieda H, Prince L. Microemulsions: Theory and Practice. New York: Academic Press, 1977.

[4] Bowcott J, Schulman J H. Emulsions control of droplet size and phase continuity in transparent oil-water dispersions stabilized with soap and alcohol. Zeitschrift für Elektrochemie, Berichte der Bunsengesellschaft für Physikalische Chemie, 1955, 59: 283-290.

[5] Bourrel M, Schechter R S. Microemulsions and Related Systems: Formulation, Solvency, and Physical Properties. New York: Marcel Dekker Inc, 1988.

[6] Klee A, Prevost S, Kunz W, et al. Magnetic microemulsions based on magnetic ionic liquids. Phys Chem Chem Phys, 2012, 14: 15355-15360.

[7] Brown P, Wasbrough M J, Gurkan B E, et al. CO_2-responsive microemulsions based on reactive ionic liquids. Langmuir, 2014, 30: 4267-4272.

[8] Zhang Y, Zhang Y, Wang C, et al. CO_2-responsive microemulsion: Reversible switching from an apparent single phase to near-complete phase separation. Green Chem, 2016, 18: 392-396.

实验五十　CO_2/N_2响应 Pickering 乳液

一、实验目的

1．学习 CO_2/N_2 响应 Pickering 乳液的制备方法。

2．学习 Pickering 乳液在 CO_2/N_2 开关作用下可逆变化的表征方法。

二、实验原理

在 19 世纪末，Ramsden[1]首次发现胶体颗粒可以作为乳化剂稳定乳液，之后，Pickering[2]对该种新型的乳液进行了系统研究。因此，后人将该种乳液命名为 Pickering 乳液，即固体颗粒代替表面活性剂作为乳化剂吸附在油/水界面上所稳定的乳液（图 1）。Pickering 乳液相比于普通乳液具有许多优势，如超稳定性、节约成本、对环境友好等，这些优势使其在石油、食品、生物医学、制药、化妆品等方面应用前景广阔。

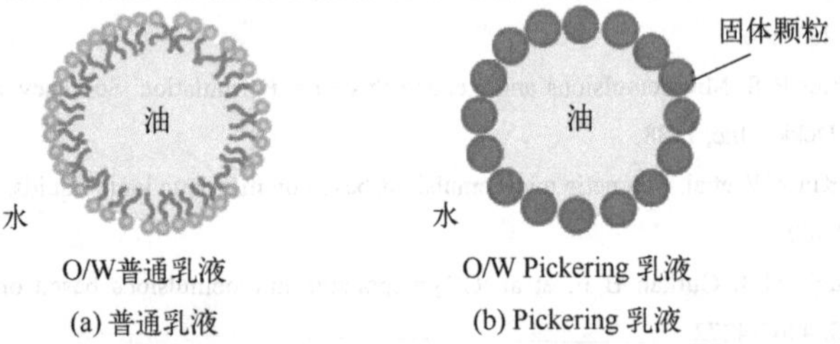

图 1　普通乳液（表面活性剂作为乳化剂）和 Pickering 乳液示意图

通常，乳液的类型可根据乳化剂的润湿性来判断。具有较强亲水性的固体颗粒，会减小其与油相的接触角，导致界面弯曲并形成球形液滴；而具有较强亲油性的颗粒会减小其与水相的接触角，更易形成球形水滴。传统表面活性剂稳定的乳液液滴尺寸在亚微米级，而 Pickering 乳液的液滴尺寸通常在微米级。表面活性剂体系乳液的类型取决于其在油/水界面上的亲水亲油平衡值，即 HLB 值。对于固体颗粒来说，其吸附在油/水界面形成的三相接触角（图 2，类似于表面活性剂的 HLB 值）可以用来判断乳液类型。根据 Young 方程给出颗粒在油/水界面上的三相接触角 θ_w（水相测得）：

$$\cos\theta_w = \frac{\gamma_{s/o} - \gamma_{s/w}}{\gamma_{o/w}} \tag{1}$$

式中，$\gamma_{s/o}$、$\gamma_{s/w}$、$\gamma_{o/w}$ 分别为固体/油相、固体/水相、油相/水相间的界面张力。固体颗粒具有较强亲水性，$\theta_w<90°$，形成 O/W 型乳液；固体颗粒具有较强亲

油性，θ_w>90°，形成 W/O 型乳液；当固体颗粒被水相和油相均匀润湿时，θ_w=90°，得不到稳定的乳液。Kaptay 的研究结果表明稳定 O/W 型乳液的最佳 θ_w 为 70°～86°，而稳定 W/O 型乳液的最佳 θ_w 为 94°～110°（图 2）。

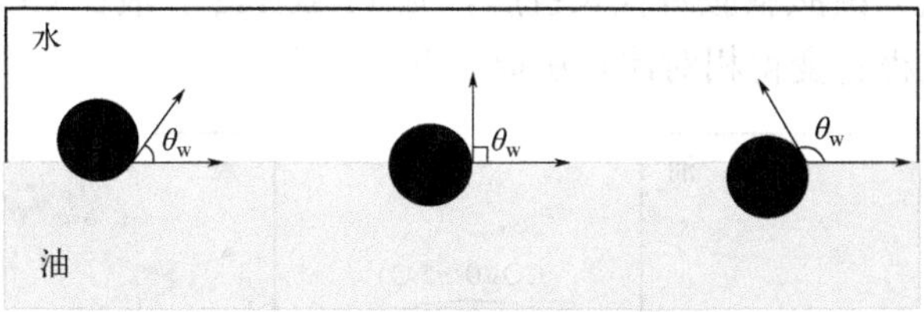

图 2　颗粒在油/水界面的接触角

近年来，随着纳米技术的发展，国内外很多学者致力于对 Pickering 乳液的研究工作。但人们对胶体颗粒稳定乳液的机理看法并不一致，目前得到普遍认可的理论认为：胶体颗粒吸附在油/水界面上，可以在分散液滴周围形成单层或多层的固体颗粒膜，从而阻碍了液滴间的聚结。若颗粒带有电荷，那么颗粒间的静电排斥力可以更加有效地阻碍液滴间的聚结，从而进一步提高乳液的稳定性。

普通表面活性剂在油/水界面上的吸附行为属于动态平衡过程，在一定条件下可以迅速实现吸附和脱附，所以形成的乳液为热力学不稳定体系；但胶体颗粒吸附在油/水界面上稳定的乳液则几乎是热力学稳定体系。Binks[3]指出假设颗粒足够小（直径小于 2μm），那么其重力可忽略不计，此时半径为 r 的颗粒从油/水界面脱附所需的能量为 ΔE：

$$\Delta E = \pi r^2 \gamma_{o/w} (1 \pm \cos\theta_w)^2 \qquad (2)$$

式中 $\gamma_{o/w}$ 为油水界面张力，θ_w 为水相测得的三相接触角。当颗粒从界面进入水相 $\cos\theta_w$ 为负值，颗粒从界面进入油相 $\cos\theta_w$ 为正值。从式（2）可以得出如下结论：即使非常小的固体颗粒，其在界面上的吸附能远远大于其自身热运动产生的能量。可见，固体颗粒一旦吸附在油/水界面上便很难脱附，导致 Pickering 乳液具有显著的稳定性。相应地，破乳也比较困难。如果能够制备出具有开关性的表面活性颗粒，那么就可以用它们制备超稳定的响应乳液。在很多情况下，经过物理或化学修饰的固体颗粒的表面性质对于环境刺激具有响应性，从而可以调控颗粒的润湿性，进而可制得超稳定的开关型或刺激响应型乳液，同时乳化剂的回收和再利用也得以实现。因此，运用响应表面活性颗粒制备响应 Pickering 乳液越来越受到人们的关注。

2013 年，Jiang 等[4]利用一种 CO_2/N_2 响应表面活性剂使纳米二氧化硅颗粒原位表面活性化，从而制备了相应的超稳定 Pickering 乳液。当表面活性剂 *N*′-十二烷基-*N*,*N*-二甲基乙基脒碳酸氢盐处于“开”的状态时，为阳离子型表面活性剂，由于静电作用吸附到带负电的纳米二氧化硅颗粒表面，颗粒表面活性化，吸附在油/水界面上，从而稳定 Pickering 乳液；当 *N'*-十二烷基-*N,N*-二甲基乙基脒碳酸氢盐经过加热且通入 N_2 时处于“关”的状态，转化为中性的脒，从纳米二氧化硅颗粒表面脱附，颗粒失去表面活性，乳液破乳（图 3）。若是采用长链羧酸（十二酸、十四酸或十六酸）酰胺叔胺替代长链脒，则 Pickering 乳液在 CO_2/N_2 开关作用下的破乳和复原过程将变得相对比较快捷（图 4）[5]。

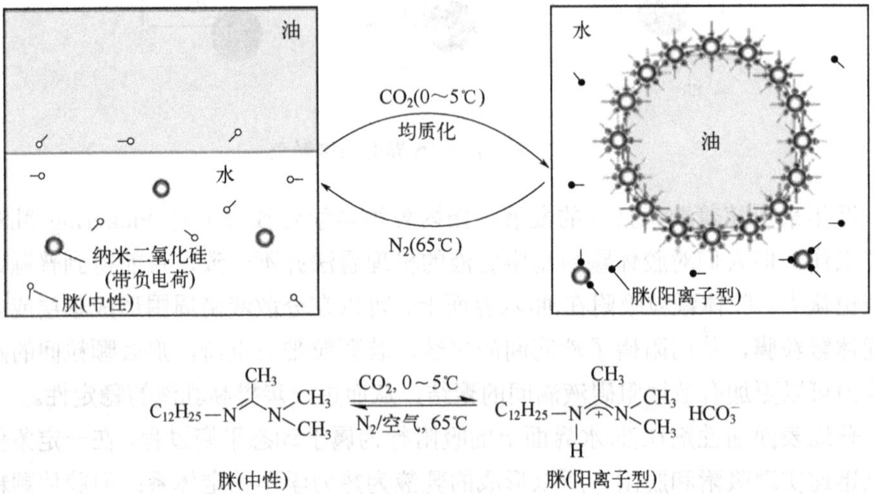

图 3　CO_2/N_2 开关 Pickering 乳液作用机理示意图

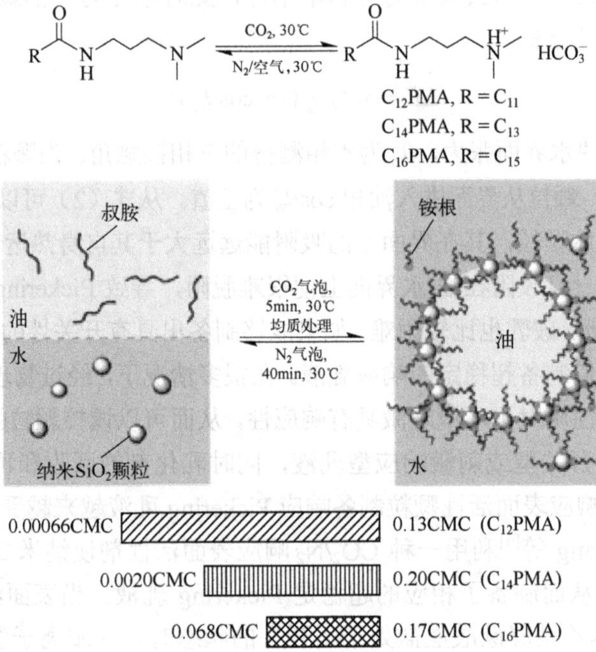

图 4　基于长链羧酸酰胺叔胺的 Pickering 乳液开关响应示意图

三、实验仪器和试剂

zeta 电位及纳米粒度分析仪，pH 计，高速分散均质机，超景深三维显微镜，恒温水浴装置，超声波清洗器，10mL（20mL）玻璃样品瓶。

十四碳酰胺叔胺（C_{14}PMA，参照“实验四十五”中 PMA 的合成方法，预先制备），纳米二氧化硅，盐酸，NaOH，N_2，CO_2，二次蒸馏水，正庚烷。

四、实验步骤

（一）纳米 SiO_2的等电点

室温下配制 pH 值不同的溶液，HCl 和 NaOH 浓度分别为 $1\times10^{-5}mol\cdot L^{-1}$、$1\times10^{-4}mol\cdot L^{-1}$、$1\times10^{-3}mol\cdot L^{-1}$、$1\times10^{-2}mol\cdot L^{-1}$。用 20mL 样品瓶准确称取等量纳米 SiO_2，加入不同 pH 值的酸碱溶液，配制质量分数为 0.1%的 SiO_2 颗粒分散液。超声波分散 30s 后，将分散液置于 25℃恒温水浴中静置过夜。于 25℃条件下，pH 计分别测定溶液的 pH 值并用 zeta 电位仪测定 SiO_2 颗粒的 zeta 电位。对 zeta 电位-溶液的 pH 值作图，即获得纳米 SiO_2 颗粒的等电点。

（二）Pickering 乳液的制备及表征

1．Pickering 乳液的制备　在 20mL 样品瓶中，加入纳米 SiO_2 颗粒及不同浓度的表面活性剂水溶液，配制水相为 7mL，其中纳米 SiO_2 颗粒质量分数为 0.3%（相对于水相），表面活性剂的浓度分别为 $1\times10^{-6}mol\cdot L^{-1}$、$5\times10^{-6}mol\cdot L^{-1}$、$1\times10^{-5}mol\cdot L^{-1}$、$4\times10^{-5}mol\cdot L^{-1}$、$6\times10^{-5}mol\cdot L^{-1}$、$8\times10^{-5}mol\cdot L^{-1}$、$1\times10^{-4}mol\cdot L^{-1}$、$2\times10^{-4}mol\cdot L^{-1}$、$5\times10^{-4}mol\cdot L^{-1}$、$1\times10^{-3}mol\cdot L^{-1}$、$9\times10^{-3}mol\cdot L^{-1}$。超声分散 30s 后静置，各加入 7mL 正庚烷。向每个样品瓶中通入 CO_2，流量控制在 $40mL\cdot min^{-1}$，时间为 5min，以保证其中的 C_{14}PMA 质子化较完全，之后均质机以 $5000r\cdot min^{-1}$ 转速乳化 90s，再向样品瓶中通入 CO_2，流量控制在 $20mL\cdot min^{-1}$，时间为 2min，确保乳液处于 CO_2 氛围。本实验中，水/油体积比均为 1∶1。将制备好的乳液静置，观察其状态。

2．Pickering 乳液类型的判断　采用液滴分散法判断乳液的类型，取 1～2 滴乳液分别滴加到水相和油相中，若液滴在水相中分散则为 O/W，反之为 W/O；为便于观察实验结果，可以在稀释实验过程中适当添加痕量的油溶性或水溶性染料染色。

3．Pickering 乳液显微照片的拍摄　本实验中乳液显微照片均由 VHX-1000C 超景深三维显微镜拍摄。在干净的载玻片上滴加 4μL 左右乳液，用连续相稀释后使其形成单层，加盖玻片后置于载物台上，调节焦距至图像清晰后拍摄显微照片，存为图片文件。

4. Pickering乳液粒径分布测定　选择浓度分别为$4\times10^{-5}mol\cdot L^{-1}$、$8\times10^{-5}mol\cdot L^{-1}$、$2\times10^{-4}mol\cdot L^{-1}$的$[C_{14}PMAH]^{+}HCO_3^{-}$与质量分数为0.3%的纳米$SiO_2$颗粒制备的Pickering乳液，用激光粒度分析仪测定其粒径分布；选择浓度为$8\times10^{-5}mol\cdot L^{-1}$的$[C_{14}PMAH]^{+}HCO_3^{-}$与质量分数为0.3%纳米$SiO_2$粒制备的Pickering乳液用显微镜测定其粒径分布。

5. Pickering乳液稳定性检测　选择浓度为$8\times10^{-5}mol\cdot L^{-1}$、$9\times10^{-3}mol\cdot L^{-1}$的$[C_{14}PMAH]^{+}HCO_3^{-}$与0.3%的纳米$SiO_2$颗粒制备的乳液，在65℃水浴中恒温24h，观察乳液的稳定性。

（三）Pickering乳液的CO_2/N_2开关性检验

选择浓度为$8\times10^{-5}mol\cdot L^{-1}$的响应表面活性剂$[C_{14}PMAH]^{+}HCO_3^{-}$，纳米$SiO_2$颗粒浓度为0.3%（质量分数，相对于水相），油相为正庚烷，制备成稳定的Pickering乳液（水油比为14mL∶14mL）。将制备好的乳液倒入50mL具塞刻度试管中，试管上方接冷凝装置（减少正庚烷挥发），在50℃条件下，向乳液中通入N_2，流量控制在$80mL\cdot min^{-1}$，直至乳液实现完全破乳，冷却至25℃时测定水相pH值。将油水混合物倒入40mL样品瓶中，均质机以$5000r\cdot min^{-1}$转速均质90s后观察是否能再次形成稳定的乳液，并拍摄显微照片；然后，再向该体系中通入CO_2，流量控制在$60mL\cdot min^{-1}$，持续约20min，测定水相pH值之后，以$5000r\cdot min^{-1}$转速均质90s，观察是否能得到稳定的乳液。

五、数据记录与处理

1. 根据实验结果，绘制zeta电位-溶液的pH值图，获得纳米SiO_2颗粒的等电点，判断SiO_2表面的带电性质。

2. 观察乳液在CO_2/N_2开关作用下相行为的变化现象，已知$C_{14}PMA$的pK_a值约为8.10，分析乳液的破乳→复原的原因，讨论实验误差来源和可采取的必要措施。

3. 完成研究报告1份。

六、思考题

1. 获得制备CO_2/N_2响应Pickering乳液所需要的开关乳化剂的途径有哪些？

2. CO_2/N_2响应Pickering乳液的潜在用途可能是什么？

3. 本实验设计的CO_2/N_2响应Pickering乳液关闭后，乳化剂的去向是哪里？若是考虑关闭后的乳化剂回收并重复使用，需要如何设计？

七、参考文献

[1] Ramsden W. Separation of solids in the surface-layers of solutions and "suspensions" (observation on surface-membranes, bubbles, emulsions, and mechanical coagulation)-preliminary account. P Roy Soc Lond, 1903, 72: 156-164.

[2] Pickering S U. Emulsions. J Am Chem Soc, 1907, 91: 2001-2021.

[3] Binks B P. Particles as surfactants-similarities and differences. Curr Opin Colloid Interface Sci, 2002, 7: 21-41.

[4] Jiang J Z, Zhu Y, Cui Z G, et al. Switchable Pickering emulsions stabilized by silica nanoparticles hydrophobized in situ with a switchable surfactant. Angew Chem Int Ed, 2013, 125: 12599-12602.

[5] Zhang Y M, Guo S, Wu W T, et al. CO_2-triggered Pickering emulsion based on silic nanoparticles and tertiary amine with long hydrophobic tails. Langmuir, 2016, 32: 11861-11867.

实验五十一　氧化还原型响应表面活性剂

一、实验目的

1．学习含硒氧化还原型响应表面活性剂的制备方法。

2．掌握含硒氧化还原型响应表面活性剂分别在氧化剂和还原剂作用下性质转变的研究方法。

二、实验原理

氧化还原型响应表面活性剂（Redox 响应表面活性剂），是指通过氧化反应和还原反应改变表面活性剂的表面活性，且表面活性能够可逆开关转变的一类表面活性剂。

1985 年，Saji 等人[1]首次报道含有二茂铁（Fc）基的表面活性剂具有很好的氧化-还原开关性质，2004 年，Tsuchiya 等人实现了 Fc 基表面活性剂蠕虫胶束的氧化还原型开关转换（图 1）[2]。Fc 基表面活性剂是氧化还原型响应型开关表面活性剂最具代表性的品种，阴离子[3]、阳离子和非离子[4]型 Fc 基表面活性剂均有相关报道。电化学和化学试剂均可使 Fc 基团发生氧化还原反应。

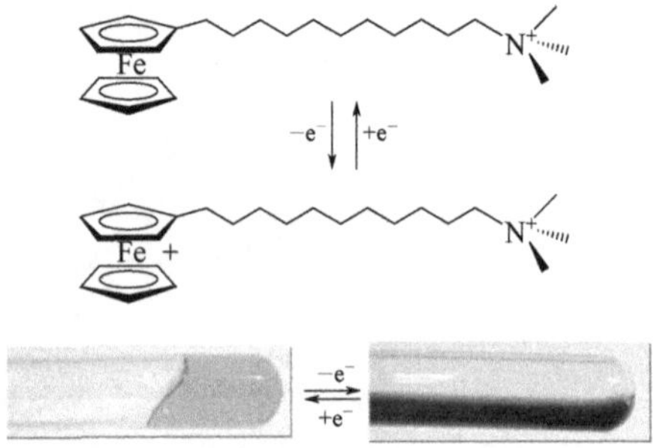

图 1　二茂铁基表面活性剂及其蠕虫胶束的氧化还原型开关转换原理示意图

2008 年，北京大学黄建滨课题组报道了以二硫键作为链接基的 Gemini 表面活性剂[5]，在氧化还原型作用下，二硫键可以可逆地打开和关闭，从而实现 Gemini 表面活性剂和普通单头-单尾表面活性剂两者之间的转换。

2010 年，清华大学张希课题组率先报道含硒阳离子型表面活性剂[6]具有氧化还原型响应性质。随后，江南大学刘雪锋课题组报道了含硒甜菜碱型表面活性剂[7]和含二硒键[8]氧化还原型开关表面活性剂，比较系统地研究了含硒表面活性剂的氧化还原型开关响应性质。相比于含 Fc 和二硫键表面活性剂，含硒氧化还原型响应表面活性剂的响应更加快速、灵敏。

三、实验仪器和试剂

有机合成玻璃仪器一套，硅胶色谱柱，硅胶薄层色谱预制板，表面张力仪一套，旋转蒸发仪，傅里叶变换红外光谱仪，真空干燥箱，高速均质机，三维超景深显微镜。

硒粉，硼氢化钠（$NaBH_4$），溴代十二烷，四氢呋喃，无水硫酸钠，甲醇，二氯甲烷，石油醚，乙酸乙酯，浓硝酸，碘化钾（KI），碘（I_2），氢氧化钾（KOH），浓盐酸（HCl），氮气（N_2），二次蒸馏水，正庚烷。

四、实验步骤

（一）十二烷基亚硒酸的制备及其 pK_a 测定

按照图 2 所示路线制备十二烷基亚硒酸。

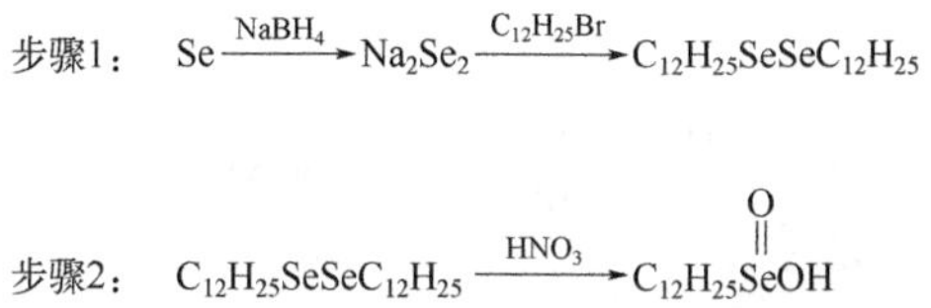

图 2　十二烷基亚硒酸的合成路线

取 9.3g 硒粉和 75mL 水室温搅拌 10min 后置于冰浴冷却，另用冰水溶解 9.8g $NaBH_4$ 搅拌下滴加；加完后，室温下继续搅拌 20min 后再加入 9.3g 硒粉继续室温反应 20min 后升温至 70℃并保温反应 20min；待降温至室温后，搅拌下滴加预先用 280mL 四氢呋喃溶解的 58.6g 溴代十二烷；加完后升温至 50℃并保温反应 18h，上述反应全程 N_2 气氛保护。然后用二氯甲烷萃取，萃取液用无水硫酸钠脱水后，旋蒸去除二氯甲烷，将所得固体粗产物用乙酸乙酯重结晶得到图 1 所示步骤 1 目标产物十二烷基二硒醚。

取 6.85g 十二烷基二硒醚预加入 50mL 水中，再加入 10mL 浓硝酸，搅拌下缓慢升温至 55～60℃反应 30min，停止反应冷却，可见大量白色固体析出，滤出固体沉淀，水洗数次并真空干燥得到十二烷基亚硒酸。用傅里叶变换红外光谱仪分别测定十二烷基二硒醚和十二烷基亚硒酸的红外光谱。

测定十二烷基亚硒酸的 pK_a 值。用甲醇-水（4∶1，体积比）为溶剂配制 $0.02mol \cdot L^{-1}$ 的十二烷基亚硒酸溶液，再用 $0.02mol \cdot L^{-1}$ 的 KOH 溶液滴定，以 pH 计监控，参照“实验四十五”方法测定十二烷基亚硒酸的 pK_a 值。

由十二烷基亚硒酸和 KOH 中和获得十二烷基亚硒酸钾，十二烷基亚硒酸为一极弱的有机酸，因此，将最终溶液 pH 用 KOH 调节到 13。

（二）乳液配制及其表征

取 7mmol·L^{-1} 十二烷基亚硒酸钾溶液（内含 KI 浓度 21mmol·L^{-1}）5mL 和 5mL 石油醚混合，20000r·min^{-1} 均质 30s 得到乳液。用三维超景深显微镜观察乳液粒径分布；分别用石油醚和 0.1mol·L^{-1} KOH 水溶液为溶剂，采用稀释法判断乳液的类型；取 6mL 乳液，测试分离出 1mL 水所需要的时间，以评价乳液的相对稳定性。

（三）乳液的开关转换及其表征

十二烷基亚硒酸钾在 KI 共存的情况下，改变 pH 将按照图 3 所示过程发生变换。按照上述“（二）乳液配制及表征”中方法制备乳液，向其中滴加浓盐酸至 pH=1，观察现象；再向其中添加 KOH 至 pH=13，20000r·min^{-1} 均质 30s，观察现象，用三维超景深显微镜观察；并分别用石油醚和 0.1mol·L^{-1} KOH 水溶液为溶剂，采用稀释法判断乳液的类型；取 6mL 乳液，测试分离出 1mL 水所需要的时间。

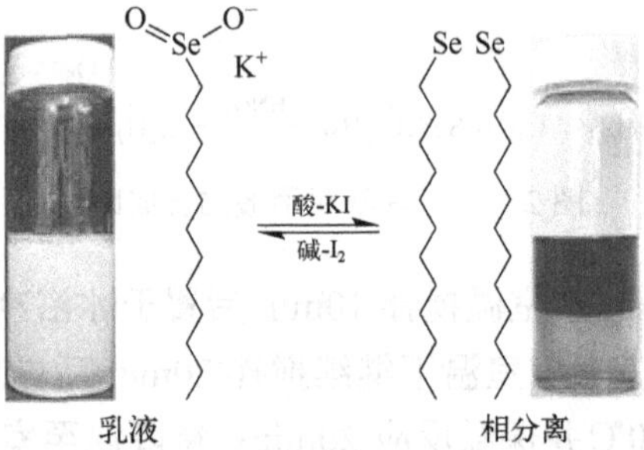

图 3　十二烷基亚硒酸钾乳化的石油醚-水乳液的氧化还原响应型开关

五、数据记录与处理

1．查阅文献，定性解析十二烷基二硒醚和十二烷基亚硒酸的红外光谱。

2．作 V_{KOH}-pH 曲线，获得十二烷基亚硒酸的 pK_a 值。

3．根据三维超景深显微镜拍摄的图片，依据任意 500 个分散颗粒的粒径数据，作出原始和复原乳液分散相粒径的柱状分布图，计算分散相平均粒径。

4．完成研究报告 1 份。

六、思考题

1．写出图 3 中十二烷基亚硒酸钾与十二烷基二硒醚之间变化的相关化学方程式。

2．从乳液相对稳定性、乳液粒径分布等角度，讨论氧化还原响应型开关乳液的可逆变换，进一步分析该类响应表面活性剂及其乳液的优缺点。

3．无机亚硒酸盐往往具有明显的生理毒性，那么本实验所用十二烷基亚硒酸及其盐是否有毒副作用的风险？

七、参考文献

[1] Saji T, Hoshino K, Aoyagui S. Reversible formation and disruption of micelles by control of the redox state of the head group. J Am Chem Soc, 1985, 107: 6865-6868.

[2] Tsuchiya K, Orihara Y, Kondo Y, et al. Control of viscoelasticity using redox reaction. J Am Chem Soc, 2004, 126: 12282-12283.

[3] Aydogan N, Abbott N L. Effect of electrolyte concentration on interfacial and bulk solution properties of ferrocenyl sufactants with anionic headgroups. Langmuir, 2002, 18: 7826-7830

[4] Long J, Tian S L, Li G, et al. Micellar aggregation behavior and electrochemically reversible solubilization of a redox-active nonionic surfactant. J Solution Chem, 2015, 44: 1163-1176.

[5] Fan H M, Han F, Liu Z, et al. Active control of surface properties and aggregation behavior in amino acid-based Gemini surfactant systems. J Colloid Interface Sci, 2008, 321: 227-234.

[6] Han P, Ma N, Ren H F, et al. Oxidation-responsive micelles based on selenium-containing polymeric superamphiphile. Langmuir, 2010, 26: 14414-14418.

[7] Zhang Y M, Kong W W, Wang C, et al. Switching wormlike micelles of selenium-containing surfactant using redox reaction. Soft Matter, 2015, 11: 7469-7473.

[8] Zhang Y D, Chen H, Liu X F, et al. Effective and reversible switching of emulsions by an acid/base-mediated redox reaction. Langmuir, 2016, 32: 13728-13735.

实验五十二　光响应表面活性剂

一、实验目的

1. 掌握偶氮苯反应、威廉逊（Williamson）醚化和皂化反应的合成方法。
2. 了解偶氮苯顺反异构的原理。
3. 掌握光响应表面活性剂溶液的响应原理。
4. 了解构建表面活性剂黏弹溶液的常用方法。

二、实验原理

在特定波长光的刺激下，某些含有光敏成分的表面活性剂溶液的物理化学性质可以产生显著变化，这类溶液称为光响应表面活性剂溶液[1-4]。偶氮苯在特定波长光的作用下可以产生顺反异构。当某种分子内含有偶氮苯基团时，偶氮苯基团的顺反异构会引起分子构型的转变，进而引起体系性质的变化。本实验首先合成一种含偶氮苯的阴离子型表面活性剂，与一种阳离子型表面活性剂在一定比例和浓度下形成线状的蠕虫胶束，得到黏稠溶液。在紫外光（UV）作用下，偶氮苯基团由反式变为顺式，引起蠕虫状胶束长度的缩短和数量的减少，溶液黏度因而下降（图1）。

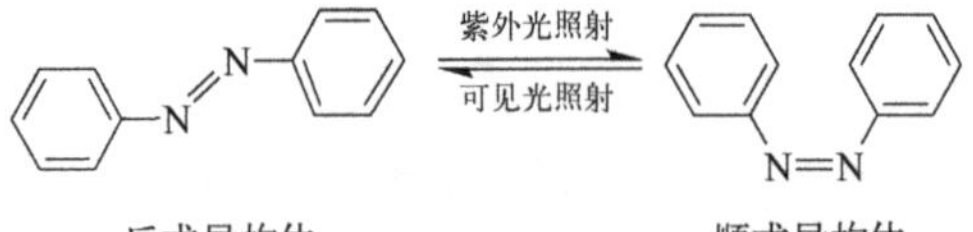

图1　偶氮苯基团的顺反异构示意图

三、实验仪器和试剂

紫外光源(UV-201SA, 日本 IWATA)，可见光源（台灯），分析天平［ME204E, 梅特勒-托利多仪器（上海）有限公司］，磁力搅拌器［IKA-C-MAG HS 7，艾卡（广州）仪器设备有限公司］，核磁共振仪（Bruker Advance Ⅲ 400MHz），紫外可见光谱仪，流变仪（DHR-2，美国 TA instruments），等等。

十六烷基三甲基溴化铵（CTAB），2-偶氮苯氧基乙酸钠（azo-Et-Na）（图2），二次蒸馏水（电导率 $7.8\times10^{-7}S\cdot cm^{-1}$，美国 Millipore Synergy UV 二次蒸馏水系统），等等。

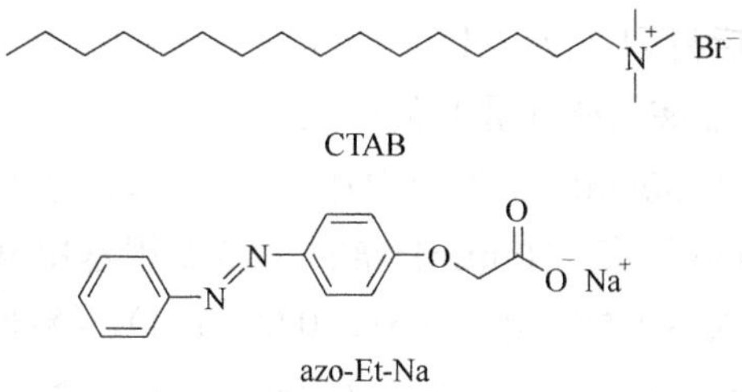

图 2　CTAB 与 azo-Et-Na 的分子结构

四、实验步骤

（一）表面活性剂 2-偶氮苯氧基乙酸钠（azo-Et-Na）的合成与表征（图 3）

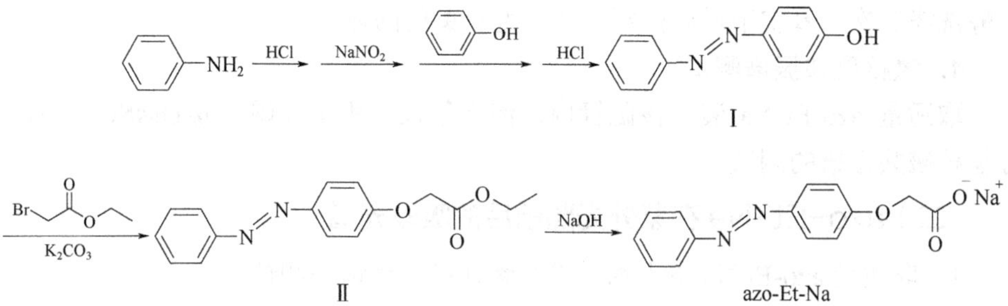

图 3　azo-Et-Na 的合成路线

1．4-羟基偶氮苯（Ⅰ）的合成。

在 400mL 的烧杯中加入苯胺（40.9g，0.44mol）、水（40mL）和浓盐酸（120mL，141.6g）搅拌至混合均匀，冷却后体系呈糊状，将其置于冰盐浴中。将亚硝酸钠（39.5g，0.59mol）溶于 100mL 水中，在低于 5℃下将亚硝酸钠溶液滴入上述浓盐酸与苯胺体系中，体系逐渐澄清，形成黄色溶液。当加入 75mL 左右的亚硝酸钠溶液时，用淀粉碘化钾试纸检验氧化性。若试纸立即变蓝，则停止加入亚硝酸钠，加入少量尿素溶液，直到试纸不变蓝为止。最后用 pH 试纸检验反应后的体系是否为酸性。

在 800mL 烧杯中加入苯酚（43.5g，0.46mol），加水 250mL 左右，调 pH 值至 9～10（加入与苯酚等摩尔量的 NaOH 即可）。慢慢滴加上述重氮盐溶液，同样保持温度在 5℃以下（滴加过程通过滴加氢氧化钠的水溶液保证体系呈碱性）。稍等一段时间，溶液中产生棕黄色沉淀。加完后继续搅拌 30min 左右，反应结束，滴加 HCl 使体系偏酸性。

将上述混合物抽滤，蒸馏水洗涤两次，得到土黄色粉末。然后用乙醇-水重结晶两次，经真空干燥后得到产品（Ⅰ）。

2．2-偶氮苯氧基乙酸乙酯（Ⅱ）的合成。

在氮气保护下，在 500mL 三颈瓶中加入 4-羟基偶氮苯（3.96g，0.02mol）、碳酸钾（11.05g, 0.08mol）和 150mL 干燥的 *N,N*-二甲基甲酰胺（DMF）。在 60℃下搅拌 15min 后，加入溴乙酸乙酯（3.51g, 0.021mol），继续搅拌 3h。反应结束后抽滤，取滤液于 500mL 烧杯中，加入水（50mL）和乙酸乙酯（100mL），搅拌均匀后静置，溶液分为两层。取上层溶液，加入无水硫酸钠干燥，静置后抽滤。将滤液在减压下除去溶剂，通过柱色谱分离（$V_{石油醚}$：$V_{乙酸乙酯}$=5：1）得到中间产物（Ⅱ），为橙黄色固体。

3．2-偶氮苯氧基乙酸钠（azo-Et-Na）的合成。

在 500mL 三颈瓶中加入中间产物（Ⅱ）（4g，0.014mol）、氢氧化钠（0.68g，0.017mol）和乙醇（200mL），升温至 70℃，反应 3h。将混合物抽滤，将固体用乙醇洗涤三次，真空干燥后得到产品，为橙黄色固体。

4．氢核磁共振谱测试。

取适量 azo-Et-Na 装入核磁管内，溶于氘代二甲基亚砜（d_6-DMSO）中，进行氢核磁共振谱的测试。

（二）azo-Et-Na 在紫外光照前后的吸收光谱

1．取适量 azo-Et-Na 溶于水，进行紫外可见光谱的测试；

2．将相同溶液用紫外光源照射 1min，测量其紫外可见吸收光谱，测量范围 200～550nm；将该溶液继续用紫外光照射 10min，测量其紫外可见吸收光谱。比较上述光谱图的差异，并解释原因。

（三）表面活性剂黏弹溶液的制备

1．分别配制 CTAB 浓度为 80mmol·L^{-1}、200mmol·L^{-1} 和 400mmol·L^{-1} 的溶液 2mL 各两份，观察溶液的表观现象。

2．向上述溶液中分别加入 azo-Et-Na，使 azo-Et-Na 的浓度为 40mmol·L^{-1}，得到表面活性剂混合溶液，观察溶液的表观现象。

（四）表面活性剂溶液的光响应性能

1．取上述表面活性剂混合溶液各一份，分别用紫外光照射，观察溶液表观状态随光照时间的变化。

2．取紫外光照 10min 后的溶液，用可见光源照射，观察溶液表观状态随光照时间的变化。

（五）表面活性剂溶液在紫外光照前后的流变行为

1．用流变仪测量表面活性剂混合溶液在紫外光照前的黏弹性质。采用稳态模式测量，测量范围为 0.001～50s^{-1}。

2．用流变仪测量表面活性剂混合溶液在紫外光照 10min 后的黏弹性质。采用稳态模式测量，测量范围为 0.001～50s^{-1}；比较光照前后两者流变行为的差异。

五、数据记录与处理

1．计算 azo-Et-Na 合成过程中每一步产物的得率。

2．详细记录实验中所观察到的现象，并对其作出合理解释。

3．完成研究报告 1 份。

六、思考题

1．在偶氮苯的两种不同构型的异构体中，哪种异构体的能量较高？除偶氮苯外，还有哪些基团可以产生顺反异构？

2．将两种表面活性剂混合后可以获得蠕虫状胶束的原理是什么？根据所学知识，还有哪些表面活性剂混合后可能获得蠕虫状胶束？

3．光响应表面活性剂溶液在紫外光照前后性能不同的原因是什么？

4．该光响应表面活性剂溶液可能应用在哪些方面？

七、参考文献

[1] Rosslee C, Abbott N L. Active control of interfacial properties. Curr Opin Colloid Interface Sci, 2000, 5: 81-87.

[2] Eastoe J, Vesperinas A. Self-assembly of light-sensitive surfactants. Soft Matter, 2005, 1: 338-347.

[3] Song B L, Hu Y F, Zhao J X. A single-component photo-responsive fluid based on a gemini surfactant with an azobenzene spacer. J Colloid Interface Sci, 2009, 333: 820-822.

[4] Oh H, Ketner A M, Heymann R, et al. A simple route to fluids with photo-switchable viscosities based on a reversible transition between vesicles and wormlike micelles. Soft Matter, 2013, 9: 5025-5033.

实验五十三　基于 Krafft 温度可调的开关表面活性剂（1）

一、实验目的

1．巩固含硒表面活性剂的合成方法。

2．掌握二价硒氧化-还原的原理。

3．了解氧化-还原调控表面活性剂 Krafft 温度的研究方法。

二、实验原理

在“实验五十一”中，介绍了基于十二烷基二硒醚的氧化还原，制备氧化还原型开关表面活性剂。实际上，烷基硒醚基团也具有良好的氧化-还原性质[1-5]。在 H_2O_2 等氧化剂的作用下，二价硒可以氧化成四价硒亚砜；在 NaS_2O_3 等还原剂的作用下，四价硒亚砜又可以还原成二价硒醚结构（图 1）[1]，从而实现表面活性剂的开关调控。

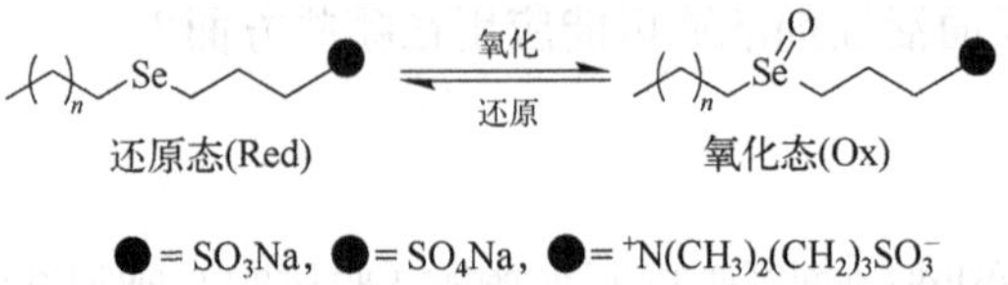

图 1　含硒表面活性剂分子结构及其氧化-还原转变示意图

从图 1 可以看出，二价硒氧化后的产物为非离子型的四价硒亚砜，其亲水性比二价硒醚基团好。通过考察疏水链中 Se 的不同位置的含硒表面活性剂氧化前后性质[5]，Se 临近表面活性剂亲水基时，所得氧化态产物依然可以保持较好的表面活性[1,3,5]。但是，图 1 所示结构含硒表面活性剂的 Krafft 温度在氧化前后存在明显的差异，由此，可以基于含硒表面活性剂的氧化-还原开关响应性质，实现可逆调控离子型表面活性剂的 Krafft 温度[1]。

三、实验仪器和试剂

Krafft 温度测量装置，表（界）面张力测定装置，等等。

硒粉，硼氢化钠，溴代十四烷，3-溴丙磺酸钠，3-溴丙醇，二甲胺，1,3-丙磺内酯，H_2O_2，Na_2SO_3，蒸馏水，等等。

四、实验步骤

（一）合成

1．十四烷基二硒醚的合成　参照“实验五十一”中方法合成十四烷基二硒醚（“实验五十一”图2中的步骤1）。

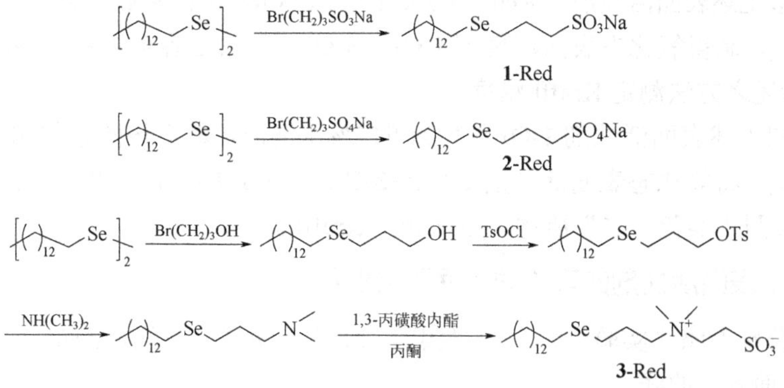

图2　含硒磺酸钠**1**-Red、硫酸钠**2**-Red和甜菜碱**3**-Red的表面活性剂合成路线

2．3-溴丙基硫酸钠的合成　将0.14mol的3-溴丙醇预先溶解于150mL二氯甲烷中，在搅拌状态下逐滴滴加氯磺酸（0.17mol），反应温度维持在25～30℃；氯磺酸滴加完毕后，继续老化反应30min后，加入30.7g $NaCO_3$-140mL水溶液淬灭反应。旋转蒸发除去所得混合物中的溶剂至干。将所得固体残渣用乙醇重结晶得到目标产物（白色固体，得率约69.5%）。

3．**1**-Red的合成（图2）　在N_2保护下，取0.03mol的十四烷基二硒醚溶解于四氢呋喃（THF）并冷却至0℃；再取0.15mol硼氢化钠溶解于75mL的蒸馏水中并冷却至0℃后，缓慢滴加至十四烷基二硒醚-四氢呋喃体系，滴加过程中温度控制在0℃；滴加完毕后，反应体系自然升温至室温，继续反应20min；然后将预先溶解于水（100mL）的3-溴丙磺酸钠（0.07mol）加入反应体系，室温反应24h停止反应。减压蒸馏去除溶剂后，得到**1**-Red粗产物。然后采用硅胶柱色谱分离（流动相乙酸乙酯-甲醇，体积比5∶1）纯化，再经乙醇重结晶得到**1**-Red白色固体（得率约64%）。

4．**2**-Red的合成　参照上述步骤3中**1**-Red合成方案，将3-溴丙磺酸钠（0.07mol）更替成步骤2中所得3-溴丙基硫酸钠，制备**2**-Red（白色固体，得率约74%）。

5．**3**-Red的合成　参照上述步骤3中**1**-Red的合成方案，先得到中间产物十四烷基硒丙基醇（白色固体，得率约85%）；再与对甲基苯磺酰氯反应，得到十四烷基硒丙基醇对甲基苯磺酸酯；再与二甲胺反应，得到*N*,*N*-二甲基-十四烷基硒丙基叔胺$CH_3(CH_2)_{13}Se(CH_2)_3N(CH_3)_2$；最后，与1,3-丙磺酸内酯在丙酮介质中反应，制备**3**-Red（白色固体，得率约75%）。

（二）表面活性剂Krafft温度

1．取上述表面活性剂**1**-Red～**3**-Red配制1%水溶液（以质量分数计，下同），参照“实验十二”所述之方法测定 Krafft 温度。

2．取上述表面活性剂 **1**-Red～**3**-Red 配成 2%水溶液，然后按照摩尔比 1∶1.2 加入 H_2O_2，制得氧化态表面活性剂 **1**-Ox～**3**-Ox。然后定容至 1%，再参照“实验十二”所述之方法测定 Krafft 温度。

3．取上述表面活性剂 **1**-Ox～**3**-Ox 的 2%水溶液，然后按照摩尔比 1.2∶1 加入 Na_2SO_3，将氧化态表面活性剂 **1**-Ox～**3**-Ox 还原成 **1**-Red～**3**-Red。然后定容至 1%，再参照“实验十二”所述之方法测定 Krafft 温度。

（三）表面活性剂的表（界）面张力曲线

1．分别参照“实验十六”和“实验二十六”所述之方法，测定 **1**-Ox～**3**-Ox 表（界）面张力曲线。

2．在上述 **1**-Ox～**3**-Ox 表（界）面张力曲线拐点（CMC）之后任取一个浓度，配制各自 **1**-Red～**3**-Red 水溶液，不溶物用 0.1μm 滤膜过滤或者离心沉降去除，取清液分别测定表面张力和界面张力。

五、数据记录与处理

1．计算合成过程中每一步产物的得率。

2．详细记录实验中所观察到的数据和现象，并对其作出合理解释。

3．完成研究报告 1 份。

六、思考题

1．调控或者改变离子型表面活性剂 Krafft 温度的常见措施有哪些？

2．Krafft 温度可逆可调表面活性剂的可能用途有哪些？

七、参考文献

[1] Fan Y, Cai S, Xu D K, et al. Reversible-tuning Krafft temperature of selenium-containing ionic surfactants by redox chemistry. Langmuir, 2020, 36: 3514-3521.

[2] Kong W W, Guo S, Wu S Q, et al. Redox-controllable interfacial properties of zwitterionic surfactant featuring selenium atoms. Langmuir, 2016, 32: 9846-9853.

[3] Li Y, Liu L, Liu X F, et al. Reversibly responsive microemulsion triggered by redox reactions. J Colloid Interface Sci, 2019, 540: 51-58.

[4] Zhang Y M, Qin F, Liu X F, et al. Switching worm-based viscoelastic fluid by pH and redox. J Colloid Interface Sci, 2018, 514: 554-564.

[5] Chen H, Zhu B, Zhang Y M, et al. Effect of selenium-position on the redox responsivity of isomeric selenium-containing anionic surfactants. J Surfact Deterg, 2022, 25: 227-234.

实验五十四　基于 Krafft 温度可调的开关表面活性剂（2）

一、实验目的

1．巩固反离子调控离子型表面活性剂 Krafft 温度的规律。

2．巩固叔胺对 CO_2 刺激响应的机理和测试方法。

二、实验原理

Krafft 温度较高的阴离子型表面活性剂不太适合于低温或常温使用，为此，人们研究了多种改变 Krafft 温度的策略。常见的策略有：①改变表面活性剂的分子结构[1-3]；②添加盐类电解质[1,4-6]；③表面活性剂复配[7]。人们发现，季铵盐类往往能够显著降低阴离子型表面活性剂的 Krafft 温度[5,8-11]。此外，短链叔胺往往具有良好的水溶性和 CO_2 响应性。因此，可以利用“短链叔胺在水中与 CO_2 的可逆反应，可逆地形成铵盐”进行表面活性剂 Krafft 温度的可逆调控（图 1）[12]。

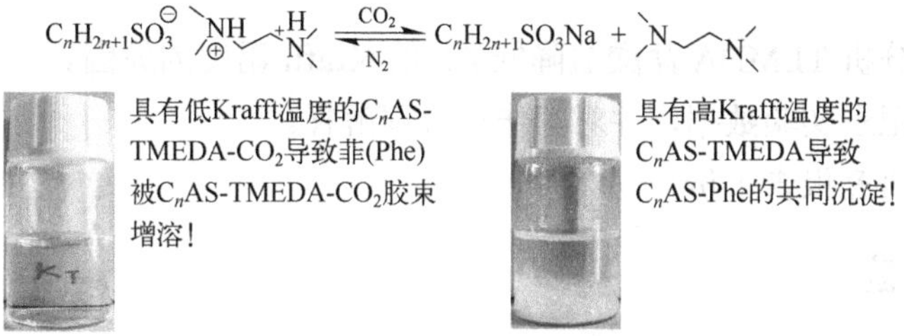

图 1　烷基磺酸钠-*N,N,N',N'*-四甲基乙二胺混合体系 Krafft 温度的可逆调控示意图

三、实验仪器和试剂

分析天平，磁力搅拌器，电导率仪，Krafft 温度测试装置，等等。

十二烷基磺酸钠（AS），*N,N,N',N'*-四甲基乙二胺（TMEDA），稀盐酸，NaOH，氯化频哪氰醇（PC），二次蒸馏水。

四、实验步骤

（一）AS 的 Krafft 温度以及 TMEDA 盐酸盐的影响

1．十二烷基磺酸钠（AS）的 Krafft 温度测定：配制质量分数为 1%的 AS 水溶液，分别参照“实验十二”和“实验十三”所述之方法测定 AS 的 Krafft 温度。

2．TMEDA 盐酸盐的影响：取适量 TMEDA 溶于水中，然后用稀盐酸调节

pH 至 4.25，然后用 pH=4.25 的水溶液定容获得不同浓度的 TMEDA 盐酸盐溶液；再以不同浓度的 TMEDA 盐酸盐溶液为溶剂，配制质量分数为 1%的 AS 水溶液，参照“实验十二”所述之方法测定 AS 的 Krafft 温度。TMEDA 盐酸盐与 AS 的摩尔比范围为 0～3。

（二）pH 调控 AS-TMEDA 复配体系的 Krafft 温度

1. TMEDA 和 AS 的摩尔比定为 2.5∶1，配制质量分数为 1%的 AS-TMEDA 水溶液（下同），参照“实验十二”所述之方法测定 AS-TMEDA 的 Krafft 温度；

2. 用稀盐酸将上述 1%的 AS-TMEDA 水溶液的 pH 调节到 4.25，再参照“实验十二”所述之方法测定 AS-TMEDA-HCl 的 Krafft 温度；

3. 用 NaOH 将上述 1%的 AS-TMEDA-HCl 水溶液的 pH 调节到 10.0，再参照“实验十二”所述之方法测定 AS-TMEDA-HCl-NaOH 的 Krafft 温度；

4. 继续用稀盐酸、NaOH，将上述 1%的 AS-TMEDA-HCl-NaOH 水溶液的 pH 交替调节到 4.25 和 10.0，再参照“实验十二”所述之方法测定 Krafft 温度。

五、数据记录与处理

1. 定性分析 TEMDA 盐酸盐降低 AS 的 Krafft 温度的原因。
2. 详细记录实验数据，并对其作出合理解释。
3. 完成研究报告 1 份。

六、参考文献

[1] Chu Z, Feng Y. Empirical Correlations between Krafft temperature and tail length for amidosulfobetaine surfactants in the presence of inorganic salt. Langmuir, 2012, 28: 1175-1181.

[2] Gu T R, Sjöblom J, Mickos H, et al. Empirical relationships between the Krafft points and the structural units in surfactants. Acta Chem Scand, 1991, 45: 762-765.

[3] Gu T R, Sjöblom J. Surfactant structure and its relation to the Krafft point, cloud point and micellization: Some empirical relationships. Colloid Surf, 1992, 64: 39-46.

[4] Schott H, Han S K. Effect of inorganic additives on solutions of nonionic surfactants Ⅳ: Krafft points. J Pharm Sci, 1976, 65: 979-981.

[5] Klein R, Touraud D, Kunz W. Choline carboxylate surfactants: Biocompatible and highly soluble in water. Green Chem, 2008, 10: 433-435.

[6] Fameau A L, Zemb T. Self-assembly of fatty acids in the presence of amines and cationic components. Adv Colloid Interface Sci, 2014, 207: 43-64.

[7] Tsujii K, Saito N, Takeuchi T. Krafft points of anionic surfactants and their mixtures with special attention to their applicability in hard water. J Phy Chem, 1980, 84: 2287-2291.

[8] Zana R, Schmidt J, Talmon Y. Tetrabutylammonium alkyl carboxylate surfactants in aqueous solution: Self-association behavior, solution nanostructure, and comparison with tetrabutylammonium alkyl sulfate surfactants. Langmuir, 2005, 21: 11628-11636.

[9] Koshy P, Verma G, Aswal V K, et al. Viscoelastic fluids originated from enhanced solubility of sodium laurate in cetyl trimethyl ammonium bromide micelles through cooperative self-assembly. J Phy Chem B, 2010, 114: 10462-10470.

[10] Han Y X, Feng Y J, Sun H Q, et al. Wormlike micelles formed by sodium erucate in the presence of a tetraalkylammonium hydrotrope. J Phy Chem B, 2011, 115: 6893-6902.

[11] Lin B, McCormick A V, Davis H T, et al. Solubility of sodium soaps in aqueous salt solutions. J Colloid Interf Sci, 2005, 291: 543-549.

[12] Wang S Y, Cai S, Liu X F, et al. Reversible CO_2/N_2-tuning Krafft temperature of sodium alkyl sulphonates and a proof-of-concept usage in surfactant-enhanced soil washing. Chem Eng J, 2021, 417: 129316.

VII 洗涤剂综合实验

以洗涤为主要功能的产品，无论是洗织物和餐具抑或是洗手、脸、头发和身体，早期泛称作洗涤剂，现代市场细分为织物洗涤剂、洗手液、洗面奶、洗发香波和沐浴露等。这类产品均离不开表面活性剂。

人们最早使用的表面活性剂为动、植物油脂水解得到的长链脂肪酸盐，俗称为“皂”。距今约有数千年的历史[1]。如今，普遍将皂当作人们使用和生产表面活性剂的开端。因此，皂类物质可能是人们最早发现并使用的最古老的表面活性剂。此外，在相当长的一段时期，洗涤剂甚至是肥皂，就是表面活性剂的代名词。

人们使用肥皂的动机之一，是为了清洁的需要。因此，表面活性剂的发展总是伴随着人类不同文明时期的各种洗涤剂（detergent）的发展而演变。肥皂是最古老的洗涤剂，因此，肥皂的发展历史是众多表面活性剂中最悠久、最绚丽和最浓墨重彩的一笔。

肥皂的主要活性物质是脂肪酸盐，属于阴离子型表面活性剂。现代表面活性剂工业可以为人们提供阴离子型、阳离子型、两性离子型和非离子型表面活性剂。表面活性剂在现代国民经济领域中发挥着极其重要的作用。从产量规模来讲，阴离子型表面活性剂的产量约占表面活性剂总产量的一半，其中的大半用于消费类产品（比如洗涤）领域。有学者曾将表面活性剂的人均年消费量数据用于评价一个国家精细化学品工业的发展程度和人们生活健康水准的高低。

我国作为四大文明古国之一，文化发展历史源远流长。我国人民在长期的劳动实践中，发现和使用洗涤剂的历史同样非常悠久，具有很好的传承[2]。

本部分共选编 6 个项目，涉及洗衣粉、餐具洗涤剂和洗衣液等品种，综合以主要表面活性剂的制备、质量分析、配方设计和性能评价，设计了一个以洗衣粉为对象的系统剖析实验，其目的是采用与配方设计逆向的角度，强化学生对配方物种的定性检识和定量分析，训练学生对表面活性剂复杂混合体系的系统剖析技能。

---

[1] Routh H B, Bhowmik K R, Parish L C, et al. Soaps: From the phoenicians to the 20th century—A historical review. Clinics in Dermatology, 1996, 14: 3-6.

[2] 何端生. 我国古代的洗涤剂. 中国科技史料, 1983, 2: 86-88.

实验五十五 配料中和一体化制备洗衣粉及其性能评价

一、实验目的

1．掌握烷基苯磺酸（钠）、烷基聚醚硫酸盐的制备工艺和质量分析。

2．掌握依据洗衣粉配方进行配料中和一体化工艺参数计算。

3．掌握洗衣粉料浆的基础性能评价方法。

二、实验原理

合成洗涤剂是肥皂的主要替代品。就外观而言，合成洗涤剂有固态粉状（洗衣粉）和液态（洗衣液、餐具洗涤剂）等多种形式。其中，粉状洗涤剂占主导地位。设计洗涤剂配方时需要通盘考虑产品的洗涤性能、经济性、安全性和环境负担等。

洗衣粉主要由表面活性剂和各种洗涤助剂构成。工业上最常采用的流程是：先采用配料中和一体化制备洗衣粉料浆，然后经喷雾干燥造粒成型，最后再加入热敏性物质（如酶制剂和香精）等。

洗衣粉的主要成分如下。

1．表面活性剂

表面活性剂是洗衣粉中重要的活性成分之一，其主要功能是乳化、润湿、起泡和增溶等，但不是洗衣粉中含量最多的成分。我国现行国家标准中规定，无磷普通型洗衣粉的总活性物含量不低于 13%（GB/T 13171.1—2022）。

合成洗涤剂源起于合成表面活性剂的开发和工业化生产。早在第一次世界大战后，德国因缺乏天然油脂制皂率先开始合成表面活性剂的工业化生产。1917 年巴斯夫（BASF）公司开发了烷基萘磺酸盐（商品名 VEKALBX），其目的是替代皂，但是，所得烷基磺酸盐 VEKALBX 的疏水链偏短，导致 VEKALBX 的润湿性较好但洗涤效果不太理想[1-2]。尽管如此，VEKALBX 的问世还是揭开了合成洗涤剂工业的发展历史序幕；在 1930—1935 年，美国 National Aniline 公司率先完成工业化生产的烷基苯磺酸盐（大约于 1925 年，由德国 IG Farben 公司率先获得其合成方法）问世，其出色的洗涤性能带动了全球合成洗涤剂工业的迅猛发展，激发了合成表面活性剂科学和技术的研究热情。20 世纪 50 年代到 70 年代，众多合成表面活性剂及其工业化生产得以涌现，当今诸多品种的生产和使用均出自这一时期，因此，该时段被称作合成洗涤剂（表面活性剂）黄金时期。新中国合成洗涤剂工业发端于 1959 年，以上海永兴化工厂年产 5000 吨洗衣粉装置投产为标志[3,4]。

当前，洗衣粉用表面活性剂主要是阴离子型的直链烷基苯磺酸钠（LAS）。其他如脂肪醇聚氧乙烯醚、脂肪醇硫酸盐、脂肪醇聚氧乙烯醚硫酸盐等也有少量添加。脂肪醇聚氧乙烯醚等非离子型表面活性剂，泡沫性能较差，常和烷基苯磺酸钠复配制备机用洗衣粉。

2．洗涤助剂

纯表面活性剂的去污性能并不理想，常需复配助剂方可获得较好的洗涤效果。助剂本身的去污能力较弱甚至没有去污能力，但是与表面活性剂复配后，却能获得较好的洗涤效果。助剂分有机助剂和无机助剂两大类，具有如下功能：①可以螯合或离子交换钙、镁等金属离子和软化硬水，如三聚磷酸钠和 4A 沸石（以三聚磷酸钠的性能最好，但其排放能导致湖泊水体富营养化，已被 4A 沸石所替代）；②pH 缓冲作用，对抗少量酸性物质的存在，如纯碱、硅酸钠、小苏打等；③抗污垢再沉降，如羧甲基纤维素钠等；④ 酶，如淀粉酶、蛋白酶、脂肪酶等。酶制剂的加入可提高产品的去污力，但由于它们属于热敏物质，用于洗衣粉配方时，一般不在配料时加入，而是在喷雾干燥后再加入。此外洗涤助剂还包括漂白剂、荧光增白剂、泡沫调节剂、料浆调离剂、填充剂、香精、色素等。

3．标准洗衣粉

所谓标准洗衣粉是作为洗涤去污性能测试和评价的参照标准。按照我国《衣料用洗涤剂去污力及循环洗涤性能的测定》（GB/T 13174—2021）规定，无磷标准洗衣粉 SLP 的配方如下：

烷基苯磺酸（按活性物计）17.4 份，4A 沸石 15 份，液碱（按 NaOH 计）2.5 份，硅酸钠（按有效成分计）10 份，碳酸钠 14 份，聚丙烯酸钠均聚物（按活性物计）0.5 份，硫酸钠 40.5 份。

实验室配制方法：将烷基苯磺酸、液碱搅拌中和，在 70℃水浴下边搅拌边加入硅酸钠、聚丙烯酸钠均聚物、4A 沸石、碳酸钠、硫酸钠，在全部加完后，继续搅拌 10min。将配好的样品于（105±2）℃烘箱中烘干（水分小于或等于 2.0%），研细至全部通过 0.8mm 筛，装瓶备用。

三、实验仪器和试剂

常规有机合成装置、通风橱、去污机、泡沫仪、白度计等。

精制十二烷基苯，发烟硫酸，氯磺酸，十二烷基苯磺酸，脂肪醇聚氧乙烯醚硫酸盐（AES），氢氧化钠，脂肪醇聚氧乙烯醚（AEO_3 和 AEO_9），三聚磷酸钠（五钠），硅酸钠（干基），4A 沸石，芒硝，纯碱，对甲苯磺酸钠，羧甲基纤维素钠（CMC），荧光增白剂，标准洗衣粉和商品洗衣粉若干种，等等。

四、实验步骤

（一）十二烷基苯磺酸的制备

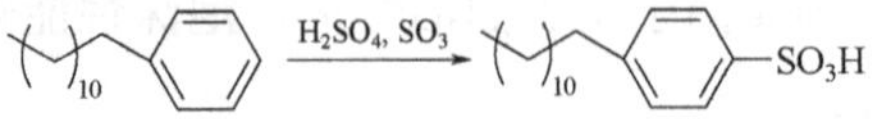

目前，洗涤工业用烷基苯磺酸一般是用烷基苯经 SO_3 磺化制取，本实验采用发烟硫酸磺化烷基苯得到混酸，再经过分酸得到烷基苯磺酸，这种工艺是我国洗涤工业曾经采用过的工艺之一。

1．磺化。取 200g 十二烷基苯装入带机械搅拌的四口烧瓶内，另取 230g 发烟硫酸（危险！小心操作！）于滴液漏斗中；水浴将烷基苯升温至 25℃开始滴加发烟硫酸，控制体系温度在 25～35℃，1.5h 内加完发烟硫酸；继续老化反应 0.5h。反应结束后，所得物料（混酸，危险！小心操作！）称重后，取样分析混酸的中和值。

2．分酸。按照混酸∶水=85∶15（质量比）加水，可实现烷基苯磺酸与废酸的有效分离。将适量的水加入滴液漏斗，混酸的温度维持在 50～55℃搅拌下滴加，总时间 0.5～1h；若有泡沫则保温静置消泡后，转移至分液漏斗，保温分层；分别放出废酸和烷基苯磺酸，称重后，分别取样测定中和值。

3．中和值测定。所谓中和值，中和 1g 酸样所需要的 NaOH 的质量（mg）；一般用酚酞为指示剂，通过酸碱中和滴定获得。

本实验中混酸、磺酸和废酸（危险！小心操作！）中和值测定时，酸样取样量范围为 2～3g，在 50mL 小烧杯中充分溶解后，定量转移至 250mL 容量瓶内定容；滴定时，移液管量取 25mL 待测样品，酚酞为指示剂，用 $0.1\text{mol}\cdot\text{L}^{-1}$ 的 NaOH 溶液滴定至微红色。

（二）十二烷基苯磺酸的中和及质量分析

1．中和。烷基苯磺酸采用间歇式装置进行中和。称取 50g 烷基苯磺酸；依据其中和值计算 NaOH 需用量，配成 15%（质量分数）水溶液，放置于大烧杯，机械搅拌并升温至 35℃；缓慢加入苯磺酸，并控制中和温度在 35～40℃；中和终点 pH 控制在 7～8。所得物料（LAS 单体）称重。

2．总固体含量分析。准确称取搅拌均匀的单体 1g（m_0）左右放置于预先称重的小烧杯（m_B）中，105℃干燥至恒重（m_H），按照下式计算总固体含量（S_T），平行测试 2 个样取平均。

$$S_T = \frac{m_H - m_B}{m_0} \times 100\% \tag{1}$$

3．活性物含量分析。采用两相滴定法[5]分析活性物（十二烷基苯磺酸钠）的含量，其中，溴化底米鎓（dimidium bromide）和二硫化蓝 VN 150（disulphine blue）用作酸性混合指示剂，苄索氯铵（Hyamine 1622）用作阳离子型表面活性剂滴定剂。

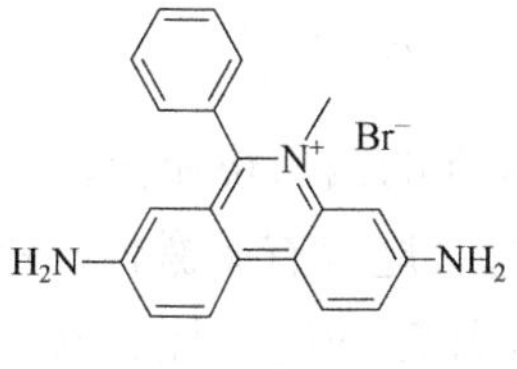

溴化底米鎓

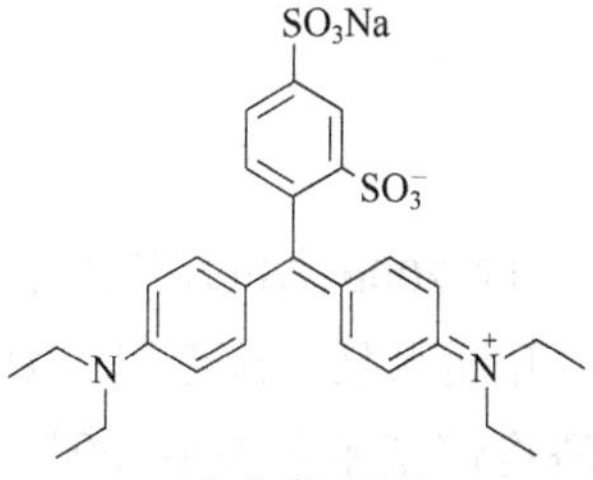

二硫化蓝VN150

酸性混合指示剂的配制：分别称取（0.5±0.005）g 溴化底米鎓和（0.25±0.005）g 二硫化蓝 VN 150（准确至 1mg），分别用 10%（体积分数）热乙醇溶解于不同的小烧杯中，然后定量转移至同一 250mL 容量瓶中用 10%乙醇定容，得到混合指示剂原液。准确移取混合指示剂原液 20mL 于 500mL 容量瓶内，分别加入 200mL 水和 20mL H_2SO_4 溶液（$2.5mol \cdot L^{-1}$），混合均匀后，用水定容，转移至棕色瓶内，避光保存。

准确称取搅拌均匀的单体 1～2g（m）于小烧杯中热水溶解后，定量转移至 500mL 容量瓶内定容；用移液管取 25mL 待测样于具塞量筒内，再分别加入 10mL 水、15mL 三氯甲烷和 10mL 酸性混合指示剂，再用 $c=4.0\times10^{-3}mol \cdot L^{-1}$ 的 Hyamine 1622 溶液滴定，至三氯甲烷层颜色变为淡灰蓝色为终点，记录滴定体积（V，mL），按照式（2）计算活性物含量（S_{LAS}），平行测试 2 个样，相对偏差不超过 1.5%，取平均。

$$S_{LAS} = \frac{348cV}{m} \times 100\% \tag{2}$$

式中，348 为十二烷基苯磺酸钠摩尔质量。

4．无机盐含量（S_{Salt}，%）：

$$S_{Salt} = S_T - S_{LAS} - S_{未磺化物} \tag{3}$$

考虑到当前工业上采用 SO_3 作为烷基苯的磺化试剂在管式降膜式装置中进行磺化，效率一般均较高，因此，未磺化物的测量可以省略。所以，S_{Salt} 可以用下式简单估算：

$$S_{Salt} = S_T - S_{LAS} \tag{4}$$

（三）十二烷基聚氧乙烯醚硫酸酯钠的制备与质量分析

1．合成路线：以十二烷基聚氧乙烯醚（AEO_3）和氯磺酸（危险！小心操作！）

硫酸化作用形成烷基聚醚硫酸酯，再用 NaOH 中和得到十二烷基聚氧乙烯醚硫酸酯钠（AES）。

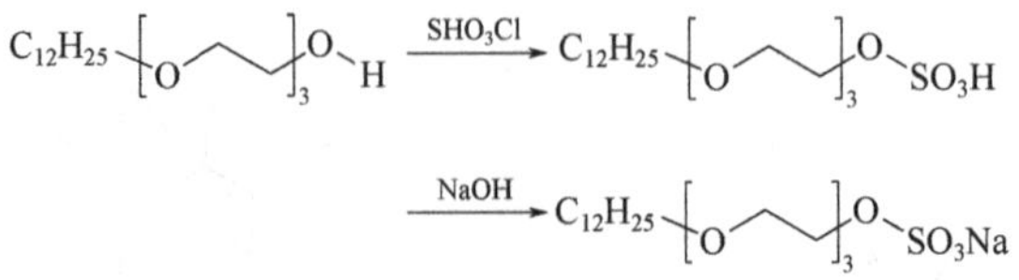

2．硫酸化：取 200g AEO_3 装入带机械搅拌的四口烧瓶内，另取 75g 氯磺酸于滴液漏斗中；开通水泵、检查尾气吸收装置（尾气有刺激性，小心操作!），保持微负压，水浴将烷基苯升温至 30℃开始滴加氯磺酸，控制硫酸化反应温度在 30～35℃，1h 内加完氯磺酸；继续老化反应 0.5h。反应结束后，得到硫酸酯（有刺激性烟雾产生，小心!），取样分析其中和值。

3．中和：依据硫酸酯中和值计算 NaOH 需用量，配成 4%（质量分数）水溶液，放置于大烧杯，取出少量碱液（5～10mL）备用后，机械搅拌并升温至 40℃；缓慢加入硫酸酯，并控制中和温度在 40～45℃；中和终点 pH 控制在 7～9。取样分析总固体含量、活性物含量和无机盐含量。

4．质量分析：

总固体含量分析方法可参照 LAS 单体的进行。

活性物含量分析，依然采用两相滴定法，但是，酸性混合指示剂一般不采用，而是参照烷基硫酸盐或者长链脂肪酸盐的、碱性正丙醇-水条件下的两相滴定分析流程进行，采用溴甲酚绿[6]为指示剂。一般不考虑未硫酸化物。

溴甲酚绿指示剂：0.015g 溴甲酚绿溶解于 250mL 水中。

磷酸盐缓冲液：$0.065mol \cdot L^{-1}$ 的磷酸氢钠水溶液（300mL）和同浓度的磷酸钠水溶液（100mL）混合。

Hyamine 1622 滴定液：$5.0 \times 10^{-3} mol \cdot L^{-1}$，取适量 Hyamine 1622 溶解于 211mL 正丙醇中，用水定容至 1000mL。

称取 AES 待测样 0.15～0.20g，用少量水溶解后定量转移至 100mL 容量瓶，再加 $1mol \cdot L^{-1}$NaOH 水溶液 10mL、正丙醇 25mL 后，用水定容。

移液管取待测试样 10mL（其中，AES 的质量记作 m，AES 的分子量记作 M_W）置于 250mL 具塞量筒内，再加入磷酸盐-指示剂-正丙醇混合液（400mL 磷酸盐缓冲液、0.8mL 溴甲酚绿指示剂溶液和 80mL 正丙醇混合）24mL 和氯仿 20mL，用 Hyamine 1622 滴定液滴定（Hyamine 1622 的浓度记作 c），滴定至水相层颜色变为无色即为滴定终点，记录滴定体积 a（a 的适宜范围为 5～25mL，超出此范围则重新设计待测样浓度或滴定剂浓度）。同时，进行空白试验，记录空白体积 b，按照式（5）计算活性物含量（S_{AES}）：

$$S_{AES} = \frac{(a-b)cM_W}{m} \times 100\% \tag{5}$$

（四）配料中和一体化制备洗衣粉料浆

本实验要求配制洗衣粉料浆 600g，料浆总固体含量为 55%，喷雾干燥后，相应的洗衣粉配方如表 1。

表 1　洗衣粉中各组分的含量（质量分数，%）

项目	配方 1	配方 2	配方 3	配方 4	配方 5
LAS	15	18	15	3	18
AES	3	—	3	15	—
AEO_9	3	3	3	3	3
五钠	16	17	—	15	—
沸石	—	—	20	—	13
纯碱	7	8	7	7	7
硅酸钠	10	10	10	10	10
芒硝	36	32	32	35	37
对甲苯磺酸钠	2.5	2.5	2.5	2.5	2.5
CMC	1.4	1.4	1.4	1.4	1.4
增白剂	0.1	0.1	0.1	0.1	0.1
水分	6	8	6	8	8

注：表面活性剂含量以活性物计。

在表 1 中任选一个配方，计算各组分的用量。配方中所需 LAS 是由磺酸及碱液配料中和得到的，需要计算相应的磺酸和 NaOH 用量；配方中所用 AES 是由本实验前期步骤合成所得。具体计算方法如式（6）至式（19）所示。

1．600g 料浆对应的洗衣粉量 m：

$$m = \frac{600 \times 55\%}{1 - \text{所选配方水含量}} \tag{6}$$

2．配方所需纯物料 i 的量 m_i：

$$m_i = m \times i \tag{7}$$

注意式（7）计算时，默认物料属于无水试剂，因此，固体物料注意是否带有结晶水 y_1，需要在后续外加水时予以扣除。

3．关于 LAS 的计算：

料浆所需 m_{LAS} 对应的 LAS 单体量 m_1、磺酸量 m_P 和固体 NaOH 量（m_x）：

$$m_1=\frac{m_{\text{LAS}}}{S_{\text{LAS}}} \tag{8}$$

计算时，默认物料属于无水试剂，因此，固体物料注意是否带有结晶水，需要在后续外加水时予以扣除。

$$m_{\text{P}}=\frac{50(\text{磺酸})}{50+\text{NaOH}(\text{磺酸})+\text{H}_2\text{O}(\text{NaOH})} \tag{9}$$

注意式（9）中，NaOH（磺酸）和 H_2O（NaOH）是指在本实验步骤 1 中，中和 50g 磺酸所需 NaOH 及配制成 15%（质量分数）水溶液所需的水量。

$$m_{\text{x}}=m_{\text{P}}\times\text{磺酸中和值} \tag{10}$$

$$\text{H}_2\text{O}(\text{NaOH})=\frac{m_{\text{x}}}{15\%}-m_{\text{x}} \tag{11}$$

注意 NaOH 和磺酸中和过程会产生中和水（m_{y_2}）和无机盐（m_{D_1}），因此，需要在后续外加水和芒硝时予以扣除。

$$m_{\text{y}_2}=\frac{m_{\text{x}}}{40}\times 18 \tag{12}$$

$$\text{D1}=S_1\times(S_{\text{T,LAS}}-S_{\text{LAS}}) \tag{13}$$

4．关于 AES 的计算：

料浆所需 AES 对应 AES 单体的量 m_2，AES 单体带入的无机盐量 m_{D_2} 和水量 y3：

$$m_2=\frac{m_{\text{AES}}}{S_{\text{AES}}} \tag{14}$$

$$m_{\text{D}_2}=m_2(S_{\text{T,AES}}-S_{\text{AES}}) \tag{15}$$

$$m_{\text{y}_3}=m_2(1-S_{\text{T,AES}}) \tag{16}$$

5．关于芒硝的计算：

由于配料中和烷基苯磺酸形成 LAS 会产生无机盐，AES 单体带入无机盐，因此，需要从料浆所需芒硝的量 $m_{\text{芒硝}}$中予以扣除，实际芒硝需要量 m_{D}：

$$m_{\text{D}}=m_{\text{芒硝}}-m_{\text{D}_1}-m_{\text{D}_2} \tag{17}$$

6．计算补加水量 m_{y}：

$$m_{\text{y}}=600\times(1-55\%)-m_{\text{y}_1}-m_{\text{y}_2}-m_{\text{y}_3} \tag{18}$$

7．各物料总和 $\sum m_i$：

$$\sum m_i=\text{磺酸}(m_{\text{P}})+\text{NaOH}(m_{\text{x}})+\text{AES}(m_2)+\text{芒硝}(m_{\text{D}})+\text{补加水}(m_{\text{y}})+\text{其他干物料} \tag{19}$$

要求：$\sum m_i$ 的数值在（600±3）g 范围内。

采用间歇配料工艺。根据工艺要求，拟定配料工艺操作条件和投料顺序，根据计算结果，用小烧杯或报纸称取所需各个组分待用。

投料顺序按下列原则进行：①先难溶后易溶，比如荧光增白剂和 CMC 较难溶，宜先投料；②先轻料后重料，相对密度较大的物料可以克服料浆的浮力而下沉，经过搅拌容易混合均匀，五钠和纯碱相对密度相似，都小于芒硝，所以芒硝应在五钠和纯碱之后投料；③先量少，后量多，在总物料中，小比例物料先投料，这样可以保证混合均匀；④中和配料一体化配制料浆时，先投放碱，加水，配制成 15%左右（质量分数）的 NaOH 水溶液，然后在 30～40℃下投入磺酸中和，调节 pH 为 7～9（注意不要使 NaOH 过量），然后在 40℃左右、适当搅拌下按加料顺序加入其他组分。加料时注意不要搅拌太猛，以防料浆夹带空气。

（五）料浆喷雾干燥制备洗衣粉

制备过程采用的是微型气流式喷雾干燥器，如图 1 所示。空气经加热由风机送至干燥室，浆料通过蠕动泵送至喷雾器与压缩空气混合从喷嘴喷出，在干燥室中喷成雾滴而分散在热气流中，雾滴在与干燥器内壁接触前水分已迅速汽化，成为微粒或细粉；这些产品随着热气流进入旋风分离器分离，进入收集瓶回收，热气流则通过排气管排出。

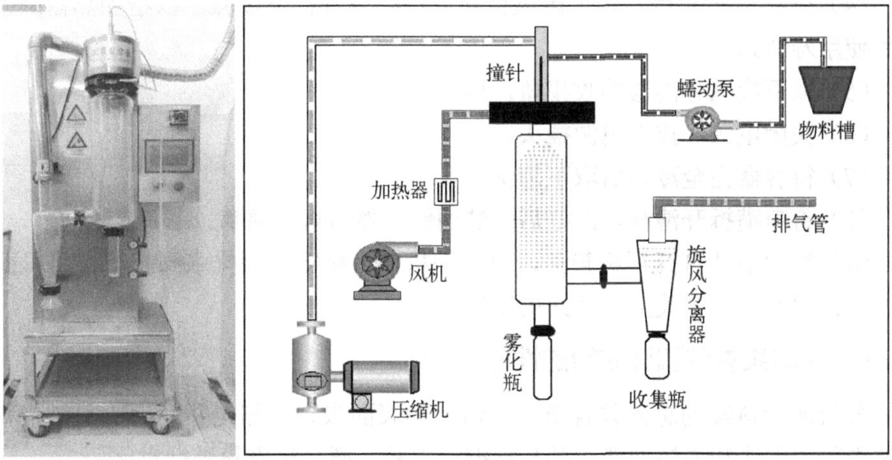

图 1　微型气流式喷雾干燥器及其原理流程示意图

在喷雾操作前必须对浆料进行过滤处理，防止较大的颗粒物堵塞喷头，处理方法是将料液倒入 100 目的不锈钢筛子内，收集下部浆料，再将其放入有搅拌转子的烧杯内，置于搅拌器上，开启搅拌器，使料浆处于搅动状态。为喷出较细的粒子，有些物料还可用胶体磨进行细磨。

请注意，有些浆料是粉体与水的悬浮液，静止时粉体就沉降在底部，这样就无法通过蠕动泵进行输送，故一定要搅拌待用。有些浆料是均一的状态，可以不必搅拌直接将蠕动泵的入口管插入该液体内即可。

1．开机操作

（1）按照安装说明将各部件安装好。

（2）按下设备的绿色启动按钮，启动电源。

（3）按仪器使用说明（附录）启动风机，启动空压机。

（4）设定目标温度 160～180℃，启动加热器。

（5）等待进风温度达到目标值。

2．喷雾操作

（1）喷雾操作前一定要用水做一次预喷雾操作，观察物料雾化及温度变化情况，重新设定风机进风量、进风温度，直到能看见雾状液滴在干燥室中运动。

（2）选取适宜的条件后，记录下各部分的操作参数，将胶管置入已准备好的物料，很快就有温度和压力的变化，并能看到旋风分离器内有粉体出现。

3．停机操作

（1）当物料用完后，进水将胶管内的物料全部喷完后（约 5min），关闭蠕动泵。

（2）关闭空压机。

（3）关闭加热器。

（4）待约 10min 后，再关闭风机（注：必须进行该步骤，以给加热器降温，延长使用寿命）。

（5）取下旋风分离器的收集瓶，可测试有关指标。

（6）关闭电源，拔下电源插头。

（7）待容器完全冷却后取下清洗。

（8）将喷嘴拆开清洗，洗好后先装通针，然后再装喷嘴。

运行数次后请打开后机箱盖，将压缩机储气罐下后的排水阀打开，将里面的水排掉，然后再将阀关上，装回机箱盖。

（六）料浆参数和洗衣粉的性能评价[7]

分析所配料浆的总固体含量、水溶液的表面张力，测定并评价所配料浆和所得洗衣粉的泡沫和去污性能，并与标准洗衣粉、商品洗衣粉进行对比。

1．料浆的总固体含量。参照本实验步骤（二）中相关方法进行。

2．料浆水溶液的表面张力。参照“实验二”或“实验三”中所述方法测定料浆水溶液的表面张力，测试样品分别取下述泡沫评价和/或去污评价用水溶液。

3．泡沫评价。参照“实验十五”采用 Ross-Miles 法进行。

泡沫评价用样品采用 150mg • kg^{-1} 硬水（以 $CaCO_3$ 计，Ca^{2+}与 Mg^{2+}的摩尔比

为6∶4，配制方法如下，称取10.02g氯化钙和12.22g氯化镁，配制10.0L，即为$1500mg \cdot kg^{-1}$硬水，使用时取1.0L稀释至10.0L即为$150mg \cdot kg^{-1}$硬水）配制1000mL，料浆、单体和市售粉（标准粉）的取样量（单位为g）分别按照式（20）至式（22）计算。

$$料浆=\frac{2.5\times(1-配方水)}{55\%} \tag{20}$$

$$单体=\frac{2.5\times(1-配方水)}{S_T} \tag{21}$$

$$所得洗衣粉（市售粉或标准粉）=2.5 \tag{22}$$

4．去污评价。参照GB/T 13174—2021方法，具体如下：以JB-01污布（人工模拟混合油污渍，验证对油、灰尘渍的去污力）、JB-02污布（多种蛋白污渍，验证对蛋白渍的去污力）和JB-03污布（人工模拟皮脂污渍，验证对人体油渍的去污力）为洗涤对象；裁成直径ϕ6cm的圆片，每个试样要求4～6片污布试片。

去污评价用样品采用$250mg \cdot kg^{-1}$（以$CaCO_3$计，Ca^{2+}与Mg^{2+}摩尔比为6∶4，配制方法：称取16.70g氯化钙和20.37g氯化镁，配制10.0 L，即为$2500mg \cdot kg^{-1}$硬水。使用时取1.0L稀释至10.0L即为$250mg \cdot kg^{-1}$硬水）硬水配制1000mL（浓度0.2%，质量分数），料浆、单体和市售粉（标准粉）的取样量（单位为g）分别按照式（23）至式（25）计算。

$$料浆=\frac{2.0\times(1-配方水)}{55\%} \tag{23}$$

$$单体=\frac{2.0\times(1-配方水)}{S_T} \tag{24}$$

$$所得洗衣粉（市售粉或标准粉）=2.0 \tag{25}$$

在去污试验机内进行洗涤。洗涤完成后，将污布晾干或烘干，用白度计在选定波长下测定洗后污布的白度值，结合洗前白度值和白布的白度值计算去污力。

5．污布白度的测定。选用WSD-3白度计，将仪器放在通风良好的室内，检查电源线，打开电源开关；从仪器附件箱内取出“工作白板”和“黑板”，平放在实验台上；然后进行调零和校正。调零：待屏幕出现“ZERO”，将黑板放在传感器上，按下调零按钮。校正：待屏幕出现“STANDARD”，将工作白板放在传感器上，按下标准按钮。最后，进行污布白度测量。经过调零和校正后，就可以测量，把污布放到传感器上，读取不同部位的白度值（读数点应中心对称），通常可以读取中心、上、下、左、右，共5点的数据；再把布翻过来，同样操作，又得5个读数。如此，对一块污布样，可测得10个读数，取其平均值即为污布的平均

白度值 F。

立式去污仪洗涤。

洗涤试验在立式去污仪（图 2）中进行。测定前先把搅拌叶轮、工作槽、去污浴缸一一编号，固定组成一个“工作单元”，并预热仪器至 30℃±1℃，稳定 30min。

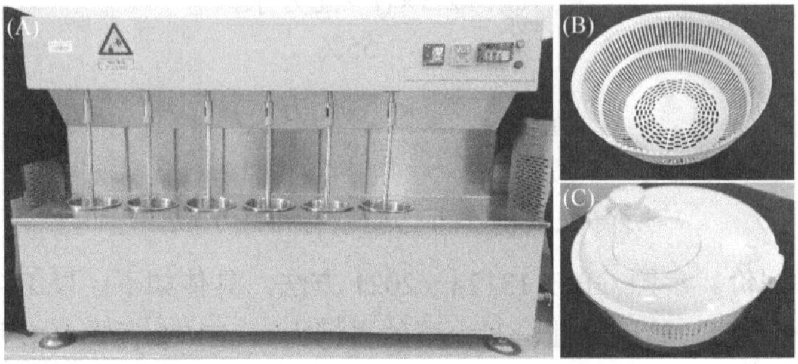

图 2　立式去污仪(RHLQ-Ⅱ型)

（A）主机；（B）漂洗器内桶；（C）漂洗器

将配制好的洗涤液 1000mL 预热到 30℃，倒入对应的去污缸内［图 2（A）］，将去污缸放入对应的位置，安装好搅拌叶轮，调节温度在 30℃±1℃，在每个去污缸内放 3～4 块预先测过白度（洗前白度 F_1）的污布（做好标记），启动搅拌，保持搅拌速度 120r · min^{-1}，连续洗涤 20min 后停止。

从去污缸中取出污布，一起放入漂洗器内桶［图 2（B）］，沥干水分，放进漂洗器［图 2（C），最外面是一个透明的塑料盆］，倒入 1500mL 自来水，盖上盖子，转动盖子上的手柄，使内桶转动约 30s 后停止，放掉漂洗水，重复两次。再手工脱水 15s（转速约 1800r · min^{-1}）后取出晾干。

对晾干后的污布测定白度（洗后白度 F_2），以一一对应的方式，计算每块污布洗涤前后的白度差（F_2–F_1）。按照式（26）至式（27）计算去污值 R 和去污比值 P。

$$R = \frac{\sum(F_2 - F_1)}{n} \tag{26}$$

$$P = \frac{R_{试}}{R_{标}} \tag{27}$$

式（26）和式（27）中，F_2 为洗后白度；F_1 为洗前白度；n 为每组试片的有效数量；$R_{试}$为试样的去污值；$R_{标}$为标准粉的去污值。$P \geqslant 1.0$，表示样品的去污力相当于或优于标准洗衣粉；而 $P<1.0$ 表示样品的去污力不如（劣于）标准洗衣粉。

五、思考题

1．依据实验结果分析合成洗涤剂为什么要进行配方？配方的原则及要求是什么？

2．中和配料一体化配制料浆工艺有何优点？

3．配料过程是否观察到料浆的黏度变化，与哪些因素有关？

4．加料顺序的基本原则是什么？配料过程应注意些什么？

六、参考文献

[1] 孙丕基，张金廷，郑富源．洗涤剂．北京：中国物资出版社，1998.

[2] 夏纪鼎，倪永全．表面活性剂和洗涤剂化学与工艺学．北京：中国轻工业出版社，1997.

[3] 中国日用化学工业信息中心．中国合成洗涤剂工业 60 年发展回顾．日用化学品科学，2019, 42(10): 11-13.

[4] 张高勇，王燕．中国合成洗涤剂四十年及跨世纪展望．日用化学品科学，1999 (1): 1-5.

[5] Cohen L, Moreno A, Berna J L. Two phase titration of anionic surfactants-a new approach. Tenside Surfact Det, 1997, 34: 183-185.

[6] Bares M. Two-phase titration of soap in detergents. Tenside Surfact Det, 1969, 6: 312-316.

[7] 崔正刚，张磊．化学工程与工艺专业综合实验．北京：化学工业出版社，2018.

实验五十六　液体餐具洗涤剂的制备及其性能评价

一、实验目的

1. 掌握液体餐具洗涤剂（洗洁精）的配制方法。
2. 掌握非离子型表面活性剂6501的制备方法和质量分析方法。
3. 了解液体餐具洗涤剂各组分的性质及配方原理。
4. 了解液体餐具洗涤剂的性能要求及评价指标（pH值、泡沫性能及去污力）。

二、实验原理

餐具洗涤剂大部分制成液体产品，主要用于洗涤餐具、水果、蔬菜等，属于轻垢型洗涤剂。在液体洗涤剂中，餐具洗涤剂的数量仅次于织物液体洗涤剂居第二位[1-2]。

餐具洗涤剂由于直接用于食品餐具，因此与一般家用洗涤剂相比，具有更高的要求，目前已将它单独列为一种专用洗涤剂。对液体餐具洗涤剂产品的总要求如下：①产品澄清透明，色泽浅淡，无不愉快气味，黏度适中，便于灌装、又易于倒出；②泡沫性能好，起始泡沫丰富、稳定、消泡缓慢；③对油脂的乳化和分散性能好，去油污力强；④手感温和，不刺激皮肤；⑤低毒或无毒，使用安全。

液体餐具洗涤剂（洗洁精）中，表面活性剂多选用醇醚硫酸盐，其次是烷基硫酸盐。有时还用醇醚硫酸盐和烷基苯磺酸盐或烷基硫酸盐复配。醇醚硫酸盐比烷基苯磺酸盐生物降解性好，对皮肤刺激性小。典型的高级液体餐具洗涤剂是以醇醚硫酸盐为基料配制而成的。采用复配表面活性剂制得的洗涤剂往往比采用单一表面活性剂的洗涤剂在性能和性价比上更为优越。因此，我们日常使用的洗涤剂大多数都是复配型洗涤剂。

配方设计首先要考虑相关产品的国家标准，例如产品的外观、内在质量、卫生安全要求等。另外，手洗型产品还必须考虑产品对人体的安全性、对皮肤的刺激性，带消毒功能的产品还要考虑消毒效果。

表观性能方面有外观、色泽、气味、低温稳定性、高温稳定性、黏度（我国标准中未作规定，但一般控制在500～1500cP·s）等，要求产品不分层、无悬浮物或沉淀、透明、无异味、−10～+40℃范围内放置24h无结晶和沉淀。

内在质量特性指标有泡沫、pH值、去污力、表面活性剂（活性物）含量（一般要求≥15%），以及有害物质甲醛、砷、重金属的含量等。

泡沫：家用手洗产品要求发泡性（foamability）好，即瞬时泡沫高度应达到150mm左右；但泡沫的持续时间不宜过长，较易消泡。

pH 值：为降低对皮肤的刺激作用，产品的 pH 值不得过高，要求中性～微碱性；最佳 pH=6.5～8.5（质量分数为 1%的水溶液，25℃）。

去污力：这是餐洗产品最重要的性能指标之一，但评价时影响因素较多；国标中包含人工洗盘法和去油率法，其中去油率法为仲裁法。

本实验从教学功能角度考虑，选择 LAS、AES、6501、十二烷基糖苷等表面活性剂配制餐具洗涤剂。其中，6501 作为非离子型表面活性剂的代表性品种，在配制餐具洗涤剂实验之前，先行合成制备[3]；配制好餐具洗涤剂后，再测试该配方的泡沫性能和去污力等性质。

三、实验仪器和试剂

电动搅拌器，超级恒温水浴锅，罗氏泡沫仪，RHLQ-Ⅱ型立式去污力测定机，温度计（0～100℃），烧杯（100mL 和 150mL），量筒（10mL 和 100mL），天平，滴管，玻璃棒，电炉，控温仪以及 pH 试纸等。

十二烷基苯磺酸钠（LAS），脂肪醇聚氧乙烯醚硫酸钠(AES)，椰子油酸二乙醇酰胺（6501，本实验中合成），十二烷基糖苷（APG），乙二胺四乙酸二钠盐（EDTA），尿素，氯化钠，苯甲酸钠，去离子水，标准餐具洗涤剂，商品餐具洗涤剂若干种等。

四、实验步骤

（一）非离子型表面活性剂 6501 的制备

1．主要试剂和仪器：椰子油酸、甲醇、98%浓硫酸、氢氧化钾、二乙醇胺、无水乙醇。四口烧瓶、球形冷凝管、直形冷凝管、真空接管、100mL 圆底烧瓶、机械搅拌器、升降台、电子天平、锥形瓶（250mL）、碱式滴定管（50mL）、滴定台、电热恒温水浴锅、电热套。

2．合成路线：按照两步法（先甲酯化、再氨解）制备 6501。

$$\mathrm{R{-}COOH \xrightarrow{CH_3OH} R{-}COOCH_3 \xrightarrow{HN(CH_2CH_2OH)_2} R{-}CON(CH_2CH_2OH)_2}$$

3．椰子油酸甲酯（粗酯）

（1）在装有搅拌器和温度计的 500mL 的四口烧瓶中［图 1（a）］，加入 100g 椰子油酸。

（2）按照甲醇：椰子油酸=6：1（摩尔比）称取甲醇，然后称取相当于脂肪酸质量 0.9%的 98%（质量分数）浓硫酸，缓慢加入甲醇中混合均匀（注意安全！）。

（3）将甲醇和浓硫酸的混合液加入四口烧瓶中，用空心塞封闭瓶口。

（4）加热恒温水浴，使反应瓶内物料处于微沸状态（72～75℃），即为反应开始，记下反应开始时间，保持回流 4h 后，停止加热，使物料冷却至 50℃以下。

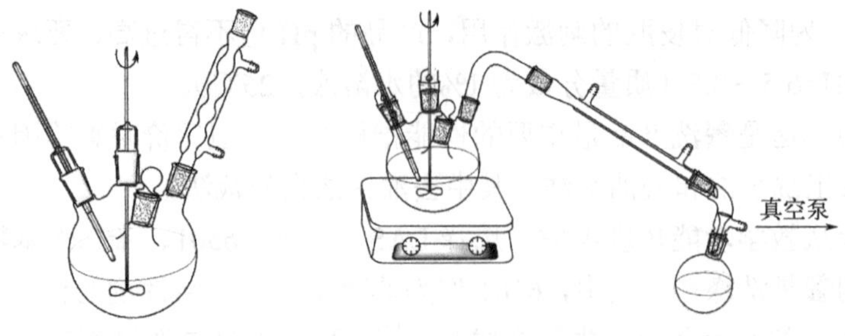

(a) 装有搅拌器和温度计的四口烧瓶　　(b) 减压蒸馏装置

图 1　椰子油酸甲酯化反应装置

（5）移去球形冷凝回流管，改成减压蒸馏装置［图 1（b）］，回收甲醇。

（6）将已蒸出甲醇的椰子油酸甲酯混合物称重，转移到 500mL 分液漏斗中静置分层。取上层椰子油酸甲酯（粗酯）称重，弃去下层酸渣。用 50℃左右的热水反复洗涤粗酯，每次洗涤用水量为粗酯质量的 1.5 倍，直至洗涤水的 pH 呈中性为止。

（7）对洗涤后的甲酯（粗酯）称重，分析皂化值和酸值，通过式（1）进行物料衡算获得酯化率（%）。

$$酯化率=\frac{皂化值-酸值}{皂化值}\times 100\% \tag{1}$$

（8）皂化值测定。

皂化值是指皂化 1g 样品所需消耗的 KOH 的质量（mg），皂化值亦称皂化价。

称取待测样品 m=0.5～1.0g 于 250mL 锥形瓶中，移取 25mL 浓度为 0.5mol・L^{-1} 的 KOH 乙醇溶液（注意：本处所用乙醇为无醛酮乙醇），混合摇匀，接上回流冷凝管，于沸水浴中回流 30min，稍冷后用适量无水乙醇冲洗回流管，用 c=0.5mol・L^{-1} 的标准 HCl 溶液滴定（V_1，mL），以酚酞作为指示剂，终点为溶液由红色变成无色。另做一空白试验（V_2，mL）。按照式（2）计算皂化值。

$$皂化值=\frac{(V_1-V_2)c\times 56.11}{m} \tag{2}$$

式中，V_1 为样品消耗的 HCl 标准溶液的体积，mL；V_2 为空白试验消耗的 HCl 标准溶液的体积，mL；c 为 HCl 标准溶液的浓度，mol・L^{-1}；m 为样品质量，g；56.11 为 KOH 的摩尔质量，g・mol^{-1}。

（9）酸值测定。酸值是指中和 1g 样品所消耗的 KOH 的质量（mg）。一个样品的酸值大小，反映了样品中含有酸的多少。常见日化产品中所含的酸一般为脂肪酸。

称取待测样品 1.0g 左右（酯类 5～10g）于 250mL 锥形瓶中，加 25mL 中性乙醇，混合摇匀，加入 5 滴酚酞指示剂，用 $0.5mol \cdot L^{-1}$（或 $0.1mol \cdot L^{-1}$）的标准 KOH 溶液滴定至溶液显粉红色。按照式（3）计算酸值。

$$酸值=\frac{Vc\times 56.11}{m} \tag{3}$$

式中，V 为滴定消耗的 KOH 标准溶液的体积，mL；c 为 KOH 标准溶液的浓度，$mol \cdot L^{-1}$；m 为样品质量，g；56.11 为 KOH 的摩尔质量，$g \cdot mol^{-1}$。

注意：椰子油酸称取 1.0g 左右，用 $0.5mol \cdot L^{-1}$ 的 KOH 滴定。椰子油酸甲酯称取 5～10g，用 $0.1mol \cdot L^{-1}$ 的 KOH 滴定。

4．粗酯精制：用真空减压蒸馏进行粗酯的精制。

（1）按图 2 所示，搭建真空减压蒸馏装置，检查真空系统，保证气密性良好，不漏气。

（2）加入脂肪酸甲酯，打开电热套加热电源，开启真空泵，将毛细管调至合适的进气量，以维持蒸馏瓶中搅拌良好，冷却器中通冷却水。

（3）记录压力计读数及气、液相温度，切取合适的馏分。

（4）停止加热，松开加热套，待物料冷却后，松开毛细管上的螺旋夹，破真空，关真空泵。

（5）收集产品，倒掉残渣。按式（4）计算产品得率（%），分析产品的酸值和皂化值。

$$精酯得率=\frac{精甲酯量}{粗甲酯量}\times 100\% \tag{4}$$

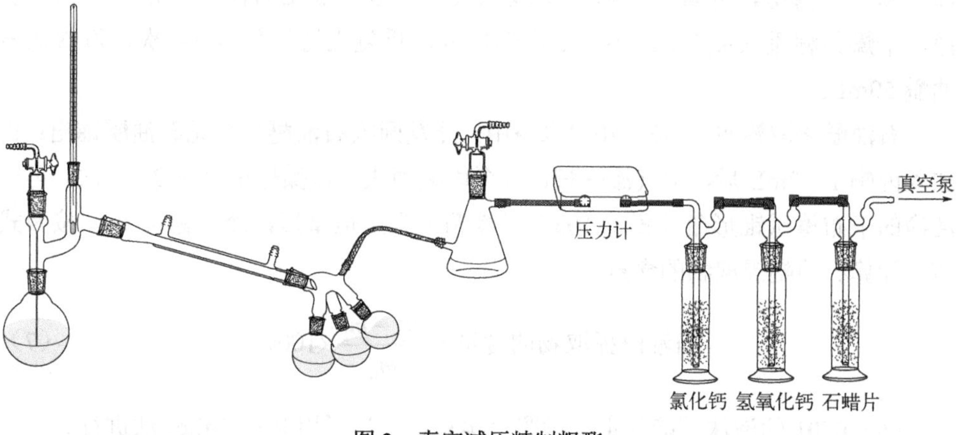

图 2　真空减压精制粗酯

5．椰子油酸甲酯的氨解

（1）按图 1（b）安装好反应装置，以 1∶1.1∶0.05（摩尔比）加入精制椰子油酸甲酯和二乙醇胺、KOH（KOH 溶解于二乙醇胺中投料）。

（2）加料完毕后升温，通 N_2 气置换装置内的空气，再开启真空泵抽真空至 200mmHg 柱（26.664kPa）以上，维持反应温度在 116℃左右，反应 2～3h，当馏出的甲醇达到规定数量时，反应结束。

（3）活性物含量分析。按照式（5）计算氨解反应产物中 6501 的含量：

$$6501\text{的含量} = 100\% - \text{未反应二乙醇胺}\% - \text{石油醚提取物}\% - \text{KOH}\% \quad (5)$$

（4）未反应二乙醇胺测定。由于二乙醇胺 $HN(CH_2CH_2OH)_2$ 是一种碱性物质，因此，可采用酸碱滴定进行定量分析。

称取待测样品 m=1.0g 左右于 250mL 锥形瓶中，移取 50mL 乙醇（注：本处所用乙醇为无醛酮乙醇），混合摇匀至样品完全溶解(可用水浴加热快速溶解)，加入溴酚蓝指示剂 8 滴，用 c=0.1mol・L^{-1} 的标准 HCl 溶液滴定（V_1，mL），终点为溶液呈绿色，同时加做一空白试验（V_2，mL）。按照式（6）计算未反应二乙醇胺的含量（%）。

$$\text{未反应二乙醇胺的含量} = \frac{(V_1 - V_2)c \times 105}{m \times 1000} \times 100\% \quad (6)$$

式中，105 是二乙醇胺的摩尔质量，g・mol^{-1}。

（5）石油醚提取物的测定。称取 m_0=10g 左右的氨解反应产物，用 80mL 蒸馏水溶解并定量转移至 250mL 具塞量筒中，再加入 50mL 乙醇和 50mL 石油醚。具塞量筒盖塞密闭后手动上下振摇 1min 后，打开量筒塞并用少量石油醚淋洗量筒塞和量筒内壁，静置分层后，用玻璃（虹）吸管取出石油醚层置于一预先洗净、干燥并称重（m_1）的 250mL 锥形瓶内。重复上述操作 3～4 次，每次加石油醚 50mL。

石油醚萃取液置于 60～70℃水浴中，蒸发回收石油醚直至无石油醚馏出；再加入丙酮 1～2mL 后，空气流吹扫，直至丙酮消失，该操作可重复 2～3 次。再用洁净的干布擦拭锥形瓶并置于 105℃干燥箱干燥至恒重后，冷却称重 m_2。按照式（7）计算石油醚提取物的含量。

$$\text{石油醚提取物的含量} = \frac{m_2 - m_1}{m_0} \times 100\% \quad (7)$$

（6）6501 的泡沫性能测定。参照“实验十五”采用 Ross-Miles 法进行。

（二）液体餐具洗涤剂配制

1．参考配方

表 1 所列餐具洗涤剂的配方是本实验配制餐具洗涤剂的参考配方。

表 1　餐具洗涤剂配方（质量分数，%）

项目	配方 1	配方 2	配方 3	配方 4
LAS	6	6	9	3
AES	6	6	3	9
6501	3	—	3	—
APG	—	3	—	3
EDTA	0.2	0.2	0.2	0.2
氯化钠	2	2	2	2
卡松①	0.02～0.03	0.02～0.03	0.02～0.03	0.02～0.03
香精	0.1～0.2	0.1～0.2	0.1～0.2	0.1～0.2
去离子水	余量	余量	余量	余量

注：表面活性剂皆指活性物含量。

① 卡松为一种在日用化学品中有限使用的防腐剂的商品名称，其主要有效成分（图 3）是 2-甲基-4-异噻唑啉-3-酮（MIT）和 5-氯-2-甲基-4-异噻唑啉-3-酮（CMIT）。

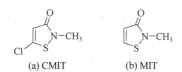

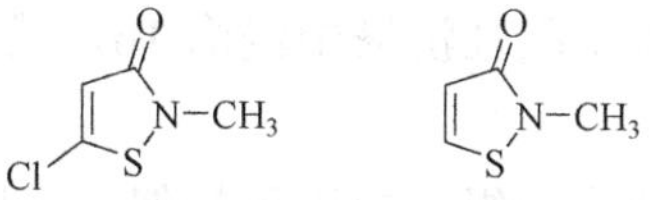

图 3　卡松主要有效成分的结构式

2．操作步骤

① 将水浴锅中加入水并加热，烧杯中加入去离子水加热至 60℃左右。

② 加入 AES 并不断搅拌至全部溶解，此时水温要控制在 50～55℃。

③ 保持温度 50～55℃，在不断搅拌下加入其他表面活性剂，搅拌至全部溶解为止。

④ 降温至 40℃以下，加入香精、防腐剂、螯合剂、增溶剂，搅拌均匀。

⑤ 测定溶液的 pH 值，调节 pH 至 9.0～10.5。

⑥ 加入食盐调节黏度至所需值。调节之前应先把产品冷却到室温或测定黏度时的标准温度。调节后即得到成品。

⑦ 测定或评价所配制的餐具洗涤剂的发泡能力和去污力，并与标准餐具洗涤剂以及商品餐具洗涤剂进行对比。

3．去油率法评价液体餐具洗涤剂的去污性能 (仲裁法)

用去油率法评价液体餐具洗涤剂的去污性能是我国现行国家标准（GB/T 9985—2022）的规定方法之一，属于仲裁法。

其基本原理是：将标准人工污垢均匀附着于载玻片上，用规定浓度的餐具洗涤剂溶液在规定的条件下洗涤，测定污垢的去除率。本方法适用于各种配方的餐具洗涤剂。

（1）人工污垢（混合油）的配制。

混合油配方：按牛油∶猪油∶植物油=0.5∶0.5∶1（质量比）的比例配制混合油，并加入相当于其总质量 5%的单硬脂酸甘油酯，即得到人工污垢（置于冰箱冷藏室中，保质期 6 个月）。

将人工污垢置于烧杯中，加热到 180℃，在该温度下搅拌保温 10min，然后将烧杯移至磁力搅拌器上，自然冷却至所需温度备用。

推荐的污垢涂布温度：当室温为 20℃时，混合油的温度需达到 80℃；室温为 25℃时，混合油的温度需达到 45℃；当室温低于 17℃或高于 27℃时，试验不宜进行，需要在空调间进行。必要时应使用附带冷冻装置的立式去污机。

（2）污片的制备。

取一块载玻片，横置，距上边 10mm 处画一条上沿线，距下边 5mm 处画一条下沿线，两条线之间为涂污区域。

新购的载玻片需要极性处理，处理方法是：在洗涤剂溶液中煮沸 15min，用清水洗涤至不挂水珠，再置于酸性洗液中浸泡 1h，然用清水漂洗及蒸馏水冲洗，置于干燥箱中干燥后备用。

将洁净的载玻片以四片为一组，置于称量架上，用分析天平精确称重（准确至 1mg），记为 m_0，将称重后的载玻片逐一夹于晾片架上（夹子应夹在载玻片的上沿线以上），将晾片架置于搪瓷盘内，准备涂污。

待油污保持在确定的温度时，逐一将载玻片连同夹子从晾片架上取下，手持夹子将载玻片浸入油污中（直至所画的上沿线），保持 1～2s，然后缓缓取出，待油污下滴速度变慢后，挂回原来晾片架上。待油污凝固后，将污片取下，用滤纸或脱脂棉将所画下沿线以下以及两侧边多余的油污擦掉，再用镊子夹住沾有石油醚的脱脂棉擦拭干净。室温下晾置 4h 后，在称量架上用分析天平精确称量，记为 m_1。此时，每组污片上的油污量应控制在 0.5g±0.5g。

（3）洗涤。

标准餐具洗涤剂的制备。称取烷基苯磺酸钠（LAS）14 份（以 100%计），醇醚硫酸盐（AES）1 份（以 100%计），无水乙醇 5 份，尿素 5 份，加水至 100 份，混匀，用盐酸或氢氧化钠调节 pH=7～8，作为标准餐具洗涤剂溶液备用。

将已知涂污量的载玻片插入对应的洗涤架内，准备洗涤。

将去污机接通电源，洗涤温度设置为 30℃，回转速度设置为 160r·min^{-1}，洗涤时间设定为 3min。

称取 5.00g 待测试样，溶于 2500mL 硬水（250mg·L^{-1}）中，摇匀。分别量取 800mL 试液，加入立式去污机的三个洗涤桶中，待试液温度升至 30℃时，迅速将已知涂污量的载玻片连同洗涤架对应地放入洗涤桶内，并迅速将搅拌器装好。当最后一只洗涤架放入洗涤桶后开始计时，浸泡 1min，然后启动去污机洗涤

3min，机器自动停止后迅速将搅拌器取下，取出洗涤架，将洗后污片逐一夹挂在原来的晾片架上，挂晾 3h 后将污片置于相应的称量架上称重，记为 m_2。

注意：每批试验，应当为标准餐具洗涤剂准备三组污片，每一个待测试样各准备三组污片。由于涂污条件不同会对去油率测定结果带来影响，故同一批涂污的载玻片无论能够设置多少待测试样，必须带三组测定标准餐具洗涤剂加以对照。

按式（8）计算去油率：

$$去油率=\frac{m_1-m_2}{m_1-m_0}\times 100\% \tag{8}$$

式中，m_0 为涂污前载玻片的质量；m_1 为涂污后载玻片的质量；m_2 为洗涤后载玻片的质量。要求三组结果的相对平均偏差≤5%。

若被测餐具洗涤剂样品的去油率不小于标准餐具洗涤剂的去油率，则该餐具洗涤剂的去污力判为合格，否则为不合格。

五、思考题

1．配制餐具洗涤剂有哪些原则？

2．餐具洗涤剂的 pH 值应控制在什么范围？为什么？

3．AES 应慢慢加入水中，绝不能直接加水溶解，原因是什么？

4．配方中含有 AES 的餐具洗涤剂，整个操作过程应控制在 40℃左右，最高溶解温度不可超过 60℃，原因是什么？

六、参考文献

[1] 崔正刚, 张磊. 化学工程与工艺专业综合实验. 北京: 化学工业出版社, 2018.

[2] 章永年, 梁治齐. 液体洗涤剂. 2 版. 北京: 中国轻工业出版社, 2000.

[3] 无锡轻工大学. 精细化工工艺实验(讲义). 无锡: 无锡轻工大学, 1999.

实验五十七　洗衣液的配方设计与性能评价

一、实验目的

1. 掌握配制衣用液体洗涤剂的工艺。
2. 了解各组分的作用和配方原理。

二、实验原理

衣用液体洗涤剂为无色的或带某种均匀颜色的黏稠液体，易溶于水。自 2011 年以来，我国衣用液体洗涤剂的产量首次超过了洗衣粉，年增长量都在两位数。与粉状洗涤剂相比，液体洗涤剂溶解性好、低温洗涤性能好、使用方便、易于计量、节能环保、不产生粉尘，而且由于配方中用水代替了大量的无机盐填充物，降低了成本和减少了化学物质的排放。此外，体系碱性较低，洗涤过程中对手和织物具有良好的保护作用。对制造商而言，液体洗涤剂具有配方灵活、制造工艺简单、设备投资少、节省能源和加工成本低等优点。

衣用液体洗涤剂的配方设计首先考虑的仍然是洗涤性能，即产品既要有强去垢力，又不损伤衣物。其次还要考虑经济性，即要求工艺简单、配方合理。再次要考虑的是产品的适用性，既要适合我国的国情和消费者的洗涤习惯，也要考虑配方的先进性等。总之要通过合理的配方设计，使产品性能优良且成本低廉，并有广阔的市场。

衣用液体洗涤剂主要由以下几个部分组成：表面活性剂（阴离子/非离子型表面活性剂复配）、硬水软化剂（柠檬酸钠、偏硅酸钠等）、pH 调节剂（醇胺类化合物、氢氧化钠、氢氧化钾、甲基磺酸等）、助溶剂（乙醇、乙二醇、甘油等）、防腐剂、香味剂、溶剂（水）、增色剂等。

据 GB/T 13174—2021 规定，标准洗衣液（代号：SLD）的配方如下。

烷基苯磺酸（按活性物计）8%，聚乙氧基化脂肪醇（平均 EO 加合数为 9）4%，乙氧基化烷基硫酸钠（2EO，按活性物计）2%，三乙醇胺 0.5%，二水合柠檬酸三钠 0.6%，防腐剂（卡松）0.1%，水余量。

实验室配制方法：将各种成分依次加入一定量的水中，同时搅拌溶解（必要时可加热），并用 NaOH 调节溶液的 pH 值为 8.5～9.0，补足水量至 100%即可。

本实验提供了几个衣用液体洗涤剂的参考配方，学生可根据具体可得的原材料和仪器情况，选择一个参考配方或者自己设计一个配方。

三、主要药品和仪器

水浴锅、电动搅拌器、烧杯（100mL 和 250mL）、量筒（10mL 和 100mL）、滴管、天平、温度计（0～100℃）。

十二烷基苯磺酸钠（LAS）、脂肪醇聚氧乙烯醚硫酸钠（AES）、椰子油脂肪酸二乙醇酰胺（6501）、脂肪醇聚氧乙烯醚（AEO_9）、十二烷基二甲基甜菜碱（BS-12）、乙二胺四乙酸二钠盐（EDTA）、食盐、纯碱、水玻璃、三聚磷酸钠、香精、色素、pH 试纸、硫酸（质量分数 10%）、荧光增白剂。标准洗衣液、商品洗衣液若干种。

四、实验内容

（一）配方

参考配方见表 1[1]。

表 1　衣用液体洗涤剂配方（质量分数，%）

项目	配方 1	配方 2	配方 3	配方 4
LAS	6	9.0	9.0	3.0
AES	—	—	2.1	6.1
AEO_9	5.6	3.5	—	2.1
6501	3.5	—	2.8	—
APG	—	3.5	—	2.8
BS-12	—	—	2.1	2.0
Na_2CO_3	1.0	—	1.0	—
Na_2SiO_3	2.0	2.0	1.5	1.5
三聚磷酸钠	2.0	2.0	2.0	2.0
EDTA	0.5	0.5	0.5	0.5
NaCl	1.5	1.5	1.0	2.0
荧光增白剂	—	—	0.1	0.1
色素	适量	适量	适量	适量
香精	0.1～0.2	0.1～0.2	0.1～0.2	0.1～0.2
去离子水	加至 100	加至 100	加至 100	加至 100

注：表面活性剂皆指活性物含量。

（二）操作步骤

1．按配方将所需量的去离子水加入 250mL 烧杯中，将烧杯放入水浴锅中，加热使水温升到 60℃，慢慢加入 AES，并不断搅拌，至全部溶解为止。搅拌时间约为 20min，在溶解过程中，水温控制在 60℃以下。

2. 在连续搅拌下依次加入LAS、AEO_9、6501等表面活性剂，一直搅拌至全部溶解为止，搅拌时间约为20min，保持温度在60～65℃。

3. 在不断搅拌下将纯碱、荧光增白剂、三聚磷酸钠等依次加入，并使其溶解，保持温度在60～65℃。

4. 停止加热，待温度降至40℃以下时，加入色素、香精等，搅拌均匀。

5. 测定溶液的pH值，并用磷酸调节至pH≤10.5。

6. 降至室温，加入食盐调节黏度，使黏度达到规定值（本实验不控制黏度指标）。

7. 测定并评价所配制的衣用液体洗涤剂的泡沫性能和去污力，并与标准洗衣液和商品洗衣液进行对比［《衣料用洗涤剂去污力及循环洗涤性能的测定》（GB/T 13174—2021）］。

8. 注意事项：①按次序加料，必须待前一种物料溶解后再加后一种；②按规定控制好温度，加入香精时的温度必须<40℃，以防挥发；③制得的产品由实验人员带回试用。

五、思考题

1. 衣用液体洗涤剂有哪些优良的性能？
2. 衣用液体洗涤剂配方设计的原则有哪些？
3. 衣用液体洗涤剂的pH值是怎样控制的？为什么？

六、参考文献

[1] 崔正刚，张磊. 化学工程与工艺专业综合实验. 北京：化学工业出版社, 2018.

实验五十八　洗发香波的配方设计与制备

一、实验目的

1. 学习珠光剂乙二醇单硬脂酸酯的制备。
2. 掌握洗发香波的配制工艺。
3. 了解二合一洗发香波的配方及其各组分的作用。

二、实验原理

洗发香波是一种以表面活性剂为主要成分，以清洁护发为目的的个人清洁产品，其生产和使用已有 90 多年历史，至今已经发展成液体洗涤剂中仅次于织物液体洗涤剂和餐具洗涤剂的第三大类产品。

总体而言，洗发香波的配方设计要遵循以下原则[1-3]：①泡沫持久而丰富；②脱脂能力适当且柔和；③洗后干湿梳理性优良；④对头发、头皮和眼睑有高度的安全性，尤其不可使用禁用成分；⑤耐硬水；⑥易清洗并保证清洗后头发柔顺、具有光泽。

洗发香波主要由表面活性剂和一些添加剂构成。其中主要成分为主表面活性剂、辅表面活性剂、头发调理剂、黏度调节剂、防腐剂和香精等。此外，根据香波的特点，还可以添加一些添加剂，如去头屑剂、珠光剂、固色剂、螯合剂、营养剂、染料等。常用的主表面活性剂有：脂肪醇聚氧乙烯醚硫酸钠盐或硫酸铵盐等。常用的辅表面活性剂有：椰油酰胺丙基甜菜碱、吐温-80、十二烷基二甲基甜菜碱等。黏度调节剂或增稠剂主要有：无机盐、椰油酰胺甜菜碱、聚乙二醇酯类、二甲苯磺酸钠等。遮光剂或珠光剂主要有：硬脂酸乙二醇酯、十八醇、十六醇、硅酸铝镁等。香精多为水果香型、花香型和草香型等。螯合剂最常用的是乙二胺四乙酸钠（EDTA）。

现代洗发香波已经突破了单纯的洗发功能，成为集洗发、护发、美发等多功能于一体的化妆型产品。希望洗后对头发有更好的梳理性，对头发有滋润和营养功能，因此诞生了二合一的洗发产品，即兼有洗发和护发的功能性香波。

对头发具有调理作用的物质主要是对头发具有柔和作用的阳离子化合物。它不但可以使因经常使用卷发剂或染发剂而遭破坏的头发恢复正常，还能使头发洗后便于梳理，改善头发外观。起调理作用的季铵化合物有：硬脂基二甲基苄基氯化铵、二氢化牛脂基二甲基氯化铵、C_{12}～C_{18} 烷基三甲基氯化铵、十六烷基或硬脂基二甲基氧化胺或者它们的混合物。在调理香波中一般用量（质量分数）为 0.5%～2.0%。两性离子型表面活性剂 OA-12、乳化硅油、富脂剂也可用作调理剂。

本实验内容是：先完成一种珠光剂——乙二醇单硬脂酸酯的制备[3]，然后依照参考配方或者自主设计配方配制洗发香波。

三、实验仪器和试剂

浴锅、电动搅拌器、温度计（0～100℃）、烧杯（100mL 和 250mL）、量筒（10mL 和 100mL）、锥形瓶、天平、玻璃棒、滴管等。

脂肪醇聚氧乙烯醚硫酸铵（AESA）、椰子油脂肪酸二乙醇酰胺（6501）、乙二醇单硬脂酸酯（自制或者市售）、脂肪醇聚氧乙烯醚（AEO_9）、烷基糖苷（APG）、十二烷基二甲基甜菜碱（BS-12）、吐温-80、柠檬酸、氯化钠、香精、色素、去离子水等。

四、实验步骤

（一）珠光剂乙二醇单硬脂酸酯的制备

乙二醇单硬脂酸酯是一种珠光剂，广泛应用于珠光乳液香波中，用量一般为1%～5%（质量分数）。其制备方法通常是由乙二醇和硬脂酸在对甲苯磺酸的催化下直接合成（图 1）。

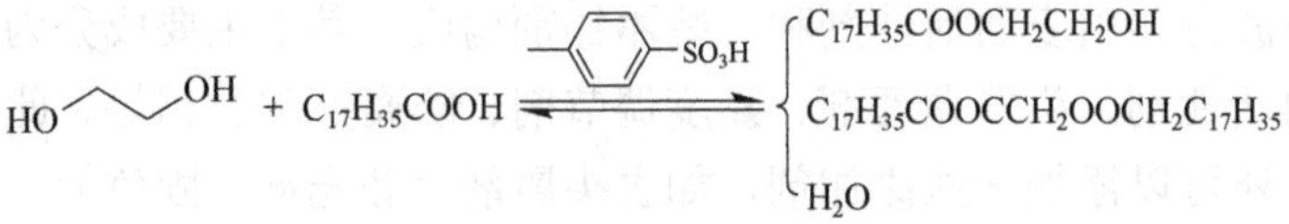

图 1　乙二醇单硬脂酸酯的合成路线

该反应的主产物是乙二醇单硬脂酸酯，副产物是乙二醇二硬脂酸酯和水；此外，此反应属于可逆反应，好在乙二醇、硬脂酸及产品的沸点都比水高得多，所以在反应过程中，只要不断地将生成的水排出体系，不仅可以加快反应进程，还可以提高反应转化率。实践证明，将乙二醇与脂肪酸按近似等摩尔比投料时，形成的产物中，乙二醇单酯和双脂的摩尔比近似为 2∶1。酯化反应温度一般控制在140℃左右，用对甲苯磺酸作为该反应的催化剂。

1. 在装有搅拌器，温度计的 500mL 的四口烧瓶中，加入 100g（0.35mol）硬脂酸，22g（0.35mol）乙二醇，1%对甲苯磺酸（以硬脂酸计），加热使物料熔化，然后取 1～2g 样品于锥形瓶中，测定酸值，作为反应开始前（0min 时）的酸值。

2. 开动搅拌器，升温至 140℃开始计时。依次在反应 15min、30min、60min、90min、120min、180min 时取样，测定酸值。待酸值达到 10～15mg $\cdot g^{-1}$（以 KOH/样品计）后，降温到 80℃，迅速出料，将产品倒入一浅盘中，凝固成蜡状固体。

3．继续分析产物的皂化值和羟值。

4．酸值和皂化值的分析方法可参照本书“实验五十六”中所述方法进行。

5．羟值的测定

所谓羟值是指 1g 待测样品中的所有可测羟基所相当的 KOH 的质量（mg）。

其测定原理是：在 115℃回流条件下，待测物分子结构中的羟基与预先溶解在吡啶中的邻苯二甲酸酐进行酯化反应，过量的邻苯二甲酸酐用 NaOH 标准溶液滴定，从而得到待测物中羟基的物质的量。测试反应的体系中不能有水。

测定步骤如下：

按照 116g 邻苯二甲酸酐、16g 咪唑溶于 700mL 吡啶中配制溶液，储存于预先干燥的棕色瓶内，放置过夜使用；若是该溶液颜色变成棕褐色则弃用；此外，以酚酞为指示剂，每 25mL 邻苯二甲酸酐吡啶液消耗 $0.5mol \cdot L^{-1}$ NaOH 标准液的体积控制在（100±5）mL 为宜。

称取（用 561 除以预估羟值）g 左右的样品（称准至 0.0001g）于 250mL 清洁、干燥的碘量瓶中，用移液管加入 25mL 邻苯二甲酸酐试剂，摇动。装上回流装置，在 115℃±2℃下回流 30min，回流过程中摇动碘量瓶 1～2 次，油浴的液面需浸过碘量瓶一半。回流结束后将碘量瓶移出油浴，冷却至室温，用 30mL 丙酮逐滴均匀冲洗冷凝管，取下碘量瓶，加入约 0.5mL 酚酞指示液，用 $0.5mol \cdot L^{-1}$ NaOH 标准滴定溶液，至溶液呈粉红色并保持 15s 不褪色为终点（滴定体积记为 V_1，mL）。同时，做空白试验及测定样品酸值，空白试验滴定体积记为 V_0（mL）。

注意，为了确保待测样品的羟基与邻苯二甲酸酐之间的反应定量进行，要求 $(V_0-V_1)/V_0$ 在 0.18～0.22 范围之内，否则适当调整试样的质量 m，重新测定。按照下式进行羟值计算：

$$羟值=\frac{(V_0-V_1)\times 0.5\times 56.11}{m}+酸值$$

6．相关实验数据和结果记入表 1。

表 1　乙二醇单硬脂酸酯合成和分析数据

	反应时间/min	取样量/g	滴定消耗 KOH 量/mL	酸值/$(mg \cdot g^{-1})$
酸值测定	0			
	15			
	30			
	60			
	90			
	120			
	180			

续表

	序号	取样量/g	滴定消耗 KOH 量/mL	皂化值/(mg·g^{-1})
皂化值测定	1			
	2			
	3			
	序号	取样量/g	滴定消耗 KOH 量/mL	羟值/(mg·g^{-1})
羟值测定	1			
	2			
	3			

（二）参考配方

参考配方见表 2。

表 2　二合一洗发香波参考配方（质量分数，%）

项目	配方 1	配方 2	配方 3	配方 4
AESA	5.6	10.5	9.0	4.5
APG	—	—	—	2.8
AEO9	2.8	—	2.8	2.8
BS-12	1.8	—	3.6	—
乙二醇单硬脂酸酯	—	—	2.5	—
吐温-80	—	4.5	—	—
柠檬酸	适量	适量	适量	适量
苯甲酸钠	1.0	1.0	—	—
NaCl	1.5	1.5	—	—
色素	适量	适量	适量	适量
香精	0.1～0.2	0.1～0.2	0.1～0.2	0.1～0.2
去离子水	余量	余量	余量	余量

注：表面活性剂以活性物含量计。

（三）操作步骤

1．量取所需量的去离子水，加入 250mL 烧杯中，将烧杯放入水浴锅中加热至 60℃以上，加入珠光剂使其溶解。

2．降温至 50～55℃，加入 AESA 并不断搅拌至全部溶解。

3．保持水温 50～55℃，在连续搅拌下加入其他表面活性剂至全部溶解，再加入其他助剂，缓慢搅拌使其溶解。

4．降温至 40℃以下，加入香精、防腐剂、染料、螯合剂等，搅拌均匀。

5．测定 pH 值，用柠檬酸调节至 5.5～7.0。

6．待温度接近室温时加入食盐调节到所需黏度。

7．测定所配洗发香波的泡沫力、黏度。

8．注意事项：①用柠檬酸调节pH值时，需将柠檬酸配成50%（质量分数，下同）的水溶液；②用食盐增稠时，需将食盐配成20%的水溶液，食盐的加入量不得超过3%；③加入珠光剂乙二醇单硬脂酸酯时，温度应控制在60～65℃，且慢速搅拌，缓慢冷却，否则体系可能无珠光。

五、思考题

1．珠光剂制备成功的关键是什么？

2．洗发香波配方设计的原则有哪些？

3．二合一洗发香波产品有何要求，如何通过调整配方来实现其要求？

4．配制洗发香波的主要原料有哪些？为什么必须控制香波的pH值？

5．为什么在配制过程中AEO_9和AESA必须在60℃以下加入？

6．为什么香精和食盐需在降温后加入？

六、参考文献

[1] 崔正刚，张磊. 化学工程与工艺专业综合实验. 北京：化学工业出版社, 2018.

[2] 章永年，梁治齐. 液体洗涤剂. 2版. 北京：中国轻工业出版社, 2000.

[3] 无锡轻工大学. 精细化工工艺实验(讲义). 无锡：无锡轻工大学, 1999.

实验五十九 液体皂

一、实验目的

1. 学习油酸钾（钾皂）的制备。
2. 了解液体皂的配制工艺。
3. 了解液体皂配方及其各组分的功效。

二、实验原理

液体皂是液态洗涤剂的一类，最早在美国市场上出现[1]。其主要活性成分为脂肪酸钾（钾皂）。液体皂易溶于水，因取用极为方便，早期在理发店、医院等场合备受欢迎；其也比较适用于油漆表面等硬表面清洗，洗后表面清洁光亮。后来，随着合成表面活性剂工业的发展，不断有合成表面活性剂与皂的复配物制备出的液体皂，这类液体皂可称作复合液体皂。特别是20世纪80年代起，液体皂生产操作简单、能耗低，使用便捷，且可以添加多种添加剂，相应产品对皮肤的刺激性更低、色泽鲜艳、香气诱人，深受消费者欢迎。当前，皂基洗面奶、洗手液、沐浴露和洗衣液等均有销售。

按照用途来分，液体皂可分为液体洗衣皂和液体香皂。液体洗衣皂主要用于织物、器皿等洗涤，液体香皂可用于洗手、洗脸等人体皮肤的清洁过程。

随着社会和消费理念的发展，基于合成表面活性剂的各类民用洗涤产品开始重新转向选择以天然原材料制备的表面活性剂。因此，各类皂基洗涤剂越来越受到欢迎。但是，钠皂类液体产品的透明性相对较差，因此各类钾皂成为透明型液体皂的主要活性物。

基于复合液体皂的使用经验，以及维持“液体洗涤产品具有一定黏度”的消费习惯，液体皂中除了脂肪酸钾之外，常常配有一定量的非离子型表面活性剂；除此之外，液体皂中还需要有一定量的助溶剂，以促进活性物的溶解，使液体产品澄清透明。

本实验的内容安排是：先合成油酸钾[2-3]，然后依据参考配方或者学生自主设计配方，配制液体皂。

三、实验仪器和试剂

烧杯、机械搅拌器、电子天平、锥形瓶（250mL）、碱式滴定管（50mL）、滴定台、升降台、电热恒温水浴锅、电热套、pH试纸、电动搅拌器、量筒（10mL、100mL）、滴管、天平、温度计（0～100℃）等。

油酸、氢氧化钾、无水乙醇、油酸钾、椰子油酸乙醇酰胺（6501）、脂肪醇聚氧乙烯醚（AEO_9）、十二烷基糖苷（APG）、十二烷基甜菜碱（BS-12）、脂肪醇聚氧乙烯醚硫酸钠（AES）、甲基硅油、乙二醇单硬脂酸酯、氯化钠、甘油、乙二胺四乙酸二钠（EDTA）、香精、色素等。

四、实验步骤

（一）油酸钾的制备

油酸钾的制备通常有两种方法。第一种方法是皂化反应，其是指一定温度下，中性油脂与碱作用生成脂肪酸盐和甘油的反应。另一种制备方法是直接用脂肪酸与碱中和。本实验采用后者，以油酸为原料，制取油酸钾，其反应式如下：

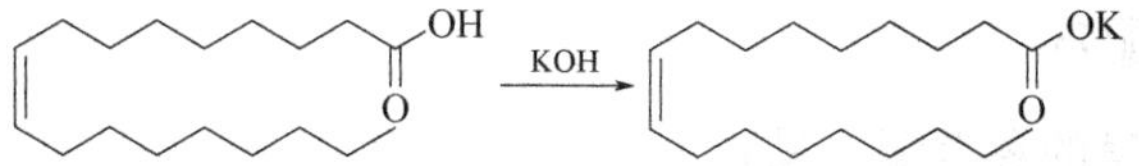

1．用烧杯称取油酸 50g 备用。

2．按 KOH∶油酸（摩尔比）=1.05∶1，计算并称取所需量的 KOH，用一个 400mL 的烧杯配制成质量分数为 8%～10%的 KOH 溶液备用。

3．另取一个 400mL 烧杯，加入少量氢氧化钾溶液，置于恒温水浴升温至 70℃，然后在搅拌状态下缓慢地同时加入氢氧化钾溶液和油酸进行中和反应。反应过程中保持良好的搅拌，防止出现结块，直至反应结束以后，调整产物的 pH 至微碱性（pH=8，pH 试纸）。

4．质量分析。

（1）游离脂肪酸含量。称取待测样品 $m_1 \approx 20$g 于 250mL 烧瓶中，加入溶有 1g 碳酸氢钠的 100mL 50%酒精溶液，加热溶解后移入 500mL 分液漏斗中，冷却至室温。加入石油醚 50mL，摇匀，静置分层。分离出上层石油醚层，置于一个 250mL 烧杯中，对下层液体再次用 50mL 石油醚抽提，共抽提三次。弃去下层皂液，合并三次石油醚抽提层，转移到分液漏斗中，用 50%酒精洗涤，每次用量 50mL，洗至洗涤液用水稀释后酚酞不显红色为止。放净下层液体，将上层抽出液放入已知质量（m_0）的锥形瓶中，水浴回收石油醚，最后加入 3mL 丙酮，用洗耳球吹脱，恒重（m_2）；按照式（1）计算游离脂肪酸含量。

$$\text{游离脂肪酸(含不皂化物)含量} = \frac{m_2 - m_0}{m_1} \times 100\% \quad (1)$$

（2）游离碱含量。称取待测样品 $m_1 \approx 25$g 于 250mL 锥形瓶中，移取 100mL 中性乙醇（含酚酞指示剂）混合摇匀，水浴加热至样品完全溶解，另以 20～30mL 中性乙醇清洗瓶壁，以 c=0.1mol·L^{-1} 盐酸乙醇标准液中和滴定（滴定体积 V, mL)。注意，滴定过程中应将锥形瓶置于水浴锅中保温，以使游离碱从可能结成团块的样品（例如皂块）中析出，直至红色消失即为终点。按照式（2）计算游离碱含量。

$$\text{游离碱（以NaOH计）含量} = \frac{cV \times 40}{m \times 1000} \times 100\% \qquad (2)$$

式中，40 为 NaOH 的摩尔质量，$g \cdot mol^{-1}$。

（3）总固体含量：总固体含量（%）分析方法可参照“实验五十六”中所述方法进行。

（4）油酸钾盐的含量：油酸钾盐的含量（%）可按照式（3）计算。

$$\text{油酸钾盐含量} = \text{总固体含量} - \text{游离碱含量} - \text{游离脂肪酸含量} \qquad (3)$$

（二）参考配方

本实验液体皂的参考配方见表 1。

表 1　液体皂参考配方（质量分数，%）

项目	配方 1	配方 2	配方 3	配方 4
油酸钾	13.0	15.0	15.0	15.0
AES	7.0	5.0	5.0	5.0
十二烷基硫酸钠	5.0	5.0	5.0	5.0
6501	3.0	3.0	—	—
AEO_9	2.0	—	2.0	—
APG	—	2.0	3.0	3.0
BS-12	—	—	—	2.0
乙二醇单硬脂酸酯	0.5	0.5	0.5	0.5
甘油	2.0	2.0	2.0	2.0
EDTA	1.0	1.0	1.0	1.0
NaCl	0.5	1.0	1.5	2.0
色素	适量	适量	适量	适量
香精	0.1～0.2	0.1～0.2	0.1～0.2	0.1～0.2
去离子水	余量	余量	余量	余量

（三）配制步骤

1．按配方要求，量取所需量的去离子水，加入 250mL 烧杯中，再将烧杯放入水浴锅中，加热升温到 60℃，加入 EDTA，搅拌使其溶解。

2．慢慢加入乙二醇单硬脂酸酯，加热使其溶解。

3．在连续搅拌下依次加入除油酸钾之外的 LAS、AEO_9 和 6501 等表面活性剂，搅拌至全部溶解为止，搅拌时间约为 20min，保持温度在 60～65℃。

4．在加入油酸钾皂后，将产品冷却至50℃左右，加入AES，搅拌溶解。

5．停止加热，待温度降至40℃以下时，加入色素、香精等，搅拌均匀。

6．测溶液的pH，并用柠檬酸调节至pH 7～8。

7．使产品温度降至室温，加入食盐调节黏度，使其达到规定黏度（本实验不控制黏度指标，可仔细观察体系黏度随NaCl量的变化关系）。

五、思考题

1．仔细观察加料的次序，思考为何必须待前一种物料溶解后再加后一种？

2．为什么AES为最后投料的活性物组分，而油酸钾应在AES之前投料？

3．为何加入香精时的温度必须低于40℃？

4．采用NaCl调节黏度的优缺点有哪些？

六、参考文献

[1] 金建忠. 制皂工艺. 北京: 中国轻工业出版社, 2001.

[2] 崔正刚，张磊. 化学工程与工艺专业综合实验. 北京: 化学工业出版社, 2018.

[3] 无锡轻工大学. 精细化工工艺实验(讲义). 无锡：无锡轻工大学, 1999.

实验六十　洗衣粉系统剖析

一、实验目的

1. 了解洗衣粉系统剖析的一般流程和方法。
2. 掌握洗衣粉主要成分的系统分离流程和方法。
3. 掌握洗衣粉各主要组分的定性与定量测定。

二、实验原理

洗衣粉是由多种物质复配形成的复杂混合体系，包括有机物和无机物、离子化合物和非离子化合物、低沸点物质和难挥发物质等。因此，洗衣粉的系统分析涉及混合物分离、定性辨识和定量分析等诸多专业知识和技能。

系统剖析的一般步骤为：

（1）背景资料分析　分析的内容包括样品的来源、价格、生产厂家、应用范围、使用性能、商品标签、产品说明、包装材料、销售渠道等，也包括生产厂家的公开信息，如广告文案、公开专利、期刊文章、新闻访谈等。信息背景调查应尽可能全面而细致，以便缩小剖析范围，从而减少工作量。此外，还需了解相关产品的国家或行业标准。

（2）感官判断　考察样品的物理状态、颜色、气味、晶型、密度、熔点、沸点、溶解性、黏稠度、流动性、颗粒度、荧光性、灼烧性、酸碱性等感官指标和简单物理性能等。

（3）定性分析　针对洗衣粉中可能组成的理化性质，合理设计分离方案，采用萃取、蒸馏、筛分、离子交换、色谱、重结晶等合适的分离方法将混合物各组分分开；根据物质的特征反应和特性以及仪器分析的结果，确定某种物质的存在与否。

（4）定量分析　尽可能选择普遍采用、结果可靠的分析方法（如国际标准、国家标准或行业标准）对已定性的组分进行定量测定。

（5）应用测试　根据剖析结果拟出试验配方，做出试验样品，然后与对照样品作比较，进行性能和效果评价。当评价结果相差较大时，说明样品系统剖析的结果不准确，应查找原因；当应用试验评价结果相差不大时，可微调配方直至性能接近。

三、系统剖析流程设计

洗衣粉是按照一定配方组合而得到的复合物，主要由表面活性剂及一些有机和无机助剂所组成。用于洗衣粉的表面活性剂主要包括烷基苯磺酸盐、脂肪醇聚氧乙烯醚、脂肪酸甲酯磺酸盐、脂肪醇聚氧乙烯醚硫酸盐、α-烯烃磺酸盐等(通常为钠盐)；助剂主要包括碳酸钠、硫酸钠、硅酸钠、聚丙烯酸钠、羧甲基纤维素钠、三聚磷酸钠、4A沸石等。

据此，洗衣粉样品的系统剖析一般可以参照图1所示流程进行。

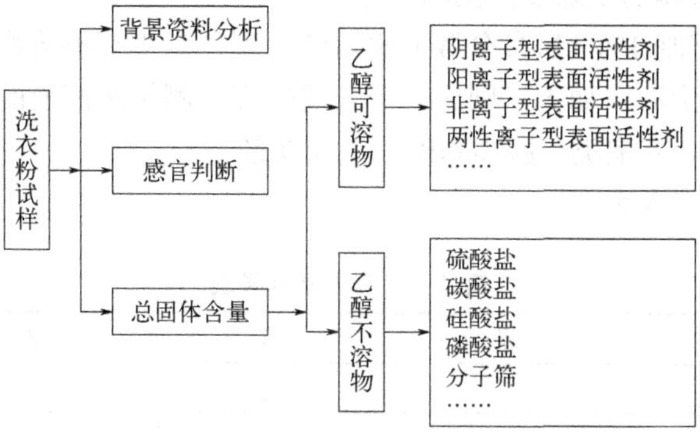

图1　洗衣粉系统剖析的一般流程

四、步骤与内容

（一）背景资料分析

背景资料分析是系统剖析复杂混合样品的首要步骤。对于一款明确使用功能和适用领域的商品而言，其背景资料分析，相比完全未知的样品，其难度较小。

首先是政府、行业协会关于洗衣粉的相关法规和标准规定。尤其是我国倡导无磷洗衣粉，因此，可以据此推测其是否有含磷助剂？是否有含磷助剂的代用品？

其次是机洗还是手洗洗衣粉，机洗洗衣粉通常是低泡型，而手洗洗衣粉通常具有良好的发泡性质，据此，可以推测非离子型表面活性剂含量的高或低。

积极关注生产厂家主动公开的信息，比如：商品标签，可能会提供产品的主要成分；广告文案，可能介绍产品的突出功能，如可以有效去除奶渍，那么该产品配方中可能添加了酶制剂，又如可以有效去除有色污渍，那么该产品配方中可能添加了具有漂白功能的洗涤助剂等。

加强关注相关产品的科技发展动态，积极阅读相关专利、科技文献和书籍，累积相关领域的专业知识。

（二）感官判断

感官判断是基于分析者的目视观察、闻辨气味和手动触摸的感觉，再结合专业知识进行主观推测。这个阶段的“望、闻、问、切”与专业的化学和仪器分析相比，简捷易行、直观直接，必不可少。而前述“背景资料分析”可以理解为“问”，从背景资料中分析、求问。

1．目测：可以在紫外灯的辅助下，观察颜色、颗粒度、形状。推测成型工艺、是否含带色颗粒、是否含荧光增白剂等，综合情报分析推测带色颗粒成分。

2．嗅觉：评测产品是否加香，如加香，评测产品的香型。

3．手感：粉体的干燥度，流动性等。

4．溶解：配制1%（质量分数）水溶液，观察是否有不溶物。如有白色不溶物，则可能含有沸石；如无，则应属于含磷配方。测量水溶液的 pH 值，如果显碱性，则可推测含有皂类、胺类和碱性洗涤助剂。

将相关结果填入表1。

表1 感官分析结果表

项目	结果	判断/推测
目测		
嗅觉		
手感		
pH		
溶解		

（三）总固体含量

称取8～10g洗衣粉样品（m_1）于预先称重的400mL烧杯（m_0）中，于烘箱中105℃烘至恒重，称重（m_2），按照式（1）计算总固体含量（%）。

$$总固体=\frac{m_2-m_0}{m_1}\times100\% \tag{1}$$

值得注意的是，在105℃下烘至恒重的失重（m_2–m_0）应当包含水分和其他易挥发性组分的总量，按照式（2）计算水分（挥发组分）含量（%）。

$$水分（挥发组分）=100\%-总固体 \tag{2}$$

（四）乙醇可溶物和乙醇不溶物

将总固体样品（m_2）在80～100mL无水乙醇中溶解，充分搅拌（必要时可加热至回流状态），然后冷却静置，仔细观察分层状态。

将上层清液进行常压过滤，漏斗中用事先称重的定量滤纸（m_3）；乙醇不溶物再用50mL无水乙醇重复上述溶解操作两次；所有滤液合并转移至预先干燥并称重的250mL圆底烧瓶（m_4）中，常压蒸馏回收乙醇，蒸馏残留物于105℃下干燥1h，冷却，称重（m_5），留存待用。按照式（3）计算乙醇可溶物（%）。

$$乙醇可溶物=\frac{m_5-m_4}{m_2-m_0}\times 100\% \quad (3)$$

将常压过滤所得带有滤渣的滤纸与带有总固体样品乙醇溶解后残留物的烧杯一起，在105℃下干燥1h后，冷却称重（m_6），按照式（4）计算乙醇不溶物（%）。

$$乙醇不溶物=\frac{m_6-m_0-m_3}{m_2-m_0}\times 100\% \quad (4)$$

（五）乙醇可溶物红外光谱定性分析

将步骤（四）所得乙醇可溶物与少量乙醇调成浆状，在盐片上涂成薄膜；随后，在红外灯下干燥5min以去除乙醇；再用傅里叶红外光谱仪测定红外吸收光谱，获得谱图；根据常见表面活性剂的官能团结构，参考萨特勒（Sadtler）红外图谱数据库，定性推断表面活性剂的可能品种。

对洗衣粉中可能出现的阴离子型、非离子型和两性离子型表面活性剂的特征官能团的红外图谱特征[1-2]，简述如下。

烷基硫酸盐在1270～1220cm^{-1}出现硫酸酯盐中S═O的伸缩振动信号；烷基醇醚硫酸盐中带有聚醚结构（—CH_2CH_2O—），在约1351cm^{-1}和1123～1100cm^{-1}出现—CH_2—和C—O振动信号；烷基苯磺酸盐中磺酸盐基团的信号一般低于1200cm^{-1}，可与硫酸酯盐的1220cm^{-1}相区别。此外，在3100～3000cm^{-1}和1600cm^{-1}、1500cm^{-1}处出现苯环的信号。

脂肪酸盐在1568cm^{-1}附近常有特征信号，对应的脂肪酸在此波数附近无信号，而是在1710cm^{-1}附近出现信号，据此，可以分别准备盐类样品和酸类样品对照辨认。

AEO_n型非离子型表面活性剂中的EO_n基团常在1110cm^{-1}附近出现宽而强的吸收，其EO_n信号强度比AES型阴离子型表面活性剂中EO信号更加明显。多元醇型非离子型表面活性剂常在3333cm^{-1}附近显示—OH的强吸收信号；此外，在1740～1730cm^{-1}附近还可能出现C═O吸收信号。山梨醇类非离子型表面活性剂往往在1110～1050cm^{-1}附近出现强而宽的吸收信号，而甘油类衍生物则没有。

甜菜碱型表面活性剂中酸根负离子的带电状态受pH影响，酸型表面活性剂在1740cm^{-1}附近和1200cm^{-1}附近有吸收信号；但是在盐型时上述信号消失，而是在1640～1600cm^{-1}附近出现吸收信号。甜菜碱型表面活性剂阳离子部的$(CH_3)_2N$基团则在960cm^{-1}附近出现特征信号。

值得指出的是，上述内容往往是依据单一表面活性剂进行表征的结果，而实际醇溶物往往是混合物。为了得到更加准确的结果，往往需要对醇溶物进行进一步的分离，比如依据表面活性离子的带电特征，借助于离子交换树脂柱分离是经常采用的简便方法。

（六）表面活性剂离子类型的鉴定[3]

试样溶液：洗衣粉 1%（质量分数）水溶液；也可以用醇溶物溶于水配成的对应的水溶液。

1．鉴定阴离子型表面活性剂——亚甲基蓝-氯仿试验

采用亚甲基蓝-氯仿试验可以定性鉴别除皂之外的大部分阴离子型表面活性剂。

亚甲基蓝试剂：将 12g 浓硫酸缓慢地注入约 50mL 水中，冷却后加亚甲基蓝 0.03g 和无水硫酸钠 50g，溶解后加水稀释至 1L。

取亚甲基蓝试剂 1mL 和氯仿 1～2mL 于试管中，摇动，静置分层，此时下层氯仿层应为无色。加入试样溶液数滴，摇动，静置，分层，若下层（氯仿层）显蓝色则为阳性，表明试样中含有阴离子型表面活性剂；试样加入越多，下层蓝色越深。

注意：有非离子型表面活性剂存在时，或试样加得过多时，会使体系出现明显的乳化，分层时间延长。

2．鉴定阳离子型表面活性剂——酸性溴酚蓝试验

溴酚蓝试剂：取 925mL 0.2mol • L^{-1} HAc 溶液与 75mL 0.2mol • L^{-1} NaAc 溶液混合，然后加入 0.1%溴酚蓝（质量分数，下同）的 95%乙醇溶液 20mL，调节 pH 值到 3.6～3.9 范围内。

将试样溶液调整至 pH 7 左右，将 2～3 滴试样加入 2mL 溴酚蓝试剂中(于试管中)。如存在阳离子型表面活性剂，则溶液呈深蓝色。

3．鉴定聚氧乙烯非离子型表面活性剂——硫氰酸钴铵试验

硫氰酸钴铵试剂：将 174g 硫氰酸铵与 28g 硝酸钴共溶于 1L 水中。

在 1mL 硫氰酸钴铵试剂中滴加 1mL 试样溶液，振荡，静置。若溶液呈红紫色或紫色为阴性；若溶液呈蓝色为阳性，表明试样中含有非离子型表面活性剂；若生成蓝紫色沉淀、溶液为红紫色则表示有阳离子型表面活性剂存在。

4．两性离子型表面活性剂的鉴定（羧基甜菜碱型表面活性剂适用）

取待测试样溶液 5mL 于 50mL 圆底烧瓶中，加入浓盐酸 5mL，回流反应 5h，冷却后中和至 pH=6～7。

对上述处理过的试样溶液，可进行酸性溴酚蓝试验（检验阳离子性）和碱性亚甲基蓝试验（检验阴离子性）。若两者都为阳性，则表示有两性离子型表面活性剂存在。也可单做亚甲基蓝试验，方法是先不加碱，此时氯仿相应无色（阳离子性）；当用 NaOH 溶液滴至碱性的，氯仿相即出现蓝色（显阴离子性）。

（七）无机盐鉴定

将乙醇不溶物配成水溶液进行测试。

1．硅酸盐的鉴定

试剂：饱和氯化铵溶液、稀硝酸、稀氨水。

操作：取试样溶液，加稀硝酸至微酸性，加热除去CO_2，冷却后加稀氨水使溶液变为碱性，加饱和氯化铵溶液并加热，若有白色凝胶出现，表明试样含有硅酸盐。

2．碳酸盐和硫酸盐的鉴定

试剂：5% $BaCl_2$溶液。

操作：取试样溶液，加入$BaCl_2$溶液，观察是否有白色沉淀；滴入过量稀盐酸，观察是否有起泡现象，若起泡则表明含有碳酸盐，白色沉淀是否完全消失，若未消失表明含有硫酸盐。

3．磷酸盐的鉴定

试剂：2.5g钼酸铵溶于50mL水中。

操作：取1mL试液加3mL浓HNO_3，煮沸1min，冷却，加入等体积的钼酸铵试剂，然后在50℃保温10～15min，若出现黄色沉淀则表明含有磷酸盐。

4．羧甲基纤维素钠（CMC）的鉴定

取少量试液于洁净的表面皿，然后滴加1～2滴碘溶液。如果产生紫红色则表明有CMC存在；也可以直接用洗衣粉水溶液检验。

（八）洗衣粉组分定量分析

洗衣粉配方中所用表面活性剂的种类一般较少；根据定性分析结果，对已定性的组分，参考本书其他实验所述表面活性剂的定量分析方法进行。

（九）系统剖析结果

按照表2记录整理系统剖析的结果。

表2　系统剖析结果一览表

项目	结果	判断/推测
总固体		
水+挥发物		
乙醇可溶物		
乙醇不可溶物		
CMC		
碳酸盐		
沸石		
硅酸盐		
磷酸盐		
硫酸盐		

续表

项目	结果	判断/推测
非离子型表面活性剂		
阴离子型表面活性剂		
阳离子型表面活性剂		
两性离子型表面活性剂		

五、思考题

1．基于本实验流程，试设计一个餐具洗涤剂或者洗发香波系统剖析的工作方案。

2．查阅文献，设计常见洗涤剂中表面活性剂混合物的分离工作方案。

3．若是某洗涤剂中带有磺基甜菜碱、硫酸酯甜菜碱表面活性剂，则如何分离和定性鉴定？

4．若是某洗涤剂中分别带有胺氧化物型表面活性剂、*N*-酰基氨基酸型表面活性剂，则如何分离和定性鉴定？

六、参考文献

[1] 张琴芝, 戴琴, 陈方楠. 表面活性剂的红外光谱鉴定. 日用化学工业, 1992 (2): 37-46.

[2] 毛培坤. 合成洗涤剂工业分析. 北京: 轻工业出版社, 1988.

[3] 崔正刚，张磊. 化学工程与工艺专业综合实验. 北京: 化学工业出版社, 2018.